中国科学院教材建设专家委员会规划教材

医学核心课程笔记与复习考试指南

医学细胞生物学与遗传学学习指导

主 编 郑立红　陈　萍

副主编 刘　丹　吕艳欣　梅庆步

编 者（以姓氏笔画为序）

于海涛　王　玉　吕艳欣

刘　丹　李鹏辉　陈　萍

张　琪　张明龙　岳丽玲

郑立红　徐　晋　梅庆步

董　静

科 学 出 版 社

北 京

内 容 简 介

本书为医学本科《医学细胞生物学》和《医学遗传学》教学配套用学习参考书。由教学经验丰富的教师以教学大纲为依据，以规划教材为蓝本，按科学性、系统性、先进性的要求编写而成。全书分为医学细胞生物学和医学遗传学两部分，共 27 章，每一章都有重点难点提要和自测题。自测题包括选择题、名词解释、简答题和论述题四种题型，有些章节有病例分析。每章后附有参考答案，便于学生自测。

本书主要供医学院校各专业的硕、本、专科学生、成人医学院校各专业的本、专科学生及医务工作者在"细胞生物学和遗传学"学习和复习考试阶段使用。

图书在版编目（CIP）数据

医学细胞生物学与遗传学学习指导/ 郑立红，陈萍主编. —北京：科学出版社，2016.8

中国科学院教材建设专家委员会规划教材·医学核心课程笔记与复习考试指南

ISBN 978-7-03-049627-0

Ⅰ. ①医… Ⅱ. ①郑… ②陈… Ⅲ. ①医学–细胞生物学–医学院校–教材 Ⅳ. ①R329.2 ②R394

中国版本图书馆 CIP 数据核字（2016）第 196678 号

责任编辑：王 超 胡治国 / 责任校对：赵桂芬
责任印制：赵 博 / 封面设计：陈 敬

科学出版社 出版
北京东黄城根北街 16 号
邮政编码：100717
http://www.sciencep.com

新科印刷有限公司 印刷

科学出版社发行 各地新华书店经销

*

2016 年 8 月第 一 版 开本：787×1092 1/16
2018 年 8 月第三次印刷 印张：11
字数：298 000

定价：29.80 元
（如有印装质量问题，我社负责调换）

前　言

　　本书为医学本科《医学细胞生物学》和《医学遗传学》教学配套用学习参考书。满足不同层次学习要求的学生，帮助学生加深对基础理论、基本知识和基本技能的理解，提高学生的分析能力和运用知识的能力。

　　本书以《医学细胞生物学》和《医学遗传学》教学大纲为依据，以卫生部"十二五"规划教材为蓝本，在参考了大量的其他同类教材的基础上，编写了这本《医学细胞生物学与遗传学学习指导》。编写时既考虑了知识的科学性、系统性、先进性，又体现了对学生理论知识掌握程度的检测和能力培养状况及实验技能的考核。

　　本书分为医学细胞生物学和医学遗传学两部分。为了使学生明确本章应注意的问题，每一章都有重点难点提要和自测题。自测题包括选择题、名词解释、简答题和论述题四种题型，有些章节有病例分析。题型与卫生部国家医学考试中心的基础医学试题库的题型相符。每章后附有参考答案，便于学生自测。本书主要供医学院校各专业的硕士、本科、专科学生，成人医学院校各专业的本科、专科学生及医务工作者在"细胞生物学和遗传学"学习和复习考试阶段使用。

　　本书难免出现不足之处，恳请各位同仁和使用本书的兄弟院校师生提出宝贵意见，以便再版时加以改正。

编　者
2016 年 5 月

答 题 说 明

1. 选择题

单项选择题：从 5 个备选答案中选出 1 个最合适的答案。

多项选择题：共有 5 个备选答案，从备选答案中挑选 2 至多个正确答案。

2. 名词解释：根据新版教材中的定义、解释，准确回答。

3. 简答题：要求答案条理清晰，言简意赅，内容全面。

4. 论述题：论点明确，层次清楚，论述合理。

目　　录

目 录

第一篇　医学细胞生物学

第一章　绪　论

【重点难点提要】

一、细胞生物学的概念与研究内容

细胞是生物体结构和功能的基本单位。细胞生物学（cell biology）是一门从细胞的显微水平、亚显微水平和分子水平对细胞的各种生命活动开展研究的学科。细胞生物学的特点是把结构和功能结合起来，并关注细胞间的相互关系，深入探索细胞的生长、发育、分化、繁殖、运动、遗传变异、衰老死亡等基本生命现象的机制和规律。近年来，细胞的信号转导、细胞分化与干细胞、细胞增殖与细胞周期的调控、细胞的衰老与死亡、细胞的基因组学、蛋白组学等成为细胞生物学的主要研究领域。

二、细胞生物学的发展简史

1. 细胞学说的创立时期（1665～1875年）　1665年，Robert Hooke用自制的显微镜首次观察到植物死细胞的细胞壁。1674年Leeuwenhoek用放大倍数较高的显微镜观察到活细胞。1831～1836年，相继发现了原生质、细胞核和核仁。1838～1839年，M.J.Schleiden和T.Schwann提出了"细胞学说"，认为：一切生物体都是由细胞组成的；细胞是生物体形态结构和功能活动的基本单位；细胞来源于已存在的细胞。1845年Braun提出：细胞是生命的基本单位。1858年Virchow提出：细胞来源于已存在的细胞和一切病理现象都基于细胞的损伤，对细胞学说做了重要补充。

2. 细胞学研究时期（1875～1899年）　该时期应用固定和染色技术，在光学显微镜下观察细胞的形态和细胞分裂活动。由于显微镜装置的改进、分辨率的提高，发明了固定液、石蜡切片技术和染色技术，相继发现了中心体、染色体、线粒体、高尔基复合体，并发现了细胞的有丝分裂和减数分裂。经典细胞学确立。

3. 实验细胞学时期（1900～1943年）　该时期科学技术迅速发展，细胞学从单一的形态结构研究转到广泛采用新技术和新的实验手段对细胞进行生理功能、生态变化和遗传发育机制的综合研究。同时，与邻近学科相互渗透，诞生了细胞遗传学、细胞生理学、细胞病理学、细胞生物化学等重要分支科学。

4. 细胞生物学和分子细胞生物学时期（1944至今）　20世纪40年代，随着生物化学、微生物学和遗传学的相互渗透和结合，电子显微镜和超薄切片技术的结合，逐步开展了从分子水平对细胞生命活动的研究。遗传物质的确立、DNA双螺旋结构模型的提出、DNA复制方式的发现、中心法则的建立、三联体遗传密码的破译，使细胞的研究开始从细胞的显微水平、亚显微水平和分子水平三个层次进行动态和综合因素的研究，探讨细胞的生命活动规律，细胞学发展成为细胞生物学。70年代后，限制性核酸内切酶的发现、遗传工程的兴起、基因克隆、DNA测序、人类基因组计划的实施，与分子生物学形成明显的交叉，故又称其为分子细胞生物学或细胞分子生物学。

三、细胞生物学与医学

1. 医学细胞生物学 是以细胞生物学的原理和方法研究人体细胞的结构、功能等生命活动规律及疾病的发生机制和防治的科学。

2. 医学细胞生物学在医学教育中的地位和作用 医学细胞生物学的研究目的：从细胞的显微水平、亚显微水平和分子水平阐明细胞的各种生命活动的本质和规律，并利用和控制这些规律，为防病、治病和人类健康提供科学的理论依据，造福于人类。

（1）医学细胞生物学是医学教育体系中的重要基础课，基础医学各学科以细胞生物学为理论指导。随着现代科学技术的高度发展，各学科之间的相互渗透、相互促进，医学细胞生物学的研究内容与成果必然渗透到医学基础学科中，医学细胞生物学的发展也已成为这些学科进一步发展的基础。

（2）医学细胞生物学也是临床医学相关学科的重要基础之一。人类疾病是细胞病变的综合反映，许多疾病机制的阐明、诊断、治疗和预防等，都依赖于医学细胞生物学和分子生物学研究的不断深入。

【自 测 题】

一、选择题

（一）单项选择题

1. M.J.Schleiden 和 T.Schwann 的伟大贡献在于

A. 发现细胞 　　　　　　　B. 发现核分裂现象 　　　　　　C. 建立细胞学说

D. 发明了世界上第一台电子显微镜 　　　E. 提出 DNA 双螺旋结构模型

2. 生命活动的基本结构和功能单位是

A. 细胞核 　　　B. 细胞膜 　　　C. 细胞器 　　　D. 细胞质 　　　E. 细胞

3. 细胞学说不包括的内容是

A. 细胞是生命活动的基本结构和功能单位 　　　B. 细胞来源于已存在的细胞

C. 细胞的增殖方式都是有丝分裂 　　　D. 细胞在结构和功能上有共同的规律

E. 细胞只能来自于细胞

4. 发现并将细胞命名为"CELL"的学者是

A. R.Hooke 　　　B. M.J.Schleiden 　　　C. T.Schwann 　　　D. R.Virchow 　　　E. R.Remak

5. 被誉为 19 世纪自然科学三大发现之一的是

A. 中心法则 　　　B. 基因学说 　　　C. 半保留复制 　　　D. 细胞学说 　　　E. 双螺旋结构模型

6. DNA 双螺旋结构的发现者是

A. Robert Hooke 　　　B. Crick 　　　C. Flemming 　　　D. Watson 和 Crick 　　　E. Schleiden 和 Schwann

7. 细胞学说创立于

A. 16 世纪 　　　B. 17 世纪 　　　C. 18 世纪 　　　D. 19 世纪 　　　E. 20 世纪

8. 发表了生物"中心法则"的学者是

A. J.Watson 　　　B. M.J.Schleiden 　　　C. T.Schwann 　　　D. F.Crick 　　　E. M.Meselson

9. M.Meselson 和 F.Stahl 通过 DNA 复制研究证明

A. DNA 复制是自我复制 　　　B DNA 复制需要 DNA 聚合酶 　　　C. DNA 复制是不对称复制

D. DNA 的复制方向是 $5' \rightarrow 3'$ 　　　E. DNA 复制是半保留复制

10. 基因与染色体研究的结合产生了分支学科

A. 分子细胞学 　　　B. 细胞化学 　　　C. 细胞遗传学 　　　D. 细胞生理学 　　　E. 细胞形态学

11. 最早提出染色体遗传理论的学者是

A. M.J.Schleiden 和 T.Schwann 　　　B. J.Watson 和 F.Crick 　　　C. M.Meselson 和 F.Stahl

D. F.Jacob 和 J.Monod   E. T.Boveri 和 W.Suttan

12. 最早说明细胞的间接分裂过程并命名有丝分裂的学者是

A. R.Remak   B. W.Flemming   C. E.Straburger   D. K.Schneider   E. T.Boveri

13. 第一个将细胞学说应用于医学的人是

A. Robert Hooker   B. Mendel   C. Virchow   D. Crick   E. Fenglen

14. 世界上第一个发现活细胞的人是

A. Robert Hooker   B. Leewenhoke   C. K.Schneider   D. Virchow   E. W.Flemming

15. 细胞生物学的研究对象是

A. 人体整体水平   B. 人体器官   C. 人体组织   D. 人体系统   E. 人体细胞

16. 遗传工程技术出现在

A. 细胞发现时期   B. 细胞学说创立时期   C. 经典细胞学时期

D. 实验细胞学时期   E. 细胞生物学与分子生物学时期

（二）多项选择题

17. 细胞生物学从哪些层次研究生命活动

A. 显微水平   B. 亚显微水平   C. 分子水平   D. 个体水平   E. 环境

18. 生命的特征有

A. 遗传和变异   B. 生殖   C. 新陈代谢   D. 生长发育   E. 衰老和死亡

19. 研究细胞增殖活动的人有

A. E.Straburger   B. W.Flemming   C. K.Schneider   D. T.Boveri   E. R.Remark

20. 在经典细胞学研究阶段，相继发现了

A. 细胞核   B. 线粒体   C. 中心体   D. 减数分裂   E. 遗传密码

21. 医学细胞学可以阐明的医学问题是

A. 肿瘤细胞的生物学特征   B. 糖尿病的病因、病理   C. 外伤产生的原因

D. 人类染色体病的致病机制   E. 矽肺的发病原理

22. 当今细胞生物学的研究热点有

A. 人类基因组计划   B. 基因诊断和基因治疗   C. 基因工程   D. 肿瘤遗传学   E. 干细胞及其应用

23. 细胞生物学与医学的关系主要表现在

A. 细胞生物学是基础医学各学科的基础

B. 细胞生物学的发展在临床医学实践中占有重要意义

C. 基础医学和临床医学的新课题，必须首先从细胞生物学角度进行研究

D. 人类计划生育的理论属于细胞生物学的研究范围

E. 人类肿瘤的生物学特征和发生机制是细胞生物学的重要研究课题

二、名词解释

1. 细胞生物学   2. 医学细胞生物学

三、简答题

1. 简述细胞学说。

2. 简述细胞生物学主要的研究内容。

3. 简述细胞生物学发展史。

四、论述题

1. 细胞生物学与医学有何关系？

2. 在细胞生物学的发展过程中，研究方法和技术起了哪些作用？

【参考答案】

一、选择题

（一）单项选择题

1. C 2. E 3. C 4. A 5. D 6. D 7. D 8. D 9. E 10. C 11. E 12. B 13. C 14. B 15. E 16. E

（二）多项选择题

17. ABC 18. ABCDE 19. ABCD 20. BCD 21. ABDE 22. ABCDE 23. ABCDE

二、名词解释

1. 细胞生物学：是指从细胞的显微水平、亚显微水平和分子水平三个水平对细胞的各种生命活动开展研究的学科。

2. 医学细胞生物学：见重点内容提要。

三、简答题

1. 细胞学说：一切生物，从单细胞生物到高等动物和植物均由细胞组成，细胞是生物形态结构和功能活动的基本单位，多细胞生物是从单细胞生物发育来的，细胞在结构和功能上有共同的规律，细胞只能来自于细胞。

2. 医学细胞生物学研究的主要内容，见重点内容提要。

3. 细胞生物学发展史，见重点内容提要。

四、论述题

1. 细胞生物学与医学关系的主要表现

（1）医学上的许多问题，如肿瘤细胞的生物学特性和发生机制等期望由细胞生物学阐明。

（2）人类诸多的遗传性疾病，如染色体等的致病原因将通过细胞生物学的研究予以揭示。

（3）通过细胞生物学对动脉内皮细胞的结构和功能变化的研究，揭示缺血性心脏病和脑血管病的致病原因，从而为疾病治疗提供理论依据。

（4）通过对人体细胞的发生发展、病变机制、衰老死亡的研究，为人类防病致病、优生优育提供理论依据。

（5）细胞生物学的研究方法和技术所取得的成果，如单克隆抗体等已在临床诊断和治疗上应用。总之，医学细胞生物学是推动医学发展的动力。

2. 细胞生物学的发展与研究方法和技术的创新和改进密不可分，研究方法和技术对学科发展起到了很大的推动作用。

（1）显微镜的发明和使用，直接导致细胞发现、细胞学的诞生和发展。

（2）染色技术、细胞的固定技术、秋水仙素的使用、显微镜装置的改进、电子显微镜的发明等使细胞学的研究进入亚显微水平和分子水平，并形成细胞结构和功能的综合研究和一批新的分支学科出现。

（3）电子显微镜的发明，超薄切片、基因克隆、遗传工程等技术的出现，加快了细胞生物学的研究进程，使细胞学的研究进入分子水平，导致分子细胞生物学的诞生和发展。

　　总之，细胞生物学的新概念、新理论、新技术、新成果的出现均来自于研究方法和实验技术的发明和运用。因此，在细胞生物学形成和发展过程中，研究方法和技术起到了决定性的作用。研究方法和技术是细胞生物学形成和发展的推动力。

（郑立红）

第二章 细胞的概念与分子基础

【重点难点提要】

一、细胞的基本概念

1. 细胞是生命活动的基本单位 细胞是构成生物有机体的基本单位，是有机体生长发育的基本单位，是代谢和功能的基本单位，是遗传的基本单位。

2. 原核细胞 无核膜，遗传物质为一条环状裸露的 DNA，存在于细胞质基质的一定区域，称为拟核。细胞质中只有 70S 核糖体等简单的结构。现在的支原体与原始细胞相似，是最小的细胞。

细菌：主要由细胞壁、细胞膜、细胞质、核质体等部分构成，有的细菌还有夹膜、鞭毛、菌毛等特殊结构。细胞壁厚度因细菌不同而异，一般为 15～30nm。主要成分是肽聚糖。

质粒：细菌核区 DNA 以外的，可进行自主复制的遗传因子，称为质粒（plasmid）。质粒是裸露的环状双链 DNA 分子，所含遗传信息量为 2～200 个基因，能进行自我复制，有时能整合到核 DNA 中去。质粒 DNA 在遗传工程研究中很重要，常用作基因重组与基因转移的载体。

3. 真核细胞的基本结构 真核细胞具有真正的细胞核。核内含有细胞内绝大部分遗传物质。细胞质内含有许多细胞器。真核细胞体积大、结构复杂、生理代谢过程更完善，对外界环境的适应力更强。最简单的真核生物是酵母。

（1）生物膜系统：包括细胞膜和细胞内以膜包裹而成的线粒体、内质网、溶酶体、过氧化物酶体、高尔基复合体和核膜等。

（2）遗传信息表达系统。

（3）细胞骨架系统。

（4）核糖体和细胞质溶胶。

原核细胞与真核细胞的主要区别，如表 2-1。

表 2-1 原核细胞与真核细胞的主要区别

	原核细胞	真核细胞
大小	较小（1～10μm）	较大（10～100μm）
细胞壁	主要由胞壁质组成	主要由纤维素组成（植物）
细胞质	无细胞骨架、胞质流动、胞吞作用、胞吐作用	有细胞骨架、胞质流动、胞吞作用、胞吐作用
细胞器	无内质网、高尔基复合体、溶酶体、中心体、过氧化物酶体、无线粒体、有与之功能相似的中膜体、无叶绿体、有的有类囊体	有内质网、高尔基复合体、溶酶体、中心体（动物）、过氧化物酶体、线粒体、叶绿体（植物）
细胞骨架	无	有
核糖体	70s	80s
细胞核	无核膜和核仁	有核膜和核仁
遗传物质	DNA 一条、环状、裸露不与组蛋白结合	DNA 两条以上，与组蛋白结合形成染色质
转录和翻译	转录和翻译同时同地合成（细胞质中）	核内转录，胞质内翻译
细胞分裂	无丝分裂	有丝分裂，减数分裂
代谢	厌氧和需氧	需氧

二、细胞的起源和进化

1. 从分子到细胞的形成 约 46 亿年前地球形成，原始地球的甲烷、氨、氢、水蒸气等在雷雨放电、紫外线及火的放热的作用下形成简单的有机物。约 30 亿年前，遗传物质 RNA 可自我复制并能指导蛋白质的合成。约 15 亿年前，原核细胞逐渐进化成为真核细胞，DNA 最终取代 RNA 成为最主要的遗传物质。

2. 由单细胞到多细胞生物 单细胞向多细胞生物进化的方式是：单细胞生物聚集成多细胞的群体，再由群体逐渐演化成具有各种特化细胞的多细胞生物。

三、细胞的分子基础

组成细胞的基本元素是：C、H、O、N、Na、K、S、P、Ca、Mg，其中 C、H、O、N 四种元素占 90%以上。细胞化学物质可分为两大类：无机物和有机物。

（一）生物小分子

1. 无机化合物 包括水和无机盐。水在细胞中含量最大，具有一些特有的物理化学属性，使其在生命起源和形成细胞有序结构方面起着关键的作用。水在细胞中以游离水和结合水两种形式存在，其中游离水占 95%；结合水占 4%～5%。细胞中无机盐的含量很少，约占细胞总重的 1%。无机盐在细胞中解离为离子，离子浓度除具有调节渗透压和维持酸碱平衡的作用外，还有许多重要的作用。

主要的阴离子有 Cl^-、PO_4^- 和 HCO_3^-。其中磷酸根离子在细胞代谢活动中最为重要。

（1）在各类细胞的能量代谢中起着关键作用。

（2）是核苷酸、磷脂、磷蛋白和磷酸化糖的组成成分。

（3）调节酸碱平衡，对血液和组织液 pH 起缓冲作用。

主要的阳离子有：Na^+、K^+、Ca^{2+}、Mg^{2+}、Fe^{2+}、Fe^{3+}、Mn^{2+}、Cu^{2+}、Co^{2+}、Mo^{2+}。

2. 有机化合物 细胞中有机物达几千种，约占细胞干重的 90%以上，主要由 C、H、O、N 等元素组成。有机物中主要由蛋白质、核酸、脂类和糖四大类分子所组成，这些分子约占细胞干重的 90%。

（二）生物大分子的结构与功能

1. 核酸 所有生物均含有核酸。核酸是由核苷酸单体聚合而成的大分子，是生物遗传信息的载体分子，可分为核糖核酸 RNA 和脱氧核糖核酸 DNA 两大类。

2. 蛋白质 是生命活动中一类极为重要的大分子，各种生命活动无不与蛋白质的存在有关。蛋白质不仅是细胞的主要结构成分，而且绝大部分生物催化剂——酶也是蛋白质，细胞的代谢活动离不开蛋白质。一个细胞中约含有 10^4 种蛋白质，分子的数量达 10^{11} 个。

（1）蛋白质的化学组成：天然蛋白质是由 20 种不同的α氨基酸构成的聚合物，每种氨基酸都含有一个α羧基（COOH）、一个α氨基（NH₂）和一个特异的侧链基团（—R）。

（2）蛋白质的分子结构：一般分为四级。一级结构是蛋白质的基本结构，指蛋白质分子中氨基酸的排列顺序。二级结构是在一级结构基础上形成的，多肽链局部区域的氨基酸排列规则，主要化学键是氢键。三级结构是指肽链不同区域的氨基酸侧链间相互作用而形成的肽链折叠，主要化学键有氢键、离子键、疏水作用和范德华（Vander Waals）力等。四级结构是指含有两条以上具有独立三级结构多肽链的蛋白质，多肽链通过非共价键相互连接形成的多聚体结构。

3. 酶 是由活细胞产生的生物催化剂，能催化细胞中的化学反应而本身并不参与形成产物，其化学本质是蛋白质。

【自　测　题】

一、选择题

（一）单项选择题

1. 由非细胞原始生命演化为细胞生物的转变中首先出现的是

A. 细胞膜　　　　B. 细胞核　　　　C. 细胞器　　　　D. 核仁　　　　E. 内质网

2. 在分类学上，病毒属于

A. 原核细胞　　　B. 真核细胞　　　C. 多细胞生物　　D. 共生生物　　　E. 非细胞结构生物

3. 目前发现最小的原核细胞是

A. 细菌　　　　　B. 双线菌　　　　C. 支原体　　　　D. 绿藻　　　　　E. 立克次体

4. 原核细胞和真核细胞都具有的细胞器是

A. 中心体　　　　B. 线粒体　　　　C. 核糖体　　　　D. 高尔基复合体　　E. 溶酶体

5. 一个原核细胞的 DNA 具有

A. 一条 DNA 并与 RNA、组蛋白结合在一起　　　B. 一条 DNA 与组蛋白结合在一起

C. 一条 DNA 不与 RNA、组蛋白结合在一起　　　D. 一条以上裸露的 DNA

E. 一条以上裸露的 DNA 与 RNA 结合在一起

6. 细胞内的遗传信息主要储存在

A. DNA　　　　　B. rRNA　　　　　C. mRNA　　　　D. ATP　　　　　E. tRNA

7. 原核细胞不能完成的生理、生化作用

A. 细胞的生长和运动　　B. 蛋白质合成　　C. 糖酵解　　　D. 有丝分裂　　　E. 遗传物质的复制

8. 下列哪项不是原核细胞

A. 大肠杆菌　　　B. 肺炎球菌　　　C. 支原体　　　　D. 真菌　　　　　E. 绿藻

9. 下列哪种细胞器为非膜相结构

A. 核糖体　　　　B. 内质网　　　　C. 线粒体　　　　D. 溶酶体　　　　E. 高尔基复合体

10. 下列哪种细胞器为膜相结构

A. 中心体　　　　B. 纺锤体　　　　C. 染色体　　　　D. 核糖体　　　　E. 线粒体

11. 在普通光镜下可以观察到的细胞结构是

A. 核孔　　　　　B. 核仁　　　　　C. 溶酶体　　　　D. 核糖体　　　　E. 微丝

12. 关于原核细胞的遗传物质，下列哪项有误

A. 常为环状的 DNA 分子　　　　　　B. 分布在核内　　　　　　C. 其 DNA 裸露而无组蛋白结合

D. 其遗传信息的转录和翻译同时进行　　　E. 控制细胞的代谢、生长、繁殖

13. 关于支原体，下列哪项有误

A. 为最小的细胞　　　　B. 为能独立生活的最小生命单位　　　C. 为介于病毒和细菌之间的单细胞生物

D. 其遗传物质为 RNA　　　　　　　　　　　　　E. 可引起尿道炎等多种疾病

14. 关于真核细胞的遗传物质错误的是

A. 为多条 DNA 分子　　　B. 均分布在细胞核中　　　C. 其 DNA 分子常与组蛋白结合形成染色质

D. 在细胞生命活动的不同阶段有不同的形态　　　E. 载有多种基因

15. 关于真核细胞错误的是

A. 有真正的细胞核　　B. 其 DNA 分子常与组蛋白结合形成染色质　　C. 基因表达的转录和翻译同时进行

D. 体积较大　　　E. 膜性细胞器发达

16. 关于原核细胞的特征错误的是

A. 无真正的细胞核　　　　　　B. 其 DNA 分子常与组蛋白结合　　　　　　C. 以无丝分裂方式增殖

D. 内膜系统简单　　　　　　　　E. 体积较小

17. 真核细胞与原核细胞最大的区别是

A. 细胞核的体积不同　　　　　　B. 细胞核的位置不同　　　　　　C. 细胞核的结构不同

D. 细胞核的遗传物质不同　　　　E. 有无核膜

18. 以下细胞中最小的是

A. 酵母　　　　　　B. 肝细胞　　　　　　C. 白细胞　　　　　　D. 肌肉细胞　　　　　　E. 上皮细胞

19. 构成蛋白质的基本单位是

A. 氨基酸　　　　　　B. 核苷酸　　　　　　C. 脂肪酸　　　　　　D. 磷酸　　　　　　E. 乳酸

20. 蛋白质的一级结构是指

A. 蛋白质分子中的氨基酸组成　　　　　　　　　　B. 蛋白质分子中的各种化学键

C. 蛋白质分子中氨基酸的种类、数目和排列顺序的线性结构　　D. 蛋白质分子中多肽的长度

E. 蛋白质分子的空间结构

21. 维持蛋白质二级结构的化学键是

A. 肽键　　　　　　B. 氢键　　　　　　C. 离子键　　　　　　D. 二硫键　　　　　　E. 疏水键

22. 某 DNA 链中一条单链的碱基顺序为 5′-AACGTTACGTCC-3，则另一条单链应为

A. 5′-AACGTTACGTCC-3′　　　B. 5′-UUCGAAUCGACC-3′　　　C. 5′-AACGUUACGUCC3′

D. 5′-GGACGTAACGTT-3′　　　　　E. 5′-TTGCAATGCAGG-3′

23. 组成核苷酸的糖是

A. 葡萄糖　　　　　　B. 半乳糖　　　　　　C. 戊糖　　　　　　D. 蔗糖　　　　　　E. 甘露糖

24. 哪种核苷酸不是 RNA 的组成成分

A. TMP　　　　　　B. AMP　　　　　　C. GMP　　　　　　D. CMP　　　　　　E. UMP

25. 在 DNA 链中连接两种单核苷酸的化学键是

A. 磷酸二酯键　　　　　　B. 高能磷酸键　　　　　　C. 酯键　　　　　　D. 氢键　　　　　　E. 二硫键

26. DNA 双螺旋结构的发现者是

A. Robert Hook　　　　B. Crick　　　　　　C. Flemming　　　D. Watson 和 Crick　　　E. Schleiden 和 Schwann

27. 下列哪种元素被称为生命物质的分子结构中心元素，即细胞中最重要的元素

A. 氢　　　　　　B. 氧　　　　　　C. 碳　　　　　　D. 氮　　　　　　E. 钙

28. 维持蛋白质的一级结构的主要化学键是

A. 氢键　　　　　　B. 离子键　　　　　　C. 疏水键　　　　　　D. 二硫键　　　　　　E. 肽键

29. 下列哪种不是维持蛋白质三级结构的主要化学键

A. 氢键　　　　　　B. 离子键　　　　　　C. 疏水键　　　　　　D. 二硫键　　　　　　E. 肽键

30. β 折叠属于蛋白质分子的哪级结构

A. 基本结构　　　　　　B. 一级结构　　　　　　C. 二级结构　　　　　　D. 三级结构　　　　　　E. 四级结构

31. 核酸分子的基本结构单位是

A. 氨基酸　　　　　　B. 核苷酸　　　　　　C. 碱基　　　　　　D. 磷酸　　　　　　E. 戊糖

32. 在 DNA 分子中不含下列哪种碱基

A. 腺嘌呤　　　　　　B. 鸟嘌呤　　　　　　C. 胸腺嘧啶　　　　　　D. 胞嘧啶　　　　　　E. 尿嘧啶

33. 维持核酸的多核苷酸链的化学键主要是

A. 酯键　　　　　　B. 糖苷键　　　　　　C. 磷酸二酯键　　　　　　D. 肽键　　　　　　E. 离子键

34. 下列哪种核酸分子的空间结构呈三叶草型

A. DNA　　　　　　B. mtDNA　　　　　　C. tRNA　　　　　　D. rRNA　　　　　　E. mRNA

35. 能直接为细胞的生命活动提供能量的物质是

A. 糖类　　　　　　B. 脂类　　　　　　C. 蛋白质　　　　　　D. 核酸键　　　　　　E. ATP

（二）多项选择题

36. 下列哪些结构属于膜相结构

A. 核糖体　　　　　　B. 溶酶体　　　　　　C. 中心体　　　　　　D. 线粒体　　　　　　E. 高尔基复合体

37. 原核细胞和真核细胞共有的特征是

A. 具有核物质并能进行增殖　　　　B. 具有典型的细胞膜　　　C. 具有蛋白质合成系统

D. 能单独生活在周围的环境　　　　E. 具有一条染色体

38. 属于原核生物的有

A. 细菌　　　　　　B. 病毒　　　　　　C. 红细胞　　　　　　D. 噬菌体　　　　　　E. 支原体

39. 原核细胞所具有的结构

A. 中间体　　　　　　B. 线粒体　　　　　　C. 核糖体　　　　　　D. 高尔基复合体　　　　　　E. 溶酶体

40. 分布在细胞中的核酸有

A. mRNA　　　　　　B. tRNA　　　　　　C. rRNA　　　　　　D. DNA　　　　　　E. Z-DNA

41. 用紫外线照射或高温加热，可使蛋白质

A. 一级结构破坏　　　　　　B. 空间结构破坏　　　　　　C. 氨基酸之间的键断裂

D. 理化性质发生改变　　　　E. 二级结构破坏

42. 蛋白质是细胞内重要的生物大分子的原因

A. 结构复杂　　　　　　B. 能自我复制　　　　　　C. 细胞的结构成分

D. 传递遗传信息　　　　E. 催化物质代谢的酶均为蛋白质

43. DNA 与 RNA 的主要区别是

A. 一种嘌呤不同　　　B. 一种嘧啶不同　　　C. 戊糖不同　　　D. 磷酸不同　　　E. 分布的位置不同

44. 蛋白质的二级结构包括哪种类型

A. 双螺旋　　　　　　B. α 螺旋　　　　　　C. 假双螺旋　　　　　　D. β 折叠　　　　　　E. 三叶草型

45. 与细胞结构形成相关的因素有

A. 细胞的功能　　　　　　B. 细胞的表面张力　　　　　　C. 细胞周围的环境

D. 相邻细胞的压力　　　　E. 细胞中原生质的黏滞性

46. 原核细胞具有的特征是

A. 无核糖体　　　　　　B. 无有丝分裂器　　　　　　C. 无细胞骨架

D. 无遗传信息表达系统　　　　E. 基因中无内含子

47. 细胞内中与遗传信息表达有关的物质中主要的含氮碱基有

A. 胞嘧啶（C）　　　　　　B. 胸腺嘧啶（T）　　　　　　C. 尿嘧啶（U）

D. 鸟嘌呤（G）　　　　E. 腺嘌呤（A）

48. 具有生物学活性、能够执行生理功能的蛋白质空间结构是

A. 一级结构　　　　　　B. 二级结构　　　　　　C. 三级结构　　　　　　D. 四级结构　　　　　　E. 以上都是

二、名词解释

1. 膜相结构　　　　　　2. endomembrane system　　　　　　3. 细胞器

4. 质粒　　　　　　5. 生物大分子　　　　　　6. 细胞的体积守恒律

三、简答题

1. 原始细胞的起源需要具备哪些条件？

2. DNA 双螺旋结构有何特点？

3. 简述 DNA 与 RNA 的区别。

4. 酶有何特性?

四、论述题

1. 简述原核细胞与真核细胞的区别。
2. 原核细胞与真核细胞在基因组成和生命活动方面有何不同?
3. 试述蛋白质的四级结构及蛋白质的功能。

【参考答案】

一、选择题

（一）单项选择题

1. A　2. E　3. C　4. C　5. C　6. A　7. D　8. E　9. A　10. E　11. B　12. B　13. D　14. B　15. C　16. B
17. E　18. A　19. A　20. C　21. B　22. D　23. C　24. A　25. A　26. D　27. C　28. E　29. E　30. C　31. B
32. E　33. C　34. C　35. E

（二）多项选择题

36. BDE　37. ABCD　38. AE　39. AC　40. ABCDE　41. BD　42. ABCDE　43. BCE　44. BD　45. ABCDE
46. BCE　47. ABCDE　48. BC

二、名词解释

1. 膜相结构：真核细胞中，以生物系统为基础形成的一系列膜性结构或细胞器，包括细胞膜、内质网、高尔基复合体、线粒体、溶酶体、过氧化物酶体及核膜等。

2. endomembrane system：真核细胞除了具有质膜、核膜外，发达的细胞内膜形成了许多功能区隔。由膜围成的各种细胞器，如核膜、内质网、高尔基复合体、溶酶体和过氧化物酶体等，在结构上形成了一个连续的体系，称为内膜系统。

3. 细胞器（organelles）：位于细胞质中具有可辨认形态和能够完成特定功能的结构称为细胞器。

4. 质粒（plasmid）：位于细菌核区 DNA 以外的、裸露环状的、可进行自主复制的双链 DNA 分子称为质粒。

5. 生物大分子：指细胞内分子质量巨大，结构复杂，具有生物活性、决定生物体结构和功能的有机分子。

6. 细胞的体积守恒定律：指一个生物体的机体大小、器官大小与细胞的体积无关，与细胞的数目成正比关系的定律。

三、简答题

1. 原始细胞的形成需要具备哪些条件?

（1）形成能够包围细胞物质（原生质）的细胞膜。

（2）形成能够储存遗传信息的遗传物质——DNA。

（3）形成将 DNA 储存的遗传信息转录成为各种 RNA 所需的酶系，保证生命所需要的蛋白质的合成。

（4）具备装配蛋白质的细胞器——核糖体。

2. DNA 双螺旋结构的特点

（1）两条脱氧核苷酸长链以逆向平行的方式形成双螺旋。即一条链的 5′端与另一条链的 3′端相对。

（2）在双螺旋结构，所有的核苷酸的碱基都位于内侧，戊糖和磷酸则位于外侧。

（3）两条脱氧核苷酸长链的碱基之间通过 A 对 T、G 对 C 的原则配对，A、T 之间形成两个氢键，C、G 间形成三个氢键；且 A+G=T+C。

（4）每一个碱基对位于同一平面上，与螺旋轴垂直，相邻碱基对旋转 36°，间距 0.34nm，10 个碱基对旋转 360°，间距 3.4nm。

3. DNA 与 RNA 的区别，见表 2-2。

表 2-2 DNA 与 RNA 的区别

类别	核苷酸组成	核苷酸种类	结构	存在部位	功能
RNA	磷 酸 核 糖 碱 基 （AUGC）	腺嘌呤核苷酸（AMP） 鸟嘌呤核苷酸（GMP） 胞嘧啶核苷酸（CMP） 尿嘧啶核苷酸（UMP）	单链	主要存在于细胞质中	与遗传信息的表达有关
DNA	磷 酸 脱氧核糖 碱 基 （ATGC）	腺嘌呤核苷酸（dAMP） 鸟嘌呤核苷酸（dGMP） 胞嘧啶核苷酸（dCMP） 胸腺嘧啶核苷酸（dUMP）	双链	主要存在于细胞核中	是遗传物质的载体

4. 酶的特性

（1）具有高度的专一性。

（2）具有高度的催化性能。

（3）具有高度的不稳定性能。

四、论述题

1. 原核细胞与真核细胞的区别：见重点难点提要。

2. 原核细胞与真核细胞在基因组成和生命活动方面的不同点

（1）真核细胞 DNA 分子较大，而且每个细胞中的 DNA 有两条以上，总体 DNA 量较大，携带的遗传信息较多；而原核细胞的 DNA 只有一条，分子较小，且蕴藏的遗传信息量较少。

（2）真核细胞的 DNA 呈线状，与蛋白质结合并被包装成高度凝集的染色质结构，保证了遗传信息的稳定性。DNA 位于细胞核内，更有利于 RNA 前体进行有效的剪切和修饰，并为基因的表达提供方便；原核细胞的 DNA 位于细胞质中，呈环状，不与蛋白质结合，裸露。

（3）真核细胞的细胞器中也含有遗传物质 DNA。线粒体中的 DNA 可编码线粒体 mRNA、tRNA、rRNA，并能合成少量的线粒体蛋白质；原核细胞的细胞器中无 DNA。

（4）原核细胞 DNA 的复制，mRNA、tRNA、rRNA 转录和蛋白质的合成可以同时在细胞内连续进行，边转录边翻译，无需对 mRNA 进行加工。真核细胞的转录与翻译分开进行，整个过程具有严格的阶段性和区域性，是不连续的。真核细胞 DNA 的复制和 mRNA、tRNA、rRNA 的转录发生在细胞核内，mRNA 合成之后，在细胞核内经过剪接加工过程之后，必须运输到细胞质中才能翻译成蛋白质。

（5）原核细胞的繁殖无明显的周期性，而且没有使遗传物质均等分配到子细胞的机制；真核细胞的繁殖具有明显的周期性，并且在细胞繁殖过程中形成有丝分裂器，使遗传物质均等地分配到子细胞中。

（6）原核细胞的代谢形式主要是无氧呼吸，产生的能量较少；而真核细胞的代谢形式主要是有氧呼吸，可产生大量的能量。

3.（1）蛋白质的四级结构

1）一级结构：各种不同的氨基酸以一定顺序脱水缩合形成肽链，称为多肽。表示氨基酸的种类、数目和排列顺序。化学键：肽键。

2）二级结构：在一级结构的基础上，位置比较靠近的氨基酸残基的亚氨基（—NH—）和羰基（—CO—）形成氢键而成的立体结构。具有 α 螺旋和 β 折叠两种类型。

3）三级结构：在二级结构的基础上肽链进一步卷曲折叠构成的空间结构。化学键：氢键、二硫键、疏水键、离子键。

4）四级结构：指由 2 个或 2 个以上多肽链组成的蛋白质，由几条三级结构的多肽链形成具有一定构象的集合体。化学键：氢键。

（2）蛋白质的功能①作为细胞和组织的结构。②具有收缩作用。③运输作用。④储存作用。⑤保护作用。⑥作为酶调节细胞的生理代谢活动。

（岳丽玲 王 玉）

第三章 细胞生物学的研究方法

【重点难点提要】

一、显微镜技术

显微镜是观察细胞的主要工具。根据光源不同，可分为光学显微镜和电子显微镜两大类。前者以可见光（紫外线显微镜以紫外光）为光源，后者则以电子束为光源。

1. 光学显微镜技术

（1）普通光学显微镜：由3部分构成。

1）照明系统，包括光源和聚光器。

2）光学放大系统，由物镜和目镜组成，是显微镜的主体，为了消除球差和色差，目镜和物镜都由复杂的透镜组构成。

3）机械装置，用于固定材料和观察方便。

（2）荧光显微镜：细胞中有些物质，如叶绿素等，受紫外线照射后可发荧光；另有一些物质本身虽不能发荧光，但如果用荧光染料或荧光抗体染色后，经紫外线照射亦可发荧光，荧光显微镜就是对这类物质进行定性和定量研究的工具之一。

（3）相差显微镜：利用光的衍射和干涉效应把透过标本不同区域光波的光程差变成振幅差，使活细胞内各种结构之间呈现清晰可见的明暗对比。

（4）暗视野显微镜（dark field microscope）：聚光镜中央有挡光片，使照明光线不直接进入物镜，只允许被标本反射和衍射的光线进入物镜，因而视野的背景是黑的，物体的边缘是亮的。利用这种显微镜能见到小至 4～200nm 的微粒子，分辨率可比普通显微镜高 50 倍。

（5）激光共聚焦扫描显微镜（laser confocal scanning microscope）：用激光作扫描光源，逐点、逐行、逐面快速扫描成像，扫描的激光与荧光收集共用一个物镜，物镜的焦点即扫描激光的聚焦点，也是瞬时成像的物点。可以用于观察细胞形态，也可以用于细胞内生化成分的定量分析、光密度统计及细胞形态的测量。

2. 电子显微镜技术 电子显微镜与光学显微镜的成像原理基本一样，所不同的是前者用电子束作光源，用电磁场作透镜。另外，由于电子束的穿透力很弱，因此用于电镜的标本须制成厚度约 50nm 的超薄切片。这种切片需要用超薄切片机（ultramicrotome）制作。电子显微镜的放大倍数最高可达近百万倍、由电子照明系统、电磁透镜成像系统、真空系统、记录系统、电源系统 5 部分构成。

电子显微技术包括以下几种：①透射电子显微技术。②扫描电子显微技术。③金属投影、冷冻断裂及冷冻蚀刻技术。

3. 揭示蛋白质精确结构的 X 射线衍射技术 生物学上 X 射线衍射技术主要用来分析生物大分子、小分子的内部结构。

4. 测定大分子结构的磁共振技术 磁共振技术广泛用于小分子结构的分析及研究蛋白质或蛋白质结构域，测定蛋白质与配体的相互作用，提供蛋白质分子的动力学信息。

5. 检测活细胞内部化学状态及特定分子的方法

（1）能及时研究单一蛋白分子功能的膜片钳记录。

（2）是向细胞内导入分子的方法。

二、细胞的分离和培养

1. 分离不同类型细胞

（1）离心法。

（2）利用细胞对器皿的黏附力，将其与其他细胞分开。

（3）流式细胞术：是对单个细胞进行快速定量分析与分选的一门技术，是最精密的细胞分离技术。

2. 细胞培养　高等生物是由多细胞构成的整体，在整体条件下要研究单个细胞或某一群细胞在体内（in vivo）的功能活动是十分困难的。但是如果把活细胞拿到体外（in vitro）培养进行观察和研究，则要方便得多。活细胞离体后要在一定的生理条件下才能存活和进行生理活动，特别是高等动植物细胞要求的生存条件极其严格，稍有不适就要死亡。所以细胞培养技术（cell culture）就是选用最佳生存条件对活细胞进行培养和研究的技术。

三、细胞组分的分级分离

（1）分离细胞亚显微结构和大分子的超速离心法。

（2）可以确定细胞过程的分子细节的非细胞体系法。

（3）可以分离蛋白质的层析法。

（4）检测蛋白质分子质量的蛋白质电泳技术。

（5）可进行肽断片测序和蛋白质鉴定的质谱技术。

（6）应用测序仪完成的氨基酸序列分析。

四、细胞内分子的示踪

（1）用于细胞和机体内分子示踪的同位素技术。

（2）用于鉴定及示踪特定分子的抗体。

五、基本的分子生物学实验技术

（1）可将 DNA 分子切成断片的限制性内切酶。

（2）凝胶电泳技术。

（3）聚合酶链式反应（polymerase chain reaction，PCR）用于在体外将微量的目标 DNA 大量扩增，以便进行分析。

（4）可从 DNA 文库中克隆目的基因。

（5）DNA 序列的测定技术。

（6）核酸分子杂交反应。

（7）在细胞内大量表达蛋白质技术。

（8）生物芯片技术。

【自　测　题】

一、选择题

（一）单项选择题

1. 在光学显微镜下所观察到的组织或细胞结构一般称为

A. 显微结构　　　B. 超微结构　　　C. 亚显微结构　　　D. 分子结构　　　E. 微细结构

2. 研究细胞的超微结构一般要利用下列哪种技术

A. 光学显微镜技术　　　　　　B. 电子显微镜技术　　　　　　C. X 射线衍射技术

D. 离心技术　　　　　　　　　E. 电泳技术

3. 关于光学显微镜，下列哪项有误

A. 是利用光线照明，将微小物体形成放大影像的仪器　　B. 细菌和线粒体是光镜能清晰可见的最小物体

C. 由机械系统和光学系统两大部分构成　　　　　　　　D. 可用于观察细胞的显微结构

E. 其分辨力由目镜决定

4. 关于光镜的使用，下列哪项有误

A. 用显微镜观察标本时，应双眼同睁，双手并用　　B. 按从低倍镜到高倍镜再到油镜的顺序进行标本的观察

C. 使用油镜时，需在标本上滴上香柏油或液状石蜡　　D. 使用油镜时，需将聚光器降至最低；光圈关至最小

E. 使用油镜时，不可一边在目镜中观察，一边下降镜筒或上升载物台

5. 适于观察细胞复杂网络如内质网膜系统、细胞骨架系统的三维结构的显微镜是

A. 普通光镜　　B. 荧光显微镜　　C. 相差显微镜　　D. 暗视野显微镜　　E. 共焦激光扫描显微镜

6. 关于组织切片，下列哪项有误

A. 生物组织切片前一般要进行固定以保持细胞原有形态与结构

B. 生物组织的切片方法有石蜡切片法、火棉胶切片法和冷冻切片法等

C. 切片标本的制备要经过取材、固定、切片、染色、透明和封固等步骤

D. 将固定的标本用石蜡包埋后再进行切片的方法称为石蜡切片法

E. 适用于光镜观察的切片的厚度为 10～50μm

7. 关于超薄切片，下列哪项有误

A. 厚度在 50～100nm 的切片称为超薄切片　　　　B. 通过超薄切片可将一个细胞切成 100～200 片

C. 制备超薄切片需使用专门的仪器——超薄切片机　　D. 超薄切片常用玻璃制成的刀切成

E. 组织细胞样品被切片之前常需双重固定但无需包埋

8. 关于冷冻割断技术，下列哪项有误

A. 用该技术所制标本可在扫描电镜下观察细胞的内部构造

B. 生物样品在割断前须经固定和液氮的快速冷冻处理　　C. 是电镜样品制备技术的一种

D. 细胞经割断后可直接在扫描电镜下观察　　　　　　E. 可获得细胞内各种细胞器的立体形貌

9. 关于 X 射线衍射技术，下列哪项有误

A. 是测定生物大分子结构的一项适用技术　　　　B. 其原理是利用 X 线的衍射效应来推断物质的分子结构

C. X 线是波长较短的电磁辐射，比电子的穿透力强　　D. 该技术能检测较薄的含水标本

E. 可测定蛋白质结晶分子中原子的空间排布

10. 适于观察无色透明活细胞微细结构的光学显微镜是

A. 相差显微镜　　B. 暗视野显微镜　　C. 荧光显微镜　　D. 偏振光显微镜　　E. 普通显微镜

11. 关于相差显微镜，下列哪项有误

A. 利用了光的衍射和干涉特性　　B. 可使相位差变成振幅差　　　　C. 所观察的标本要经固定处理

D. 一般使用高压汞灯作光源　　　E. 装有环形光阑、相位板和中心望远镜等特殊配件

12. 关于荧光显微镜，下列哪项有误

A. 其光源通常为高压汞灯或氙灯　　B. 必需装备为激发滤片和阻断滤片　　C. 根据光化荧光的原理设计制造的

D. 可用于观察固定细胞和活细胞　　E. 使用时应在较明亮的环境中进行

13. 光学显微镜的分辨率（最小分辨距离）可达

A. 0.1μm　　　　B. 0.2μm　　　　C. 0.3μm　　　　D. 0.4μm　　　　E. 0.5μm

14. 关于电子显微镜，下列哪项有误

A. 组织或细胞观察前均需经超薄切片　　　B. 分为透射式和扫描式两大类　　　C. 分辨率可达 0.2nm

D. 利用电子束作照明源　　　　　　　　　E. 在荧光屏上成像

15. 关于光学显微镜的分辨率，下列哪项有误

A. 是光镜的主要性能指标　　　　B. 也称为分辨本领　　　　C. 指分辨出标本上两点间最小距离能力

D. 显微镜的分辨率由物镜决定　　　　E. 与照明光的波长成正比

16. 分别使用光镜的低倍镜和高倍镜观察同一细胞标本相，可发现在低倍镜下

A. 相较小，视野较暗　　　　　　B. 相较小，视野较亮　　　　C. 相较大，视野较暗

D. 相较大，视野较亮　　　　　　E. 相及视野的亮度均不改变

17. 关于透射式电镜，下列哪项叙述是错误的

A. 由德国科学家 Ruska 等发明　　　B. 以电子束作为光源　　　C. 电子透过标本后在荧光屏上成像

D. 分辨率较高　　　　　　　　　E. 适于观察细胞的外观形貌

18. 关于扫描式电镜，下列哪项有误

A. 20 世纪 60 年代才正式问世　　　　　　　　B. 景深长，成像具有强烈立体感

C. 电子扫描标本使之产生二次电子，经收集放大后成像　　D. 标本无需经超薄切片即可观察

E. 适于观察细胞的内部构造

19. 适于观察细胞表面及断面超微结构三维图像的仪器是

A. 普通光镜　　　　B. 荧光显微镜　　　　　C. 相差光镜　　　　D. 扫描电镜　　　　E. 透射电镜

20. 研究组织或细胞显微结构的主要技术是

A. 光学显微镜　　　B. 电镜技术　　　　C. 离心技术　　　D. 电泳技术　　　E. 层析技术

21. 研究细胞超微结构的主要技术是

A. 光学显微镜　　　B. 电镜技术　　　　C. 离心技术　　　D. 电泳技术　　　E. 层析技术

22. 分离细胞内不同细胞器的主要技术是

A. 光学显微镜　　　B. 电镜技术　　　　C. 离心技术　　　D. 电泳技术　　　E. 层析技术

23. 细胞内的不同蛋白质进行分级分离的最常用技术是

A. 光学显微镜　　　B. 电镜技术　　　　C. 离心技术　　　D. 电泳技术　　　E. 层析技术

24. 利用电场使带不同电荷的蛋白质得以分离的技术是

A. 光学显微镜　　　B. 电镜技术　　　　C. 离心技术　　　D. 电泳技术　　　E. 层析技术

25. 利用核苷酸探针对玻片上的组织或细胞 DNA 分子上的某特定基因或核酸顺序进行探测和定位的技术，
　　称为

A. 放射自显影技术　　B. 免疫荧光显微镜技术　　C. 免疫电镜技术　　　D. 液相杂交技术　　　E. 原位杂交技术

26. 在试管中，通过单链 DNA 探针与变性 DNA 溶液中的单链 DNA 分子互补结合来探测某基因是否存在的方
　　法属于

A. 放射自显影技术　　　　　　　B. 免疫荧光显微镜技术　　　　　C. 免疫电镜技术

D. 液相杂交技术　　　　　　　　E. 原位杂交技术

27. 利用放射性同位素标记物质能使照相乳胶感光的原理来探测细胞内某种物质的含量与分布的方法是

A. 放射自显影技术　　　　　　　B. 免疫荧光显微镜技术　　　　　C. 免疫电镜技术

D. 液相杂交技术　　　　　　　　E. 原位杂交技术

28. 用荧光染料标记的抗体处理细胞后在荧光显微镜下对细胞中特殊分子进行定位属于

A. 放射自显影技术　　　　　　　B. 免疫荧光显微镜技术　　　　　C. 免疫电镜技术

D. 液相杂交技术　　　　　　　　E. 原位杂交技术

29. 利用电子密度高的胶体金标记抗体处理细胞后，在高分辨率电镜下对特殊分子的定位称为

A. 放射自显影技术　　　　　　　B. 免疫荧光显微镜技术　　　　　C. 免疫电镜技术

D. 液相杂交技术　　　　　　　　E. 原位杂交技术

30. 直接取材于机体组织的细胞培养称为
A. 细胞培养　　　　B. 原代培养　　　　C. 传代培养　　　　D. 细胞克隆　　　　E. 细胞融合

31. 当体外培养的细胞增殖到一定密度后以1∶2以上的比例转移到几个容器中进行再培养称为
A. 细胞培养　　B. 原代培养　　　　C. 传代培养　　　　D. 细胞克隆　　　　E. 细胞融合

32. 模拟体内的条件使细胞在体外生存、生长并繁殖的过程称为
A. 细胞培养　　　　B. 原代培养　　　　C. 传代培养　　　　D. 细胞克隆　　　　E. 细胞融合

33. 分离出单个细胞在适当的条件下使之增殖成均一的细胞群体称为
A. 细胞培养　　　　B. 原代培养　　　　C. 传代培养　　　　D. 细胞克隆　　　　E. 细胞融合

34. 体细胞杂交又称为
A. 细胞培养　　　　B. 原代培养　　　　C. 传代培养　　　　D. 细胞克隆　　　　E. 细胞融合

35. 适于观察培养瓶中活细胞的显微镜是
A. 透射电镜　　　　B. 扫描电镜　　　　C. 荧光显微镜　　　　D. 倒置显微镜　　　　E.相差显微镜

36. 在聚光器上有一附加的环状光阑，在物镜的后焦面上有一相板的显微镜是
A. 透射电镜　　　　B. 扫描电镜　　　　C. 荧光显微镜　　　　D. 倒置显微镜　　　　E.相差显微镜

37. 适于观察细胞内超微结构的显微镜是
A. 透射电镜　　　　B. 扫描电镜　　　　C. 荧光显微镜　　　　D. 倒置显微镜　　　　E. 相差显微镜

38. 需对标本进行超薄切片后才能观察的显微镜是
A. 透射电镜　　　　B. 扫描电镜　　　　C. 荧光显微镜　　　　D. 倒置显微镜　　　　E. 相差显微镜

39. 适于观察细胞表面或断面超微三维结构的显微镜是
A. 透射电镜　　　　B. 扫描电镜　　　　C. 荧光显微镜　　　　D. 倒置显微镜　　　　E. 相差显微镜

40. 收集轰击样品所产生的二次电子经转换放大后在荧屏上成像的显微镜是
A. 透射电镜　　　　B. 扫描电镜　　　　C. 荧光显微镜　　　　D. 倒置显微镜　　　　E. 相差显微镜

41. 分离蛋白质分子的常用仪器是
A. 流式细胞分选仪　B. 超速离心机　　　C. 高速离心机　　　D. 低速离心机　　　E. 电泳仪

42. 制备小鼠骨髓细胞染色体标本时一般使用
A. 流式细胞分选仪　B. 超速离心机　　　C. 高速离心机　　　D. 低速离心机　　　E. 电泳仪

43. 从破碎的细胞中分离收集线粒体一般所需的仪器是
A. 流式细胞分选仪　B. 超速离心机　　　C. 高速离心机　　　D. 低速离心机　　　E. 电泳仪

44. 最精密的细胞分离仪器是
A. 流式细胞分选仪　B. 超速离心机　　　C. 高速离心机　　　D. 低速离心机　　　E. 电泳仪

45. 要观察肝组织中的细胞类型及排列，应先制备该组织的
A. 切片　　　　B. 滴片　　　　C. 涂片　　　　D. 装片　　　　E. 压片

46. 小鼠骨髓细胞的染色体标本一般制备成细胞的
A. 切片　　　　B. 滴片　　　　C. 涂片　　　　D. 装片　　　　E. 压片

47. 观察血细胞的种类和形态一般制备成血液的
A. 切片　　　　B. 滴片　　　　C. 涂片　　　　D. 装片　　　　E. 压片

48. 细胞不同组分在超速离心机中的沉降速率常用的表示方式是
A. S　　　　B. ℃　　　　C. ℉　　　　D. pH　　　　E.%

49. 由小鼠骨髓瘤细胞与某一B细胞融合后形成的细胞克隆所产生的抗体称为
A. 单克隆抗体　　　B. 多克隆抗体　　　C. 单链抗体　　　D. 嵌合抗体　　　E. 单域抗体

50. 在电镜下所观察到的细胞结构称为
A. 显微结构　　　　B. 超微结构　　　　C. 亚显微结构　　　D. 微细结构　　　E. 电镜结构

51. 细胞原代培养实验中，首先应注意的问题是

A. 无菌操作　　　　　　　　B. 细胞消化时间　　　　　　　　C. 添加培养液的量

D. 培养液的浓度　　　　　　E. 加胰酶前用 PBS 液洗细胞

52. 鉴别培养细胞中的死细胞时常用

A. 甲苯胺蓝　　　B. 次甲基蓝　　　C. 考马斯亮蓝　　　D. 台盼蓝　　　E. 甲基蓝

53. 电镜标本制备时常用的固定剂是

A. 锇酸　　　B. 甲醛　　　C. 丙酮　　　D. 联苯胺　　　E. 过碘酸

54. 通常用于原位杂交进行基因定位的同位素是

A. ^{3}H　　　B. ^{35}S　　　C. ^{32}P　　　D. ^{14}C　　　E. ^{131}I

55. 甲基绿-派洛宁染色可使细胞内的 DNA 和 RNA 呈现

A. 绿色　　　B. DNA 呈红色　　　C. RNA 呈红色　　　D. RNA 呈绿色　　　E. 以上都不是

56. 线粒体的专一活体染色剂是

A. 考马斯亮蓝染色剂　　　　　B. 碱性固绿　　　　　　　　C. 次甲基蓝

D. 中性红-詹纳斯绿染液　　　　E. 甲基绿-派洛宁染液

57. 测定细胞核酸含氮碱的方法是

A. Feulgen 法　　　B. 紫外分光光度法　　　C. 伊红染色　　　D. 硝酸银染色法　　　E. 硝酸铀染色法

58. 孚尔根反应可用于

A. 定位细胞内的分布区域　　　　　　B. 定位细胞内脂肪的分布区域　　　C. 定位细胞内 DNA 的分布区域

D. 定位细胞内酸性磷酸酶的分布区域　　　　E. 确定细胞内放射性化合物的分布

59. 制备单克隆抗体的常用技术为

A. DNA 重组技术　　B. 超速离心技术　　C. 免疫显微镜技术　　D. 核酸分子杂交技术　　E. B 淋巴细胞杂交瘤技术

60. 细胞被丫啶橙染色后在荧光显微镜下可见

A. 细胞质和核仁呈红色，核质呈绿色　　　　B. 核仁和核质呈黄色，细胞质呈橘红色

C. 细胞质呈红色，细胞核呈绿色　　　　　　D. 核仁呈绿色，核质和细胞质呈红色

E. DNA 呈蓝绿色，RNA 呈红色

61. 在聚合酶链反应技术中，两条互补的单链在什么情况下结合成双链结构

A. 提高 pH 和温度时　　　　　B. 变性处理时　　　　　　　　C. 在 65℃时

D. 提高 ^{32}P 放射性标记时　　　E. 提高 RNA 浓度时

62. 采用哪种技术能证明 DNA 半保留复制

A. 染色质重组技术　　B. 细胞融合技术　　C. 染色体分带技术　　D. SCE 染色技术　　E. 免疫荧光显微技术

63. 用 ^{32}P 处理培养细胞后能被掺入到细胞的

A. G_1 期　　　B. S 期　　　C. M 期　　　D. G_2 期　　　E. G_0 期

（二）多项选择题

64. 制备单个细胞悬液常用的蛋白水解酶有

A. 胰蛋白酶　　　B. 核酸酶　　　C. 乙二胺四乙酸　　　D. 胶原酶　　　E. 磷酸酶

65. 差速离心用于

A. 分离细胞核　　B. 分离核糖体　　C. 分离线粒体　　D. 分离细胞中大小有差异的成分　　E. 分离非细胞体系

66. 原位杂交

A. 用于染色体中 DNA 定位　　　　　B. 杂交　　　　　　　　C. DNA-RNA 杂交

D. 用于细胞中 RNA 定位　　　　　　E. 用于显示细胞中特殊 RNA 分子的分布

67. 制备单个细胞悬液常用的蛋白水解酶有

A. 胰蛋白酶　　　B. 核酸酶　　　C. 磷酸酶　　　D. 胶原酶　　　E. 乙二胺四乙酸

68. 通过细胞融合技术能够

A. 进行基因分析　　　　　　B. 进行体细胞杂交　　　　　C. 基因定位

D. 研究不同细胞之间的相互作用　　　E. 研究培育动植物新品种

69. 差速离心用于

A. 分离细胞核　　　　　　　B. 分离核糖体　　　　　　　C. 分离线粒体

D. 分离细胞中大小有显著差异的成分　　　E. 分离非细胞体系

70. 电子染色

A. 是采用重金属增加标本电子散射能力的染色法　　　B. 有正染和负染

C. 被染组织成黑色的结构为正染　　　D. 被染组织不着色，而周围组织被染成黑色的为负染

E. 可以检测细胞中 DNA 和 RNA 序列片段

二、名词解释

1. 分辨率　　　　　　　2. 显微结构　　　　　　　3. PCR

4. 细胞电泳技术　　　　5. 细胞系　　　　　　　　6. cell culture

7. 反义技术　　　　　　8. 基因转移技术　　　　　9. 非细胞体系

10. 细胞电泳技术　　　　11. 基因敲进　　　　　　　12. 基因敲除

三、简答题

1. 举出 4 种分离纯化蛋白质的方法。

2. 列出 PCR 的反应步骤。

3. 什么是电镜冷冻蚀刻（freeze-etching）技术？

4. 什么是放射自显影术？

5. 什么是组织或细胞的原位杂交？简述其应用。

四、论述题

1. 光镜上调节光线强弱的装置有哪些？

2. 从光源、透镜和成像三方面比较电镜和光镜？

【参考答案】

一、选择题

（一）单项选择题

1. A　2. B　3. E　4. D　5. D　6. E　7. E　8. A　9. D　10. A　11. C　12. E　13. B　14. C　15. D　16. D
17. E　18. E　19. D　20. A　21. B　22. C　23. E　24. D　25. E　26. D　27. A　28. B　29. C　30. B　31. C
32. A　33. D　34. E　35. D　36. E　37. A　38. A　39. D　40. B　41. E　42. D　43. C　44. A　45. A　46. B
47. C　48. A　49. A　50. B　51. A　52. D　53. A　54. A　55. A　56. D　57. B　58. C　59. E　60. A　61. C
62. D　63. B

（二）多项选择题

64. ACD　65. ABCDE　66. ABCDE　67. ADE　68. BCDE　69. ABCDE　70. ABCDE

二、名词解释

1. 分辨率：指显微镜或人眼在 25cm 的明视距离处，能清楚地分辨备检物体细微结构最小间隔的能力。

2. 显微结构：将光学显微镜下所检物体结构称作显微结构。

3. PCR：又称聚合酶链式反应，是在体外，耐热的 DNA 聚合酶在引物存在下，对 DNA 双链的特定部位进行的重复性复制反应。

4. 细胞电泳技术：根据不同细胞表面的电荷情况，使细胞在外加电场作用下泳动，从而分离出不同的细胞并

可推导细胞表面性质变化的实验技术。

5. 细胞系：在培养的细胞中产生无休止繁殖的、可被无限传代的变异细胞。

6. cell culture：是指从活体组织分离出特定的细胞，在一定的条件下进行培养，使之能够继续生存、生长抑制增殖的一种方法。

7. 反义技术：指利用能够与有功能的 RNA（主要是 mRNA）互补结合，并干扰其功能的 RNA 或 DNA 的反义核酸影响对应的 mRNA 的转录、翻译，从而改变细胞学功能的技术。

8. 基因转移技术：指在基因功能和基因治疗等研究过程中，应用物理、化学、生物技术方法将外源基因转移到细菌或细胞内，并在细胞内实现转入基因的扩增或表达的技术。

9. 非细胞系：指从分级分离得到的具有生物学功能的，可广泛应用于细胞学研究的细胞提取物。

10. 细胞电泳技术：指根据不同细胞表面的电荷情况，使细胞在外加电场作用下泳动，从而分离出不同的细胞并可推导细胞表面性质变化的实验技术。

11. 基因敲进：指应用基因的同源重组技术，将外源有功能的，且为细胞基因组中不存在或已经失活的基因转入细胞与基因组中的同源序列进行同源重组，将其插入到基因组中并表达的技术。

12. 基因敲除：指应用基因的同源重组技术，将无功能的外源基因转入细胞与基因组中的同源序列进行同源重组，把同源序列中有功能的基因置换出来，造成功能基因的缺失或失活的方法。

三、简答题

1. 分离纯化蛋白质的方法：①柱层析法；②高压液相层析；③电泳法；④生物质谱技术。

2. PCR 的反应步骤：①DNA 双链解离；②DNA 连与引物的退火；③DNA 聚合酶作用下的互补链和成。

3. 电镜冷冻蚀刻（freeze-etching）技术：在低温（液态氮，−269℃）下切割组织块后，徐徐升温，真空下使水分升华（冷冻干燥），在细胞周围的冰迅速减少下陷的同时，细胞内的水也减少下陷，膜和其他一些结构暴露出来，制作复型后有显著的断面浮雕效果，用于观察细胞的内部构造，这种技术称作冷冻蚀刻技术。

4. 放射自显影术是一种重要的细胞生物学技术，它可以确定化合物在细胞和组织切片中的部位。首先，用放射性化合物脉冲渗入活细胞，培养不同时间后取样固定，进行光、电镜切片。在暗处把感光乳胶覆盖在切片上存放数日。由于放射性同位素衰变使乳胶感光，经过显影和定影，根据银颗粒所在位置即可知道细胞中放射性物质的分布情况。

5. 组织或细胞的原位杂交用核酸探针于细菌、细胞，或组织切片中的核酸进行杂交，用来检测特定核酸分子在细胞内的本来位置，这一过程被称为原位杂交。主要用于细菌基因克隆筛选，检测基因在细胞内的表达，检测基因在染色体上的定位。

四、论述题

1. 光镜上调节光线强弱的装置有反光镜、聚光镜和光阑。①反光镜用来调节光线，能将来自不同方向的光线收集起来反射到聚光镜中；②聚光镜是汇集光线成束，增强照明度；③光阑的作用是调节光线的强弱的。

2.（1）光镜的光源是利用可见光作光源，透镜是由 2～3 个玻璃透镜构成，成像是通过玻璃透镜将微小物体形成放大影像。

（2）电镜的光源是以电子束代替光源，以电磁场透镜代替玻璃透镜，在电磁透镜的作用下放大成像。

（张明龙）

第四章　细胞膜与物质的跨膜运输

【重点难点提要】

一、细胞膜的概念和作用

1. 细胞膜（cell membrane）　是细胞质与外界环境相隔的一层界膜，又称质膜。

2. 细胞膜的作用

（1）限定细胞的范围，维持细胞形状。

（2）具有高度的选择性（为半透膜），并能进行主动运输，使细胞内外形成不同的离子浓度并保持细胞内外物质和外界环境之间必要的差别。

（3）是接受外界信号的传感器，使细胞对外界环境的变化产生适当的反应。

（4）与细胞的新陈代谢、生长繁殖、分化及癌变等重要生命活动密切相关。

二、细胞膜的化学组成

细胞膜主要由脂类、蛋白质和糖类组成。脂类排列成双分子层，蛋白质以非共价键与其结合形成膜的主体，糖类多以复合体的形式存在。此外，还会有少量的水、无机盐和金属离子。细胞膜中的脂类和蛋白质的含量变化范围从1∶4到4∶1，功能越复杂，膜中蛋白质的比例越大。

生物膜是由脂类、蛋白质和糖类组成的超分子体系，脂类分子排列为双层，构成膜的骨架，蛋白质分布在脂双层内，是膜功能的主要体现者，糖类分子大多分布在膜的外表面。

1. 脂类　类包括磷脂、胆固醇和糖脂。

（1）磷脂

1）磷脂的种类：卵磷脂（磷脂酰胆碱）、脑磷脂（磷脂酰乙醇胺）、鞘磷脂（神经鞘磷脂）和磷脂酰丝氨酸。

2）磷脂的分子结构：磷脂为双亲性分子。具有胆碱、磷酸和甘油基团组成的亲水的头部和由脂肪酸链组成的疏水的尾部。在水溶液中，能自动排成脂质双分子层或球形。具有自相融合成封闭性腔室的倾向。

（2）胆固醇：为中性脂类，含亲水端和疏水端。在膜中胆固醇插在磷脂分子之间，与磷脂分子的碳氢链相互作用，可保持质膜的流动性。

胆固醇仅存在真核细胞膜上，含量一般不超过膜脂的1/3，植物细胞膜中含量较少，其功能是提高脂双层的力学稳定性，调节脂双层流动性，降低水溶性物质的通透性。例如，在缺少胆固醇培养基中，不能合成胆固醇的突变细胞株很快发生自溶。

（3）糖类：位于细胞外表层，是由糖基与外层膜脂或膜蛋白结合而成，主要功能与膜受体有关。

2. 膜蛋白

膜蛋白类型

1）内在膜蛋白：是指蛋白质全部或部分插入细胞膜内，以疏水氨基酸直接与脂双层的疏水区域相互作用，结合能力较强。占膜蛋白的70%～80%。

2）外在膜蛋白：分布于膜的内外表面，常以离子键、氢键与膜脂分子或膜表面的蛋白质分子相结合。

3. 膜糖类

（1）存在形式：以低聚糖或多聚糖链的形式共价结合于膜蛋白，形成糖蛋白或以低聚糖链的形式结合于脂类形成糖脂。

（2）膜糖的种类

1）膜糖共有 7 种：半乳糖、甘露糖、岩藻糖、半乳糖胺、葡萄糖、葡萄糖胺和唾液酸。

2）唾液酸残基常见于糖链末端，主要形成真核细胞表面的净负电荷。

（3）细胞被

1）糖蛋白和糖脂上的糖类都位于膜的非胞质面一侧。在大多数真核细胞膜的表面，富糖类的周缘区常称为细胞外被（cell coat）或糖萼（glycocalyx）。

2）细胞被具有保护、润滑作用，可防止细胞机械性损伤、保护细胞免受消化酶的作用和细菌的侵袭。同时在细胞识别、细胞通讯、细胞内外物质转运等方面起重要作用；另外还决定血型。

三、生物膜的特征

1. 膜的不对称性　质膜的内外两层的组分和功能有明显的差异，称为膜的不对称性。膜脂、膜蛋白和膜糖类在膜上均呈不对称分布，导致膜功能的不对称性和方向性，即膜内外两层的流动性不同，使物质传递有一定方向，信号的接受和传递也有一定方向等。

（1）膜脂的不对称性：脂分子在脂双层中呈不均匀分布，质膜的内外两侧分布的磷脂的含量比例也不同。例如，人的红细胞膜中，磷脂酰胆碱（PC）和鞘磷脂（SM）多分布于脂双层的外层，而磷脂酰丝氨酸（PS）、磷脂酰乙醇胺（PE）和磷脂酰肌醇（PI）则主要分布于内层。

（2）膜蛋白的不对称性：膜蛋白的不对称性是指每种膜蛋白分子在细胞膜上都具有明确的方向性和分布的区域性。各种膜蛋白在膜上都有特定的分布区域。

某些膜蛋白只有在特定膜脂存在时才能发挥其功能，如蛋白激酶 C 结合于膜的内侧，需要磷脂酰丝氨酸的存在才能发挥作用。

（3）膜糖类的不对称性：无论在任何情况下，糖脂和糖蛋白都只分布于细胞膜的外表面，这些成分可能是细胞表面受体，并且与细胞的抗原性有关。

2. 质膜的流动性　由膜脂和膜蛋白的分子运动两个方面组成。

（1）膜脂分子的运动

1）侧向扩散：相邻的膜脂分子在同一平面上交换位置。

2）旋转运动：膜脂分子围绕与膜平面垂直的纵轴进行快速旋转。

3）摆动运动：膜脂分子围绕与膜平面垂直的纵轴进行左右摆动。

4）伸缩震荡：脂肪酸链沿着与膜平面垂直的纵轴进行伸缩震荡运动。

5）翻转运动：膜脂分子在翻转酶的催化下从脂双层的一层翻转到另一层。

6）旋转异构：脂肪酸链围绕 C—C 键旋转，导致异构化运动。

（2）膜蛋白的分子运动：膜蛋白主要通过侧向扩散和旋转扩散两种方式运动。旋转扩散指膜蛋白围绕与膜平面垂直的轴进行旋转运动，膜蛋白的侧向运动受细胞骨架的限制，破坏微丝的药物如细胞松弛素 B 能促进膜蛋白的侧向运动。

（3）影响膜流动性的因素

1）脂肪酸链的饱和度：脂肪酸链所含双键越多，使膜流动性增加。

2）脂肪酸链的链长：长链脂肪酸相变温度高，膜流动性降低。

3）胆固醇：双向调节。相变温度以上，限制膜的流动性，稳定质膜。相变温度以下，防止脂肪酸链相互凝聚，干扰晶态的形成。

4）卵磷脂/鞘磷脂：因为鞘磷脂黏度高于卵磷脂，所以卵磷脂/鞘磷脂比例高则膜流动性增加。

5）膜蛋白的影响：脂双层中嵌入的蛋白质越多，膜脂流动性越小。

6）其他因素：温度、酸碱度、离子强度等。

四、细胞膜的分子结构模型

1. 片层结构模型 J. Danielli 和 H. Davson 于 1935 年发现质膜的表面张力比油-水界面的张力低得多，推测膜中含有蛋白质，从而提出了"蛋白质-脂类-蛋白质"的三明治模型。认为质膜由双层脂类分子及其内外表面附着的蛋白质构成的。1959 年在上述基础上提出了修正模型，认为膜上还具有贯穿脂双层的蛋白质通道，供亲水物质通过。

2. 单位膜模型 J. D. Robertson 于 1959 年用超薄切片技术获得了清晰的细胞膜照片，显示暗-明-暗三层结构，厚约 7.5nm。这就是所谓的"单位膜"模型。它由厚约 3.5nm 的双层脂分子和内外表面各厚约 2nm 的蛋白质构成。单位膜模型的不足之处在于把膜的动态结构描写成静止的、不变的。

3. 液态镶嵌模型 1972 年 S·J·Singer 和 G·L·Nicolson 提出，该模型把生物膜看成是嵌有球形蛋白质的脂类二维排列的液态体。膜是一种动态的、不对称的、具有流动特点的结构。在膜中磷脂双分子层构成膜的连续主体，磷脂分子的亲水端面向膜的内外两侧，疏水端面向膜的内侧。此结构既具有固体分子排列的有序性，又有液体的流动性。膜中的球形蛋白分子以各种形式与脂质双层相结合。

该模型的优点突出了膜的流动性和不对称性，强调了膜的流动性和球形蛋白质与脂质双层的镶嵌关系，但不能说明具有流动性的细胞膜在变化过程中怎样保持膜的相对完整性和稳定性。

4. 脂筏模型 脂筏（lipid raft）是质膜上富含胆固醇和鞘磷脂的微结构域（microdomain）。大小约 70nm，是一种动态结构，位于质膜的外小页。由于鞘磷脂具有较长的饱和脂肪酸链，分子间的作用力较强，所以这些区域结构致密，介于无序液体与液晶之间，称为有序液体（liquid-ordered）。脂筏就像一个蛋白质停泊的平台，与膜的信号转导、蛋白质分选均有密切的关系。

五、小分子物质的跨膜转运

1. 被动运输 指不需消耗代谢能，物质以顺浓度梯度从高浓度一侧通过细胞膜向低浓度方向运输的方式。

（1）简单扩散

1）简单扩散（simple diffusion）：指不需消耗代谢能，物质顺浓度梯度从高浓度一侧通过细胞膜向低浓度一侧移动的方式，如 O_2、CO_2、水、乙醚、甘油等。

2）简单扩散的特点：①沿浓度梯度（或电化学梯度）扩散；②不需要消耗代谢能；③没有膜蛋白的协助。

脂溶性越高通透性越大，水溶性越高通透性越小；非极性分子比极性容易透过，小分子比大分子容易透过。具有极性的水分子容易通透是因水分子可由水通道通过。

（2）易化扩散

1）易化扩散（facilitated diffusion）：不需要消耗能量，是物质顺浓度梯度，在载体蛋白的协助下从高浓度一侧通过细胞膜向低浓度一侧运输的过程。

2）易化扩散的特点：①不需要消耗能量；②需要载体蛋白的帮助；③比自由扩散转运速率高；④存在最大转运速率；在一定限度内运输速率同物质浓度成正比。如超过一定限度，浓度再增加，运输也不再增加。

（3）通道蛋白介导的跨膜运输：通道蛋白在膜上形成开放的孔道，允许一定体积和携带电荷的小分子物质自由通过脂双层。

1）通道蛋白的类型：①水通道；②离子通道。

2）通道蛋白的特点：①通过离子通道的转运速度非常快，比载体蛋白介导的转运快 1000 倍；

②离子通道具有高度的选择性，因为孔道的孔很窄，限制一定体积和电荷离子的通过；③多数离子通道不是持续开放的，离子通道的开放受"闸门"控制，特定的刺激引起通道短时间开放，如配体闸门通道和电压闸门通道；④离子通道均为被动运输，不消耗能量。

2. 主动运输

（1）主动运输（active transport）：是指物质在特异性载体的帮助下，通过消耗能量，逆浓度梯度从浓度低的一侧通过细胞膜向浓度高的一侧运输的过程，如：Na^+/K^+-ATP 酶、Ca^+ 泵、H^+ 泵等。

（2）主动运输的特点：①逆浓度梯度（逆化学梯度）运输；②需要能量（由 ATP 直接供能）或与释放能量的过程偶联（协同运输）；③需要载体蛋白。

（3）主动运输所需的能量来源：①协同运输中的离子梯度动力；②ATP 驱动的泵通过水解 ATP 获得能量；③光驱动的泵利用光能运输物质，见于细菌。

（4）主动运输的过程：一般认为 Na^+/K^+-ATP 酶是由 2 个大亚基、2 个小亚基组成的 4 聚体。Na^+/K^+-ATP 酶通过磷酸化和去磷酸化过程发生构象的变化，导致与 Na^+、K^+ 的亲和力发生变化。首先在膜内侧 Na^+ 与酶结合，激活 ATP 酶活性，使 ATP 分解，酶被磷酸化，构象发生变化，于是与 Na^+ 结合的部位转向膜外侧；这种磷酸化的酶对 Na^+ 的亲和力低，对 K^+ 的亲和力高，因而在膜外侧释放 Na^+、而与 K^+ 结合。K^+ 与磷酸化酶结合后促使酶去磷酸化，酶的构象恢复原状，于是与 K^+ 结合的部位转向膜内侧，K^+ 与酶的亲和力降低，使 K^+ 在膜内被释放，而又与 Na^+ 结合。结果是每一循环消耗一个 ATP，转出 3 个 Na^+，转进 2 个 K^+。

（5）主动运输的方式：协同运输（cotransport）是一类靠间接提供能量完成的主动运输方式。物质跨膜运动所需要的能量来自膜两侧离子的电化学浓度梯度，而维持这种电化学势的是钠钾泵或质子泵。动物细胞中常常利用膜两侧 Na^+ 浓度梯度来驱动，植物细胞和细菌常利用 H^+ 浓度梯度来驱动。根据物质运输方向与离子沿浓度梯度的转移方向，协同运输又可分为同向协同（symport）与反向协同（antiport）。

1）同向运输（symport）指物质运输方向与离子转移方向相同，如动物小肠细胞对葡萄糖的吸收。

2）反向运输（antiport）物质跨膜运动的方向与离子转移的方向相反，如动物细胞常通过 Na^+/H^+ 反向协同运输的方式来转运 H^+ 以调节细胞内的 pH。

六、大分子物质的跨膜转运

大分子和颗粒物质的运输由膜包围形成膜泡，通过一系列膜囊泡的形成和融合来完成转运过程，称为膜泡运输。

1. 胞吞作用（endocytosis） 作用：对不能透过细胞膜的大分子物质如细菌、病毒及生物大分子颗粒等运进细胞的一种方式。大体过程：被转运物质吸附在细胞表面，质膜发生内陷，将外来的大分子物质和颗粒物质包围，形成小囊泡，小囊泡脱离细胞膜，质膜重新融合，最后小囊泡移位进入细胞内部。

（1）吞噬作用（phagocytosis）：细胞摄入较大颗粒物质，由细胞膜凹陷，将颗粒物质包裹后摄入细胞，吞噬形成的膜泡称为吞噬体（phagosome）。

（2）胞饮作用（pinocytosis）：细胞非特异性摄取细胞外液滴的过程，形成的囊泡为胞饮体（pinosome）。

（3）受体介导的内吞作用：胞吞作用由受体介导。以 LDL 为例，当细胞的生命活动需要胆固醇时，细胞即合成 LDL 跨膜受体蛋白，并将其嵌插到质膜中。受体与 LDL 颗粒结合后，形成衣被小泡；进入细胞质的衣被小泡随即脱掉笼形蛋白衣被，成为平滑小泡，同早期内体融合，内体中 pH 低，使受体与 LDL 颗粒分离；再经晚期内体将 LDL 送入溶酶体。在溶酶体中，LDL 颗粒中的胆固醇酯被水解成游离的胆固醇而被利用。细胞对胆固醇的利用具有调节能力，当细胞中的胆固醇积累过多时，细胞即停止合成自身的胆固醇，同时也关闭了 LDL 受体蛋白的合成途径，暂停吸收外来的胆固醇。有的人因为编码 LDL 受体蛋白的基因有遗传缺陷，造成血液中胆固醇含量过高，因而会过早地患动脉粥样硬化症，这种人往往因易患冠心病而英年早逝。

2. 胞吐作用（exocytosis） 是一种与胞吞作用相反的物质运输方式。腺细胞合成的多肽类激素，有关细胞合成的黏蛋白、血浆蛋白等以转运囊泡的形式从内质网出发，经高尔基复合体最后与细胞膜融合分泌到细胞外，此外经细胞内消化后的残质体也通过细胞膜排出细胞，这些过程均称为胞吐作用。

七、细胞膜与癌变

肿瘤细胞许多表型变化及其恶性行为均与细胞膜的组分、结构、功能和理化性质改变有密切的关系，所以有人将肿瘤称为"膜分子病"。

（1）肿瘤细胞膜上糖链短缺不全，膜上复杂糖脂量减少，而一些简单的糖脂堆积，糖链不能接触延伸，黏液着力下降，失去接触抑制。

（2）肿瘤细胞膜上某些糖蛋白消失，黏着作用降低，失去接触抑制，肿瘤细胞易于脱落、易于转移。含唾液酸残基的糖蛋白明显增加，使机体不能识别攻击它，逃避宿主的免疫监视。

（3）肿瘤细胞的细胞膜通透性增强，受体介导的胞吞作用增强，肿瘤细胞对氨基酸的转运活性增强。

（4）肿瘤细胞膜出现异常抗原和受体。

（5）肿瘤细胞膜表面出现微绒毛、皱褶，也常出现变形足或突起。

八、膜转运系统及膜受体与疾病

1. 膜转运系统与疾病

（1）胱氨酸尿症：遗传性膜转运异常的疾病，是由于肾小管上皮细胞膜转运胱氨酸的载体蛋白异常，使患者的尿中含有大量胱氨酸，形成结晶，造成尿路结石。

（2）肾性糖尿病：遗传性膜转运异常的疾病，是由于肾小管上皮细胞膜转运葡萄糖的载体蛋白功能缺陷，致使糖的再吸收障碍引起的糖尿病。

2. 膜受体异常与疾病 受体病（receptor disease）：膜受体结构缺陷，数量减少及特异性、结合力的异常改变，都可以引起疾病，这类疾病称为受体病。

（1）LDL 受体缺陷引起的家族性高胆固醇血症：患者的某些 LDL 受体蛋白基因突变，引起细胞膜上的 LDL 受体先天性缺陷或缺乏。从而造成 LDL 摄取障碍，引起持续性高胆固醇血症。

（2）重症肌无力：患者体内产生了抗乙酰胆碱受体的抗体，它占据了受体的位置，使乙酰胆碱与其受体结合能力下降，封闭了乙酰胆碱的作用，出现重症肌无力症状。

【自 测 题】

一、选择题

（一）单项选择题

1. 生物膜是指
A. 单位膜　　　　B. 蛋白质和脂质二维排列构成的液晶态膜　　　C. 包围在细胞外面的一层薄膜
D. 细胞内各种膜的总称　　E. 细胞膜及内膜系统的总称

2. 生物膜的主要化学成分是
A. 蛋白质和核酸　　B. 蛋白质和糖类　　C. 蛋白质和脂肪　　D. 蛋白质和脂类　　E. 糖类和脂质

3. 生物膜的主要作用是
A. 区域化　　　　B. 合成蛋白质　　　C. 提供能量　　　D. 运输物质　　　E. 合成脂类

4. 细胞膜中蛋白质与脂类的结合主要通过
A. 共价键　　　　B. 氢键　　　　C. 离子键　　　D. 疏水键　　　E. 非共价键

5. 膜脂中最多的是

A. 脂肪　　　　　B. 糖脂　　　　　C. 磷脂　　　　　D. 胆固醇　　　　　E. 以上都不是

6. 在电子显微镜上，单位膜为

A. 一层深色带　　　　　　　　　B. 一层浅色带　　　　　　　C. 一层深色带和一层浅色带

D. 二层深色带和中间一层浅色带　　　　　E. 二层浅色带和中间一层深色带

7. 生物膜的液态流动性主要取决于

A. 蛋白质　　　　　B. 多糖　　　　　C. 类脂　　　　　D. 糖蛋白　　　　　E. 糖脂

8. 膜结构功能的特殊性主要取决于

A. 膜中的脂类　　　　　　　　　B. 膜中蛋白质的组成　　　　　C. 膜中糖类的种类

D. 膜中脂类与蛋白质的关系　　　　　E. 膜中脂类和蛋白质的比例

9. 细胞识别的主要部位在

A. 细胞被　　　　　B. 细胞质　　　　　C. 细胞核　　　　　D. 细胞器　　　　　E. 细胞膜的特化结构

10. 正常细胞与癌细胞最显著的差异是

A. 细胞透过性　　　　　　　　　B. 细胞凝聚性　　　　　C. 有无接触抑制

D. 细胞的转运能力　　　　　　　E. 脂膜出现特化结构

11. 目前得到广泛接受和支持的细胞膜分子结构模型是

A. 单位膜模型　　　　　B. "三夹板"模型　　C. 流动镶嵌模型　　D. 晶格镶嵌模型　　E. 板块镶嵌模型

12. 关于细胞膜上糖类的不正确描述

A. 脂膜中的糖类的含量占脂膜重量的 2%～10%　　　　B. 主要以糖蛋白和糖脂的形式存在

C. 糖蛋白和糖脂上的低聚糖侧链从生物膜的胞质面伸出　　D. 糖蛋白中的糖类部分对蛋白质膜的性质影响很大

E. 与细胞免疫、细胞识别及细胞癌变有密切关系

13. 关于生物膜不正确的描述

A. 细胞内所有的膜厚度基本相同　　B. 不同细胞中膜厚度不同　　C. 同一细胞不同部位的膜厚度不同

D. 同一细胞不同细胞器的膜厚度不同　　　　　　　　E. 同一细胞器不同膜层厚度不同

14. 下列哪项不是生物膜的主要化学成分

A. 脂类　　　　　B. 蛋白质　　　　　C. 糖类　　　　　D. 无机盐　　　　　E. 氨基酸

15. 生物膜中含量最高的脂类是

A. 磷脂　　　　　B. 胆固醇　　　　　C. 糖脂　　　　　D. 鞘磷脂　　　　　E. 卵磷脂

16. 膜脂的翻转运动主要发生在

A. 细胞膜　　　　　B. 内质网膜　　　　C. 高尔基复合体膜　　D. 溶酶体膜　　　　E. 线粒体膜

17. 不能自由通过脂双层膜的物质是

A. 尿素　　　　　B. 乙醇　　　　　C. O_2　　　　　D. CO_2　　　　　E. Na^+

18. 下列关于外在膜蛋白的描述不正确的是

A. 占膜蛋白的 20%～30%　　B. 主要在内表面，为水溶性　　　　　C. 结合力较强不易于分离

D. 通过离子键、氢键与脂质分子结合　　　　　　　E. 改变离子浓度可将其分离

19. 下列关于内在膜蛋白的描述不正确的是

A. 占膜蛋白的 70%～80%　　B. 为双亲性分子　　　　　　　　C. 结合力较强不易于分离

D. 可不同程度地嵌入脂双层分子中　　　　　　　　E. 改变离子浓度可将其分离

20. 液态镶嵌模型被广泛接受的原因是

A. 阐述了细胞膜的三夹板式结构　　　B. 说明了蛋白质附着于磷脂双层的表面

C. 突出了细胞膜的流动性和不对称性　　D. 强调了膜上的脂筏与膜的信号转导、蛋白质分选有密切的关系

E. 说明了具有流动性的细胞膜能够保持膜的相对完整性的机制

21. 能以简单扩散的方式进出细胞的是

A. Na^+　　　　　　B. 葡萄糖　　　　　　C. 氨基酸　　　　　　D. 磺胺类药物　　　　　　E. O_2

22. H^+ 进入细胞的方式为

A. 简单扩散　　　　　B. 帮助扩散　　　　　C. 溶剂牵引　　　　　D. 主动运输　　　　　E. 胞饮作用

23. 需要载体参与但不消耗代谢能的物质运输方式是

A. 简单扩散　　　　　B. 易化扩散　　　　　C. 溶剂牵引　　　　　D. 主动运输　　　　　E. 膜泡运输

24. 红细胞细胞膜上葡萄糖载体运输葡萄糖是通过

A. 载体蛋白在脂质双层中扩散　　　　B. 载体蛋白在脂质双层中翻转　　　　C. 载体蛋白发生可逆的构象改变

D. 载体蛋白形成通道　　　　E. 载体蛋白与磷脂分子的相互作用

25. 细胞识别的主要部位在

A. 细胞被　　　　　　B. 细胞质　　　　　　C. 细胞核　　　　　　D. 细胞器　　　　　　E. 细胞膜的特化结构

26. Na^+/K^+-ATP 酶进行主动运输时

A. 进入 1 个 Na^+，排出 1 个 K^+　　　　B. 进入 1 个 K^+，排出 1 个 Na^+　　　　C. 进入 3 个 K^+，排出 2 个 Na^+

D. 进入 3 个 Na^+，排出 2 个 K^+　　　　E. 进入 2 个 K^+，排出 3 个 Na^+

27. 重症肌无力是由下列哪种原因造成的

A. 受体的缺陷　　B. G 蛋白功能异常　　C. 蛋白激酶功能异常　　D. 细胞连接异常　　E. 以上都不是

28. 关于配体闸门离子通道，下列哪项正确

A. 其羟基末端朝向膜外，氨基端朝向膜内　　　　　　B. 是由 α、β、γ 三个亚单位构成

C. N 型乙酰胆碱受体为配体闸门离子通道受体　　　　D. 其羟基末端朝向膜内，氨基端朝向膜外

E. 以上都不是

29. 主动运输与胞吞作用的共同点是

A. 转运大分子物资　　　　　　B. 逆浓度梯度运输　　　　　　C. 有细胞膜形态和结构的改变

D. 需载体的帮助　　　　　　　E. 需消耗代谢能

30. 细胞对 LDL 的吸收

A. 胞饮作用　　　　　B. 吞噬作用　　　　　C. 胞吐作用　　　　　D. 受体介导的胞吞作用　　　　　E. 内移作用

31. 下列哪项不属于细胞表面

A. 细胞膜　　　　　　B. 细胞外被　　　　　C. 细胞连接　　　　　D. 鞭毛和纤毛　　　　　E. 细胞膜下的胞质溶胶层

32. 细胞膜在进行主动运输时，物质的运转方向

A. 自由出入　　　　　　　　　B. 顺浓度梯度　　　　　　　　　C. 逆浓度梯度

D. 与被运转物质的大小有关　　E. 与被运转物质的性质有关

33. 细胞膜对小分子的主动运输和对大分子的膜泡运输的共同点是

A. 消耗代谢能　　　　　　　　B. 不消耗代谢能　　　　　　　　C. 需要载体帮助

D. 不需要载体帮助　　　　　　E. 物质转运过程可引起细胞的形态和结构改变

34. 生物膜结构和功能的特殊性取决于膜中的

A. 膜脂的种类和功能　　　　　B. 膜蛋白的种类和功能　　　　　C. 膜糖类的种类和功能

D. 膜糖类与膜蛋白的比例　　　E. 膜脂类与膜蛋白的比例

35. 膜脂的运输中少见的类型是

A. 旋转异构运动　　B. 旋转运动　　　　C. 侧向运动　　　　D. 振荡与伸缩运动　　　　E. 翻转运动

36. 细胞外液体异物进入细胞形成的小体是

A. 吞噬体　　　　　　B. 吞饮体　　　　　　C. 自噬体　　　　　　D. 残质体　　　　　　E. 多囊体

37. 对于生物膜不对称性的描述不正确的是

A. 膜脂的种类和数目不对称　　B. 膜蛋白的种类和数目不对称　　　　C. 膜外在蛋白在膜两侧的排列不对称

D. 膜糖类的种类和数目不对称　E. 膜糖类只存在于膜的非胞质侧

38. 下列哪项不属于细胞表面的特化结构

A. 鞭毛　　　　　B. 纤毛　　　　　C. 表面蛋白　　　　　D. 皱褶　　　　　E. 微绒毛

39. 下列哪项不属于生物膜上的蛋白

A. 镶嵌蛋白　　　　B. 脂锚定蛋白　　　C. 微管蛋白　　　D. 内在蛋白　　　E. 表面蛋白

40. 下列属于细胞外被的是

A. 细胞膜　　B. 鞭毛和纤毛　C. 细胞膜的表面蛋白　　D. 细胞连接蛋白　　E. 与质膜相连的糖类物质

（二）多项选择题

41. 细胞被的功能是

A. 细胞的连接和支持作用　　　　　B. 作为保护层　　　　　C. 物质交换

D. 与细胞识别、细胞通讯有关　　　E. 与细胞膜的特性有关

42. 下列哪些物质是配体

A. 激素　　　　　B. 神经递质　　　　C. 药物　　　　D. 抗原　　　　E. 光子

43. 位于细胞膜表面的低聚糖主要为

A. 半乳糖　　　　　B. 甘露糖　　　　C. 岩藻糖　　　　D. 唾液酸　　　　E. 葡萄糖

44. 动物细胞表面结构有

A. 细胞膜　　　B. 细胞外被　　C. 膜下溶胶层　　D. 细胞连接　E. 细胞表面的特化结构

45. 细胞膜进行物质转运时，不需要消耗代谢能的是

A. 被动运输　　B. 胞饮作用　　C. 主动运输　　　D. 通道扩散　E. 受体介导的LDL内吞作用

46. 细胞膜对小分子物质的运输方式有

A. 简单扩散　　B. 易化扩散　　C. 主动运输　　　D. 载体蛋白介导　E. 通道蛋白介导

47. 对 Na^+/K^+-ATP 酶的叙述正确的是

A. Na^+/K^+-ATP 酶是一种离子泵，是细胞膜上进行主动运输的一种载体蛋白

B. 该酶能逆 K^+ 和 Na^+ 的电化学梯度同时进行 K^+ 和 Na^+的跨膜运输

C. Na^+/K^+-ATP 酶水解1分子ATP，细胞可以摄入3个 Na^+、排出2个 K^+

D. Na^+/K^+-ATP 酶水解1分子ATP，细胞可以排出3个 Na^+、摄入2个 K^+

E. Na^+/K^+-ATP 酶与 H^+-ATP 酶一样都是细胞膜对离子运输的方式

48. 细胞的连接方式有

A. 紧密连接　　　　B. 缝隙连接　　　C. 通讯连接　　　D. 桥粒连接　　　E. 细胞黏合

49. 在细胞的跨膜信息传递中环腺苷酸通路中起重要作用的是

A. 配体　　B. 细胞膜受体　　C. 细胞内的酶　　D. 环腺苷酸（CAMP）　E. 腺苷酸环化酶（AC）

50. 生物膜的不对称性主要表现在

A. 膜脂的种类不对称　　　　　B. 膜脂的数量不对称　　　　C. 膜糖类排列不对称

D. 膜外在蛋白质排列不对称　　E. 膜内在蛋白质排列不对称

51. 影响膜脂流动性的因素有

A. 脂肪酸链的饱和程度　　　　B. 脂肪酸链的长度　　　　C. 胆固醇的含量

D. 卵磷脂和鞘磷脂的比例　　　E. 温度

52. 离子通道的类型

A. 持续开放的通道　　　　　B. 不持续开放的通道　　　　C. 应力激活通道

D. 电压闸门通道　　　　　　E. 配体闸门通道

53. 细胞癌变时，细胞膜出现的变化有

A. 细胞外被糖链短缺不全　　B. 细胞间紧密连接丧失或解体　　C. 腺苷酸环化酶活性下降

D. 细胞膜出现异常抗原和受体　　　　　E. 细胞出现有氧酵解

54. 与膜脂的流动性有密切关系的是

A. 膜脂的种类　　　　　　　B. 胆固醇的含量　　　　　C. 膜脂分布的不对称性

D. 膜脂的数量　　　　　　　E. 膜蛋白与膜脂的结合方式

55. 间断开放的通道受闸门控制，主要类型为

A. 配体闸门通道　　　　　　B. 电压闸门通道　　　　　C. 离子闸门通道

D. 持续开放闸门通道　　　　E. 水通道蛋白

56. 关于细胞膜上的钠钾泵，下列哪些叙述正确

A. 钠钾泵具有 ATP 酶的活性　　　B. 乌本苷可增殖钠钾泵的活性　　　C. 钠钾泵仅存于部分动物细胞膜上

D. 钠钾泵有钠钾离子的结合位点

E. 钠钾泵顺浓度梯度运输

57. 不需要能量就能完成物质运输的离子通道的类型是

A. 持续开放的通道　　　　　B. 不持续开放的通道　　　C. 应力激活通道

D. 电压闸门通道　　　　　　E. 配体闸门通道

58. 下列哪些物质的运输需要消耗能量

A. 小肠绒毛细胞对葡萄糖的转运　　　B. 肺细胞对 O_2 和 CO_2 的转运　　　C. 肌肉细胞对 Na^+、K^+ 的转运

D. 神经细胞对乙醇的转运　　　E. 肝细胞对 LDL 的转运

59. 细胞膜功能的方向性由以下哪几种因素决定

A. 膜脂在细胞膜上排列的不对称性　　　　　B. 膜脂在细胞膜上运动的活跃性

C. 膜蛋白在细胞膜上排列的不对称性　　　　D. 膜蛋白在细胞膜上运动的类型

E. 膜糖类在细胞膜上排列的不对称性

60. 家族性高胆固醇患者的特点有

A. 血浆中胆固醇水平异常增高　　　　　B. 大多数患者发生动脉硬化病死于早发性心脏病

C. 患者细胞膜上的通道蛋白产生异常　　　D. 患者细胞内胆固醇分解酶的数量下降

E. 患者细胞膜上的 LDL 受体缺陷

二、名词解释

1. 生物膜　　　　　　　　2. 相变温度　　　　　　　3. 细胞外被

4. 细胞表面　　　　　　　5. 膜内在蛋白　　　　　　6. 膜外在蛋白

7. 胞吞作用（endocytosis）　　8. 胞吐作用（exocytosis）　　9. 配体

10. 被动运输　　　　　　　11. 主动运输　　　　　　　12. 简单扩散

13. 易化扩散　　　　　　　14. 受体介导的运输作用　　15. 细胞识别

16. 细胞膜受体

三、简答题

1. 简述细胞膜的作用。

2. 简述液态镶嵌模型的主要内容。

3. 简述主动运输的过程及其生物学意义。

4. 简述以肝细胞吸收 LDL 为例，说明受体介导的胞吞作用。

5. 什么是细胞膜受体？细胞膜受体有何功能？

四、论述题

1. 简述细胞膜的特性。

2. 细胞膜对小分子物质运输和大分子物质运输有何区别？

3. 以胰岛素为例论述分泌蛋白是如何形成并排出细胞的。

【参 考 答 案】

一、选择题

（一）单项选择题

1. E 2. D 3. A 4. E 5. C 6. D 7. C 8. B 9. A 10. C 11. C 12. C 13. A 14. E 15. A 16. B
17. E 18. C 19. E 20. C 21. E 22. C 23. B 24. C 25. A 26. E 27. A 28. C 29. E 30. D 31. C
32. C 33. A 34. B 35. E 36. B 37. D 38. C 39. C 40. E

（二）多项选择题

41. ABCDE 42. ABCDE 43. ABCDE 44. ABCDE 45. AD 46. ABCDE 47. ABDE 48. ABCD 49. ABCDE
50. ABCDE 51. ABCDE 52. ABCDE 53. ABCDE 54. BD 55. ABC 56. AD 57. ABCDE 58. CE 59.
ACE 60. ABE

二、名词解释

1. 生物膜：细胞所有膜相结构统称为生物膜。

2. 相变温度：在正常生理条件下，细胞膜大多呈液晶态，不断处于热运动中，当温度达到某一点时，可以从液晶态转为晶态，也可以从晶态转变为液晶态，引起晶和液晶态相互转换的临界温度称为相变温度。

3. 细胞外被：糖蛋白和糖脂上的所有糖类都位于膜的非胞质面一侧。在大多数真核细胞膜的表面，富糖类的周缘区常称为细胞外被（cell coat）或糖萼（glycocalyx）。

4. 细胞表面：指由细胞外被、细胞膜、细胞膜下缘富含微管、微丝的胞质溶胶层及细胞特化结构所组成的结构。

5. 膜内在蛋白：也称跨膜蛋白，是指蛋白质全部或部分插入细胞膜内，以疏水氨基酸直接与脂双层的疏水区域相互作用，结合能力较强的膜蛋白。

6. 膜外在蛋白：分布于膜的内外表面常以离子键、氢键与脂子分子或膜表面的蛋白质分子相结合。

7. 胞吞作用：指细胞摄入直径大于1nm的颗粒物质时，细胞膜部分变形，使胞质凹陷或形成伪足，将颗粒物质包裹后摄入细胞的过程。

8. 胞吐作用：指细胞摄入溶质或液体时，细胞膜部分变形，使胞质凹陷或形成伪足，将溶质或液体包裹后排出细胞的过程。

9. 配体：指能够识别细胞表面受体并与之结合，通过信号转导机制的作用，转变为细胞内信使，继而引起细胞内发生特异性生化反应，但是不参与细胞的物质代谢和能量代谢的化学信号分子。

10. 被动运输：指不需要消耗代谢能，就能够将物质从浓度高的一侧通过细胞膜向浓度低的一侧运输的跨膜运输方式。

11. 主动运输：指需要消耗代谢能，才能够将物质逆浓度梯度从浓度低的一侧通过细胞膜向浓度高的一侧运输的跨膜运输方式。

12. 简单扩散：指细胞不需要消耗代谢能，也不需要载体帮助，就可以将物质顺浓度梯度进行跨膜运输的被动运输方式。

13. 易化扩散：指细胞不需要消耗代谢能，在细胞膜上的载体帮助下，将物质顺浓度梯度或电化学梯度进行跨膜运输的被动运输方式。

14. 受体介导的运输作用：指细胞在摄取大分子物质时，具有高度特异性的细胞表面受体与配体结合形成复合物，通过细胞膜局部凹陷形成有被小窝，与细胞膜脱离形成有被小泡，将细胞外物质运输进细胞的过程。

15. 细胞识别：指细胞通过膜受体进行的对同种和异种细胞的认识和识别及对各种化学信号的认识和识别过程。

16. 细胞膜受体：指镶嵌在细胞膜脂质双分子层中的，能够有选择性地与周围环境中的活性物质结合，从而引起细胞内部功能活动的一系列变化，并产生某种生理效应的特异性糖蛋白。

三、简答题

1. 细胞膜的作用

（1）限定细胞的范围，维持细胞的形状。

（2）具有高度的选择性，（为半透膜）并能进行主动运输使细胞内外形成不同的离子浓度并保持细胞内物质和外界环境之间的必要差别。

（3）是接受外界信号的传感器，使细胞对外界环境的变化产生适当的反应。

（4）与细胞新陈代谢、生长繁殖、分化及癌变等重要生命活动密切相关。

2. 液态镶嵌模型的主要内容　见重点难点提要。

3. 以 Na^+/K^+-ATP 酶为例介绍主动运输的过程及其生物学意义如下。

（1）Na^+/K^+-ATP 酶分别由大小两个亚基组成，小亚基是个糖蛋白，大亚基是跨膜蛋白。在其胞质面有一个 ATP 结合位点和三个 Na^+ 高亲和结合位点，在膜的外表面有两个 K^+ 高结合位点和一个哇巴因的结合位点。

（2）离子泵的作用过程是通过 ATP 驱动的泵的构型变化来完成。

1）首先由 Na^+ 结合到原胞质面的 Na^+ 结合位点，这一结合刺激了 ATP 水解，使泵磷酸化，导致蛋白构型改变，并暴露 Na^+ 结合位点面向胞外，使 Na^+ 释放至胞外。

2）与此同时，将 K^+ 结合位点朝向细胞表面，结合胞外 K^+ 后刺激泵去磷酸化，并导致蛋白构型再次变化，将 K^+ 结合位点朝向胞质面，随即释放 K^+ 至胞质溶胶内。

3）最后蛋白构形又恢复原状。

（3）生物学意义：在产生和维持膜电位方面起重要作用外，还可以维持渗透平衡，控制细胞内溶质的浓度，改变渗透压使细胞膨胀或皱缩。因此，在维持渗透压平衡和保持细胞容积恒定方面也起重要作用。

4. 人类血液中的胆固醇多以胆固醇-蛋白质复合体的形式存在和运输，胆固醇-蛋白质复合体称为低密度脂蛋白（LDL），当细胞的生命活动需要胆固醇时，先合成 LDL 受体并结合在细胞膜上，细胞膜有 LDL 受体的区域称为有被小窝。LDL 颗粒通过 LDL 受体的配体——ApoB100 与 LDL 受体结合，细胞表面形成有被小窝，LDL 与受体一起被细胞膜包裹形成有被小泡进入细胞。在细胞内，有被小泡脱去衣被，与内体结合。由于内体膜上具有质子泵，可保证其 pH 5～6 的酸性环境，在酸解作用下，LDL 与受体分离，带有受体的膜结构通过出芽的方式脱离，与质膜结合使 LDL 与受体回到细胞膜参与再循环利用。含有 LDL 的内体与溶酶体结合，在溶酶体酶的作用下，LDL 被分解，释放出胆固醇，氨基酸等多种可利用的物质进入细胞质，供生命活动所需，完成胆固醇的受体介导的胞吞作用。

5. 细胞膜受体是指镶嵌在细胞膜脂质双分子层中的，能够有选择性的与周围环境中的活性物质结合，从而引起细胞内部功能活动的一系列变化，并产生某种生理效应的特异性糖蛋白。

细胞膜受体的主要功能：能够识别配体并与其结合。与配体结合可以引起细胞内一系列代谢反应和生理反应。

四、论述题

1. 细胞膜的特性

（1）细胞膜的流动性

1）膜脂的流动性：在相变温度以上时，膜脂处于流动性。

A. 膜脂运动方式为：旋转运动、"钟摆"运动、侧向扩散、翻转运动等。

B. 脂肪酸的饱和度：影响膜脂流动的因素为脂肪酸的饱和度。脂肪酸的饱和度越大，流动性越小。反之，不饱和度越大，流动性越大。

C. 胆固醇的含量：胆固醇在膜中对膜脂的流动性具有稳定和调节作用。胆固醇的疏水尾部插入膜脂分子之间可有效地防止膜从液晶态到晶态的转变。当膜处于较低温度时，可防止膜的流动性骤然下降，维持膜的流动性。

2）膜蛋白的流动性：是由细胞膜脂的液晶态特性决定的。

A. 影响蛋白质流动性的因素：蛋白质分子的大小，是否与细胞骨架相连接等。

B. 蛋白质的运动方式：①转动：膜蛋白围绕与膜平面垂直的轴进行旋转；②侧向扩散：膜蛋白在细胞膜平面

上进行侧面移动。

（2）细胞膜的不对称性

1）膜脂分布的不对称性：内外两层脂质成分有明显的不同，如磷脂中的磷脂酰胆碱和鞘磷脂多分布于膜的外层，而磷脂酰乙醇胺、磷脂酰丝氨酸和磷脂酰肌醇多分布在膜的内层。

2）膜蛋白的不对称性：膜蛋白在膜内脂双层中的分布也是不对称的，即使是膜内在蛋白都贯穿膜全层，但其亲水端的长度和氨基酸的种类与顺序也不同。

3）糖类分布的不对称性：无论是质膜还是细胞内膜，其糖基分布在非胞质面。

2. 细胞膜对小分子物质运输和大分子物质运输的区别

（1）运输方式不同：对小分子运输主要以跨膜运输为主，分为主动运输和被动运输。对大分子的物质运输主要是膜泡运输，分为胞吞作用和胞吐作用。

（2）是否耗能：主动运输耗能而其他对小分子运输的方式不耗能。膜泡运输消耗能量。

（3）是否膜参与运输：对小分子物质运输来说，膜不参与，只是小分子物质跨过膜的两侧。对大分子物质运输来说，膜参与了膜泡的形成，使大分子物质能通过膜泡进入或排出细胞。

（4）是否有载体或受体的参与：在跨膜运输中，帮助扩散和主动运输都需要载体的帮助才能完成。在膜泡运输中有的物质需要受体的参与才能完成运输过程，有的则不需要。

3. 以胰岛素为例说明分泌蛋白的形成与排出细胞的方式

（1）核糖体阶段：胰岛素基因转录形成 mRNA，进入细胞质，在核糖体形成信号肽后，在信号肽的引导下，核糖体向内质网靠拢。

（2）内质网阶段：信号肽与内质网膜上的受体结合，核糖体与粗面内质网结合，打开内质网膜上的通道，将多肽释放到内质网腔进行初加工，完成对糖蛋白的 N 连接。

（3）细胞质运输阶段：经过内质网初加工的多肽通过出芽形成小泡，进入细胞质，向高尔基体运输。

（4）高尔基体阶段：运输小泡的膜与高尔基体顺面的膜结合，将多肽释放到高尔基体中，在高尔基体扁平囊中再加工，完成对糖蛋白的 O 连接，再经过剪切，形成胰岛素，经过高尔基体反面的分选，形成带有成熟胰岛素的大囊泡，进入细胞质。

（5）细胞质运输阶段：带有成熟胰岛素的大囊泡形成分泌泡，在细胞质中运输，向细胞膜靠近。

（6）胞吐阶段：分泌泡的膜与细胞膜融合，经过胞吐作用将胰岛素分泌出细胞。

（董　静）

第五章　细胞的内膜系统与囊泡转运

【重点难点提要】

内膜系统：指细胞质内在形态结构、功能和发生上具有相互联系的膜相结构的总称，包括核膜、内质网、高尔基复合体、溶酶体、过氧化物酶体及各种小泡。

一、内质网

1. 内质网的形态结构　内质网是由膜构成的小管（ER tubule）、小泡（ER vesicle）或扁囊（ER lamina）连接成的三维网状膜系统，称为内质网膜系统。小管、小泡、扁囊被看作内质网的结构单位。

2. 内质网的类型

（1）粗面内质网

1）粗面内质网的特征：膜的外表面附着有大量的颗粒状核糖体。

2）粗面内质网的分布：在分泌蛋白质合成旺盛的细胞中含量丰富。

3）粗面内质网的功能：主要是为负责蛋白质合成的细胞器核糖体提供支架，并进行蛋白质的粗加工和蛋白质的转运。主要学说为信号肽假说。

（2）滑面内质网

1）滑面内质网的特征：膜表面光滑平整，没有核糖体的附着。

2）滑面内质网的分布：在一些特化的细胞中，滑面内质网含量丰富。

3）滑面内质网的功能：参与脂质和胆固醇的运输、磷脂（主要是卵磷脂）的合成、胆固醇合成。参与糖原的合成与分解；参与解毒作用；参与肌肉收缩；参与血小板的形成。

3. 内质网的功能　具有蛋白质、脂类合成及糖代谢和解毒作用。

（1）蛋白质的修饰与加工：包括糖基化、羟基化、酰基化、二硫键形成等，其中最主要的是糖基化，几乎所有内质网上合成的蛋白质最终均被糖基化。

糖基化的作用是：①使蛋白质能够抵抗消化酶的作用；②赋予蛋白质传导信号的功能；③某些蛋白只有在糖基化之后才能正确折叠。糖基一般连接在 4 种氨基酸上，分为 2 种。

O-连接的糖基化（O-linked glycosylation）：与 Ser、Thr 和 Hyp 的 OH 连接，连接的糖为半乳糖或 N-乙酰半乳糖胺，在高尔基复合体上进行 O-连接的糖基化。

N-连接的糖基化（N-linked glycosylation）：与天冬酰胺残基的 NH_2 连接，糖为 N-乙酰葡糖胺。

内质网上进行的为 N-连接的糖基化。糖的供体为核苷糖（nucleotide sugar），如 CMP-唾液酸、GDP-甘露糖、UDP-N-乙酰葡糖胺等。糖分子首先被糖基转移酶转移到膜上的磷酸长醇（dolichol phosphate）分子上，装配成寡糖链。再被寡糖转移酶转到新合成肽链特定序列（Asn-X-Ser 或 Asn-X-Thr）的天冬酰胺残基上。

（2）信号肽假说（signal hypothesis）：认为蛋白质上的信号肽，指导蛋白质转至内质网上合成。Blobel 因此项发现获 1999 年诺贝尔生理医学奖。

1）蛋白质转入内质网合成至少涉及 5 种成分。

A. 信号肽（signal peptide），是引导新合成肽链转移到内质网上的一段多肽，位于新合成肽链的 N 端，一般 16～30 个氨基酸残基，含有 6～15 个带正电荷的非极性氨基酸，由于信号肽又是引导肽链进入内质网腔的一段序列，又称开始转移序列（start transfer sequence）。

B. 信号识别颗粒（signal recognition particle，SRP），由 6 种结构不同的多肽组成，结合一个 7S RNA，分子质量为 325kDa，属于一种核糖核蛋白（ribonucleoprotein）。SRP 与信号序列结合，导致蛋白质合成暂停。

C. SRP 受体（SPR receptor），是膜的整合蛋白，为异二聚体蛋白，存在于粗面内质网膜上，可与 SRP 特异结合。

D. 停止转移序列（stop transfer sequence），肽链上的一段特殊序列，与内质网膜的亲和力很高，能阻止肽链继续进入内质网腔，使其成为跨膜蛋白质。

E. 转位因子（translocator），由 3～4 个 Sec61 蛋白复合体构成的一个类似"炸面圈"的结构，每个 Sec61 蛋白由三条肽链组成。

2）蛋白质转入内质网合成的过程：信号肽与 SRP 结合→肽链延伸终止→SRP 与受体结合→SRP 脱离信号肽→肽链在内质网上继续合成，同时信号肽引导新生肽链进入内质网腔→信号肽切除→肽链延伸至终止→翻译体系解散。这种肽链边合成边向内质网腔转移的方式，称为 co-translation。

二、高尔基复合体

1. 高尔基复合体的形态结构 高尔基复合体由扁平囊泡、小囊泡和大囊泡组成。常分布于内质网与细胞膜之间，呈弓形或半球形，凸出的一面对着内质网称为生成面（forming face）或未成熟面（immature face）、顺面（CTS face）。凹进的一面对着质膜称为分泌面（secreting face）或成熟面（mature face）、反面（trans face）。顺面和反面都有一些或大或小的运输小泡，在具有极性的细胞中，高尔基复合体常大量分布于分泌端的细胞质中。

2. 高尔基复合体内的细胞化学反应 高尔基复合体各部分膜囊具有不同的细胞化学反应。

（1）经锇酸浸染后，高尔基复合体的顺面膜囊被特异地染色。

（2）磷酸硫胺素酶（TPP 酶）的细胞化学反应，可特异地显示高尔基复合体的反面的 1～2 层膜囊。

（3）烟酰胺腺嘌呤二核苷磷酸酶（NADP 酶）的细胞化学反应，是高尔基复合体中间几层扁平囊的标志反应。

（4）胞嘧啶单核苷酸酶（CMP 酶）的细胞化学反应，常常可显示靠近反面上的一些膜囊状和管状结构，CMP 酶也是溶酶体的标志酶，溶酶体就是在此处分泌产生的。

3. 高尔基复合体的功能 将内质网合成的蛋白质进行加工、分类与包装，然后分门别类地送到细胞特定的部位或分泌到细胞外。

（1）蛋白质的糖基化：N-连接的糖链合成起始于内质网，完成于高尔基复合体。许多糖蛋白同时具有 N-连接的糖链和 O-连接的糖链。O-连接的糖基化在高尔基复合体中进行。糖基化的结果使不同的蛋白质打上不同的标记，改变多肽的构象和增加蛋白质的稳定性。

在高尔基复合体上还可以将一至多个氨基聚糖链通过木糖安装在核心蛋白的丝氨酸残基上，形成蛋白聚糖。这类蛋白有些被分泌到细胞外形成细胞外基质或黏液层，有些锚定在膜上。

（2）参与细胞分泌活动：负责对细胞合成的蛋白质进行加工、分类，并运出，其过程是在粗面内质网上合成蛋白质→进入内质网腔→以出芽形成囊泡→进入顺面高尔基网状结构→在高尔基体扁平囊中加工→在反面高尔基网状结构形成囊泡→囊泡与质膜融合、排出细胞。

高尔基复合体对蛋白质的分类，依据的是蛋白质上的信号肽或信号斑。

（3）进行膜的转化功能：高尔基复合体的膜无论是厚度还是在化学组成上都处于内质网和质膜之间，因此高尔基复合体在进行着膜转化的功能，在内质网上合成的新膜转移至高尔基复合体后，经过修饰和加工，形成运输泡与质膜融合，使新形成的膜整合到质膜上。

（4）将蛋白水解为活性物质：如将蛋白质 N 端或 C 端切除，成为有活性的物质（胰岛素 C 端）或将含有多个相同氨基序列的前体水解为有活性的多肽，如神经肽。

（5）参与形成溶酶体：内体性溶酶体是由高尔基复合体芽生的运输小泡和经细胞胞吞作用形成的内体合并而成，溶酶体内的水解酶是在高尔基复合体上加工形成的。

三、溶酶体

1. 溶酶体的形态 溶酶体是单层膜围绕、内含多种酸性水解酶类的囊泡状细胞器，其主要功能是进行细胞内消化。溶酶体为异质性细胞器。

2. 溶酶体类型 根据溶酶体的不同发育阶段和生理功能状态划分为初级溶酶体、次级溶酶体和三级溶酶体。

（1）初级溶酶体：是指通过其形成途径刚刚产生的溶酶体。含有多种无活性的水解酶，只有当溶酶体破裂，或其他物质进入酶才有活性。这些酶均属于酸性水解酶，反应的最适 pH 为 5 左右，溶酶体膜虽然与质膜厚度相近，但成分不同，主要区别是：①膜有质子泵，将 H^+ 泵入溶酶体，使其 pH 降低；②膜蛋白高度糖基化，有利于防止自身膜蛋白降解。

溶酶体的标志性酶为酸性磷酸酶。

（2）次级溶酶体：由初级溶酶体和将被水解的各种吞噬底物融合而成。根据底物的来源不同分为自噬性溶酶体和异噬性溶酶体。

（3）三级溶酶体：又称残余小体（residual body）：处于末期阶段的吞噬性溶酶体由于水解酶的活性很小或消失，残留一些未被消化、分解的物质，形成电镜下见到的电子密度较高，色调较深，呈现不同性状和结构的残留物，这类溶酶体称为残质体或残余小体，如脂褐质、含铁小体、多泡体、髓鞘样结构。

溶酶体以其形成过程的不同区分为内体性溶酶体和吞噬性溶酶体。

（1）内体性溶酶体（endolysosome）：由高尔基复合体分泌形成运输小泡和内体合并而成。

（2）吞噬性溶酶体（phagolysosome）：由内体性溶酶体和将被水解的各种吞噬底物融合而成。

3. 溶酶体的功能 溶酶体具有多种生理功能，其中主要作用是消化作用，是细胞内的消化器官，除可对各种物质进行消化、分解、维持细胞正常代谢活动和保护细胞，参与激素的生成和骨质更新外，还与组织器官的变态与退化、精子与卵细胞的受精、分泌腺分泌过程的调节有关。

4. 溶酶体与疾病

（1）肺尘埃沉着症（矽肺）：二氧化矽尘粒（矽尘）吸入肺泡后被巨噬细胞吞噬，含有矽尘的吞噬小体与溶酶体融合形成次级溶酶体。二氧化矽的羟基与溶酶体膜的磷脂或蛋白形成氢键，导致吞噬细胞溶酶体崩解、水解酶溢出、细胞本身被破坏，矽尘释出后又被其他巨噬细胞吞噬，如此反复进行。受损或已破坏的巨噬细胞释放"致纤维化因子"，并激活成纤维细胞，导致胶原纤维沉积、肺组织纤维化。

（2）肺结核：结核杆菌不产生内、外毒素，也无荚膜和侵袭性酶。但是菌体成分硫酸脑苷脂能抵抗胞内的溶菌杀伤作用，使结核杆菌在肺泡内大量生长繁殖，导致巨噬细胞裂解、释放出的结核杆菌再被吞噬而重复上述过程，最终引起肺组织钙化和纤维化。

（3）各类贮积症

1）贮积症（storage disease）由遗传缺陷引起，由于溶酶体的酶发生变异、功能丧失，导致底物在溶酶体中大量贮积，进而影响细胞功能。

2）台-萨综合征（Tay-Sachs disease）：又叫黑蒙性家族痴呆症，溶酶体缺少氨基己糖酯酶 A（β-N-hexosaminidase），导致神经节甘脂 GM_2 积累，影响细胞功能，造成精神痴呆，2～6 岁死亡。

患者表现为渐进性失明、病呆和瘫痪，该病主要出现在犹太人群中。

四、过氧化物酶体

1. 过氧化物酶体（peroxisome）　又称微体（microbody），是一种具有异质性的细胞器，在不同生物及不同发育阶段有所不同。由单层膜围绕而成，共同特点是内含一至多种依赖黄素（flavin）的氧化酶。过氧化物酶体的标志酶是过氧化氢酶。

2. 过氧化物酶体的功能

1）各类氧化酶的共性是将底物氧化后，生成过氧化氢，即 $RH_2+O_2 \rightarrow R+H_2O_2$。

2）过氧化氢酶又可以利用过氧化氢，将其他底物（如醛、醇、酚）氧化，即 $R'H_2+H_2O_2 \rightarrow R'+2H_2O$。

3）此外当细胞中的过氧化氢过剩时，过氧化氢酶亦可催化反应：$2H_2O_2 \rightarrow 2H_2O + O_2$。

【自　测　题】

一、选择题

（一）单项选择题

1. 与细胞粗面内质网直接接触的是

A. 60S 的大亚单位　　　　　　B. 40S 的小亚单位　　　　　　C. 80S 的核糖体颗粒

D. 50S 的大亚单位　　　　　　E. 30S 的小亚单位

2. 下述哪种蛋白质的合成与粗面内质网无关

A. 消化酶　　　　B. 肽类激素　　C. 抗体蛋白　　　　D. 溶酶体蛋白　　　E. 大多数可溶性蛋白

3. 粗面内质网不具备的功能

A. 核蛋白体附着的支架　B. 参与蛋白质的合成　C. 解毒作用　D. 物质运输的管道　E. 区域化作用

4. 高尔基复合体的小囊泡主要来自

A. 溶酶体　　　　B. 粗面内质网　C. 微粒体　　　　D. 滑面内质网　　　E. 以上都不是

5. 高尔基复合体的主要生物学功能是

A. 合成蛋白质　　　　　　　　B. 合成脂类　　　　　　　　C. 对蛋白质进行加工和转运

D. 参与细胞氧化过程　　　　　E. 消化异物

6. 高尔基复合体的主体部分是

A. 扁平囊泡　　　　B. 大囊泡　　　C. 小囊泡　　　D. 液泡　　　E. 微泡

7. 与内质网形态功能改变无关的是

A. 肿胀　　　　B. 扩张　　　C. 脱颗粒　　　D. 增生　　　E. 位置变化

8. 滑面内质网不具备的功能是

A. 脂质和胆固醇类的合成　　　B. 蛋白质及脂类的运输　　　C. 糖原代谢

D. 肌肉的收缩　　　　　　　　E. 肽类激素的活化

9. 所含粗面内质网丰富的细胞是

A. 平滑肌细胞　　B. 癌细胞　　　C. 胚胎细胞　　　D. 培养细胞　　　E. 胰腺外分泌细胞

10. 滑面内质网的标志酶是

A. 胰酶　　　　B. 糖基转移酶　　C. RNA 聚合酶　　D. 葡萄糖-6-磷酸酶　E. 以上都不是

11. 高尔基复合体的特征性酶是

A. 磺基-糖基转移酶　B. 磷酸酯酶　　C. 酪蛋白磷酸激酶　D. 糖基转移酶　　E. 甘露糖苷酶

12. 小肠上皮细胞的杯状细胞核顶部有丰富的

A. 高尔基复合体　　B. 粗面内质网　C. 滑面内质网　　　D. 溶酶体　　　E. 线粒体

13. 蛋白质涉及 N-连接寡糖的糖基化作用发生在

A. 滑面内质网腔内　B. 粗面内质网腔内　C. 滑面内质网膜上　D. 粗面内质网膜上　E. 高尔基复合体上

14. 自噬作用是指溶酶体消化水解

A. 吞饮体　　　　　B. 吞噬体　　　　　C. 多囊体　　　　　D. 残质体　　　　　E. 自噬体

15. 细胞消除衰老破损的细胞器的作用是

A. 溶酶体的自噬作用　B. 溶酶体的异噬作用　C. 胞内消化作用　D. 残质体胞吐作用　E. 溶酶体粒溶作用

16. 溶酶体所含的酶是

A. 氧化酶　　　　　B. ATP 合成酶　　　C. 糖酵解酶　　　　D. 脱氢酶　　　　　E. 酸性水解酶

17. 溶酶体酶进行水解作用最适 pH 是

A. 3～4　　　　　　B. 5　　　　　　　　C. 7　　　　　　　　D. 8　　　　　　　　E. 8～9

18. 过氧化物酶体的主要功能是

A. 合成 ATP　B. 胞内消化作用　C. 参与过氧化物的形成与分解　D. 合成外输性蛋白质　E. 合成内源性蛋白质

19. 内质网不仅是蛋白质合成的重要细胞器，而且也是脂类组装的重要场所，在内质网合成的主要磷脂是

A. 卵磷脂　　　　　B. 鞘磷脂　　　　　C. 磷脂酰乙醇胺　D. 磷脂酰丝氨酸　E. 胆固醇

20. 根据细胞器的功能分析，酸性磷酸酶是哪种细胞器的标志酶

A. 内质网　　　　　B. 高尔基复合体　　C. 溶酶体　　　　　D. 过氧化物酶体　　E. 线粒体

21. 在分泌蛋白的合成过程中，N-连接的糖基化发生在

A. 粗面内质网　　　B. 高尔基复合体　　C. 溶酶体　　　　　D. 过氧化物酶体　　E. 线粒体

22. 关于粗面内质网叙述错误的是

A. 粗面内质网表面附着大量核糖体　　　　　　B. 粗面内质网常与核膜相连

C. 粗面内质网是呈现扁囊状的内质网　　　　　D. 粗面内质网与核糖体的结合属于功能性结合

E. 粗面内质网能合成蛋白质，所以在任何细胞中都很丰富

23. 对滑面内质网叙述错误的是

A. 滑面内质网的膜表面无核糖体附着　　　　　B. 滑面内质网具有糖原的合成和分解的功能

C. 滑面内质网参与胆汁的分泌　　　　　　　　D. 滑面内质网可进行蛋白质的分选

E. 滑面内质网具有解毒功能

24. 根据细胞器的功能分析，糖基转移酶是哪种细胞器的标志酶

A. 内质网　　　　　B. 线粒体　　　　　C. 溶酶体　　　　　D. 过氧化物酶体　　E. 高尔基复合体

25. 关于内质网的功能，哪项不正确

A. 内质网复杂的网状膜系统对细胞质起分隔作用　B. 内质网把各种酶限制在一定的区域内，使代谢效率提高

C. 内质网复制细胞内相关物质的转运　D. 内质网在细胞有限的空间内增大了膜的表面积，有利于物质交换

E. 内质网具有解毒功能

26. 位于高尔基复合体反面的大囊泡又称为

A. 大囊泡　　　　　B. 小囊泡　　　　　C. 扁平囊　　　　　D. 运输泡　　　　　E. 分泌泡

27. 高尔基复合体的酶来自

A. 溶酶体　　　　　B. 吞噬体　　　　　C. 内质网　　　　　D. 中心体　　　　　E. 内体

28. 高尔基复合体的主要功能是

A. 参与能量代谢　　　　　　　　B. 参与糖蛋白的合成和修饰　　　　　　　C. 参与肌肉收缩

D. 参与合成酶原颗粒及抗原　　　E. 参与脂类代谢及解毒作用

29. 初级溶酶体来源于

A. 粗面内质网与高尔基复合体　　　　B. 滑面内质网与细胞膜　　　　　　C. 粗面内质网与细胞核

D. 粗面内质网与线粒体　　　　　　　E. 粗面内质网与和核糖体

30. 溶酶体所含的酶是

A. 碱性水解酶　　B. 中性水解酶　　C. 酸性水解酶　　D. 过氧化氢酶　　E. 糖基转移酶

31. 过氧化物酶体的标志酶是

A. 碱性水解酶　　B. 中性水解酶　　C. 酸性水解酶　　D. 过氧化氢酶　　E. 糖基转移酶

（二）多项选择题

32. 具有生理极性的细胞中高尔基复合体的分布具有明显的极性，如

A. 胰腺细胞　　B. 精细胞　　C. 输卵管内壁细胞　D. 神经细胞　　E. 小肠绒毛上皮细胞

33. 溶酶体的特点

A. 标志酶是酸性磷酸酶　　　　B. 由单层膜包围　　　　C. 其内容物电子密度高

D. 具有异质性　　　　E. 是细胞内的消化器

34. 内膜系统包括的细胞器为

A. 内质网　　B. 高尔基复合体　　C. 溶酶体　　D. 线粒体　　E. 细胞膜

35. 有核糖体附着的细胞器为

A. 溶酶体　　B. 核膜　　C. 滑面内质网　　D. 粗面内质网　　E. 高尔基复合体

36. 内质网的病理改变表现为

A. 解聚　　B. 脱粒　　C. 肿胀　　D. 萎缩　　E. 所含内容物质和量的改变

37. 信号肽假说的特点

A. 是特异性的　　　　B. 是暂时性的　　　　C. 受时间的限制

D. 受空间的限制　　　　E. 核糖体与粗面内质网结合属于功能性结合

38. 常见的长期留在细胞内不被排出的残余小体有

A. 脂褐质　　B. 含铁小体　　C. 多泡体　　D. 髓样结构　　E. 吞噬小体

39. 在哺乳动物中只有在（　　）细胞中可观察到典型的过氧化物酶体

A. 肝细胞　　B. 肾细胞　　C. 脾细胞　　D. 肌细胞　　E. 卵细胞

40. 下列哪项不是过氧化物酶体的标志酶

A. 酸性磷酸水解酶　B. 氧化酶　　C. 过氧化氢酶　　D. 糖基转移酶　　E. 核酸酶

41. 目前认为过氧化物酶体的来源是

A. 滑面内质网出芽形成　　　　B. 溶酶体　　　　C. 高尔基复合体

D. 细胞膜内陷形成　　　　E. 细胞内破损的细胞器

二、名词解释

1. 内膜系统　　　　2. 多聚核糖体　　　　3. 解聚

4. 脱粒　　　　5. 蛋白质分选信号　　　　6. 信号肽

7. 自噬作用　　　　8. 异噬作用　　　　9. 自溶作用

10. 粒溶作用　　　　11. 膜流　　　　12. 残质体

三、简答题

1. 细胞质基质的主要功能。

2. 核糖体循环。

3. 分泌蛋白的排出途径。

4. 高尔基复合体的功能。

5. 高尔基复合体的超微结构有何特点。

6. 溶酶体分为几类、各有何特点。

7. 溶酶体的功能。

8. 过氧化物酶体有何功能。

9. 滑面内质网的功能。

10. 分泌蛋白的运输模型。

四、论述题

1. 论述蛋白质合成的信号肽假说。

2. 论述内膜系统中膜相互转换的关系

3. 矽肺是怎样产生的?

4. 怎样理解溶酶体在细胞内的消化功能?

5. 如何理解以高尔基复合体为中心的物质转化和膜结构转化的过程?

【参 考 答 案】

一、选择题

（一）单项选择题

1. A 2. E 3. C 4. B 5. C 6. A 7. E 8. E 9. E 10. D 11. D 12. A 13. B 14. E 15. A 16. E 17. B
18. C 19. A 20. C 21. A 22. E 23. D 24. E 25. E 26. E 27. D 28. B 29. A 30. C 31. D

（二）多项选择题

32. ACE 33. ABCDE 34. ABCD 35. BD 36. ABCDE 37. ABCDE 38. ABCD 39. AB 40. ACDE 41. AC

二、名词解释

1. 内膜系统：是指细胞质内在形态结构、功能和发生上具有相互联系的膜相结构的总称，包括核膜、内质网、高尔基复合体、溶酶体、过氧化物酶体及各种小泡等。

2. 多聚核糖体：附着或游离的核糖体通常由 mRNA 串联在一起进行蛋白质的合成，被串联的核糖体少则只有几个，多的可达 40～50 个或更多，排列成环状或玫瑰花状，称作多聚核糖体。

3. 解聚：当用四氯化碳引起大鼠肝细胞中毒时，粗面内质网上的多聚核糖体解聚为单个核糖体，并失去正常而有规律的排列的现象。

4. 脱粒：解聚之后的核糖体进一步脱离内质网，称为脱粒。

5. 蛋白质分选信号：蛋白质能准确无误地被运输到相应的膜结构和细胞器，是由于蛋白质上存在着分选信号。有些分选信号是肽链某一段连续的氨基酸序列，也有些是氨基酸侧链上的特殊基因，甚至氨基酸侧链上的极性电荷、蛋白质某种空间构象都可作为蛋白质的分选信号。

6. 信号肽：核糖体在蛋白质合成启动后，mRNA 上特定信号顺序编码的，含 15～30 个氨基酸残基，作为与粗面内质网膜结合的"引导者"指引核糖体与粗面内质网膜结合，并决定新生肽链插入膜内进入内腔，起协同翻译转运作用的一段短肽。

7. 自噬作用：溶酶体对细胞自身结构组分消化分解的过程称为自噬作用。

8. 异噬作用：溶酶体对外源性异物的消化分解的过程称为异噬作用。

9. 自溶作用：在一定条件下，溶酶体膜破裂、水解酶溢出致使细胞本身被消化分解的过程称为细胞的自溶作用。

10. 粒溶作用：溶酶体分解细胞内剩余颗粒的作用称为粒溶作用。

11. 膜流：指细胞中各种膜相结构之间膜的相互转换和移位的现象称为膜流。

12. 残质体：指含有不能被消化分解的残留物的三级溶酶体。

三、简答题

1. 细胞质基质的主要功能

（1）为各种细胞器维持其正常结构提供所需的离子环境。

（2）为各类细胞器完成其功能活动提供所需的一切底物。

（3）是进行某些生化活动的场所。

2. 核糖体循环：在蛋白质的合成过程中，游离于细胞质中的核糖体大小亚基在起始因子作用下分别与 mRNA 结合，并启动蛋白质合成，核糖体与粗面内质网膜的结合决定于 mRNA 中特定的密码顺序，也就是核糖体与粗面内质网结合属于功能性结合，是特异性的、暂时性的，当核糖体合成蛋白质结束时新生肽链完全转入粗面内质网腔。此时，核糖体的大小亚基分离，大亚基从粗面内质网膜上脱落，游离在细胞质中以供循环再用，膜上蛋白质转位装置也散开，通道消失，待下一次核糖体附着时，再重新聚集。

3. 分泌蛋白的排出途径：一种是由核糖体合成的分泌蛋白进入内质网腔后，经过糖基化的作用，被包裹于内质网分离下来的小泡内，再经高尔基复合体加工、修饰、分选，变为浓缩泡，由浓缩泡浓缩成分泌颗粒而排出细胞之外，这是分泌蛋白质的常见运输途径。另一种途径是含有分泌蛋白质的小泡由内质网脱离后直接形成浓缩泡，再由浓缩泡变为分泌颗粒而被排出。

4. 高尔基复合体的功能

（1）参与糖蛋白的生物合成、加工和修饰。

（2）参与细胞的分泌活动。

（3）参与蛋白质的分选运输。

（4）对蛋白质进行水解、加工。

（5）参与膜的转化。

5. 高尔基复合体的超微结构的特点：由一层单位膜包裹而成，膜表面光滑没有核糖体附着，形态上可分为扁平囊、小囊泡、大囊泡。

（1）扁平囊：其顺面，靠近细胞中心面向细胞核，或称形成面。其反面，远离细胞中心而靠近细胞膜为反面，或称成熟面。顺面较薄约 6nm，与内质网相似。反面的膜较厚约 8nm，与质膜相似。

（2）小囊泡：又称运输小泡，顺面的小囊泡由内质网出芽而来。功能：转运粗面内质网合成的蛋白质到扁平囊。

（3）大囊泡：又称分泌泡。由扁平囊的反面的局部或边缘膨出脱落而来，大囊泡也可发育成溶酶体和贮藏泡，大囊泡的形成不仅带走了扁平囊内加工、修饰的各种大分子物质，且使扁平囊膜不断消耗而更新。

6. 溶酶体的分类与特点

（1）内体性溶酶体：仅含水解酶，不含作用底物及消化产物的溶酶体，由高尔基复合体反面扁平囊出芽而来的新生溶酶体。

（2）吞噬溶酶体：含有作用底物及消化产物是正在进行或已经进行消化作用的溶酶体，据消化底物来源不同分为以下几种：①自噬性溶酶体，作用底物是内源的；②异噬性溶酶体，作用底物是外源的；③终末溶酶体：内残留不能被消化分解的物质，又称残余小体。

7. 溶酶体的功能：①消化功能；②自溶作用；③参与激素的生成；④参与骨质更新；⑤在器官组织变态与萎缩中发挥作用；⑥参与受精作用。

8. 过氧化物酶体的功能：过氧化物酶体中的各种氧化酶能氧化多种底物（RH_2）。在氧化过程中，氧化酶能使氧还原为过氧化氢，而过氧化氢酶能把过氧化氢还原成水，这样就免除了 H_2O_2 对细胞的危害。

9. 滑面内质网的功能：①参与脂质和胆固醇的合成与运输；②参与糖原的合成和分解；③参与解毒作用；④参与肌肉收缩；⑤参与血小板的形成。

10. 分泌蛋白的运输模型可概括为六个阶段：①核糖体阶段；②内质网加工阶段；③细胞质基质运输阶段；④高尔基复合体加工修饰阶段；⑤细胞内储存阶段；⑥胞吐阶段。

四、论述题

1. 蛋白质合成的信号肽假说认为：核糖体在蛋白质合成启动后，由 mRNA 在特定的顺序编码首先合成一段短肽——信号肽，它作为粗面内质网膜结合的"引导者"指引核糖体与 RER 膜结合，并决定新生肽链插入膜内进入内腔，起协同翻译的转运作用。信号识别颗粒（SRP）是一种核糖体-蛋白质复合体，存在于细胞质中。当信号肽露出核糖体，SRP 的疏水部分与信号肽疏水部分结合，另一部分与核糖体结合，肽链合成暂时终止，这种结合的 SRP-信号肽-核糖体复合物由 SRP 介导粗面内质网膜上受体，并与之结合，当核糖体到达粗面内质网膜面时，大亚基即附着在膜上蛋白质转位装置上，可能由于蛋白质转位装置各成分的聚集，进入粗面内质网腔。结合后暂时终止的肽链合成又恢复，新生肽链尾随信号肽继续延伸。

当信号肽的作用完成后，即被内质网上的信号肽酶切除，肽链继续合成延伸当遇到终止密码时，合成终止，新生肽链完全转入粗面内质网腔。与此同时，核糖体的大小亚基分离，大亚基从粗面内质网膜上脱落，游离在细胞质中以供循环利用。

2. 内膜系统中膜相互转换的关系

（1）从结构上看都具有相似性：从分子结构上看，形成细胞内各种细胞器的膜都由是生物膜，这些膜都以蛋白质和脂类分子为主要成分，并以脂类双层为基本骨架。只是膜的厚度略有差异，脂类双分子层上镶嵌的蛋白质种类和数量不同。

（2）在行使各自功能时相互转化，形成膜流：细胞在吞噬外来异物时，经胞吞作用形成吞噬（饮）体，初级溶酶体与吞噬（饮）体结合形成次级溶酶体，经消化后将残渣通过胞吐作用排出细胞外。这样溶酶体的膜，就加入到细胞质膜中去，在粗面内质网上合成的蛋白质进入内质网的腔道，以"出芽"方式形成转运小泡，移近高尔基复合体并汇集成小囊泡，并在高尔基复合体的顺面与扁平囊融合。高尔基复合体分泌颗粒的形成并移近细胞膜与之融合，将分泌物质排出细胞外，同时其膜加入到细胞质膜中去。如果从高尔基复合体脱落下来的大囊泡含有水解酶，则这种大囊泡就形成初级溶酶体。这样内质网的膜经高尔基复合体转化成细胞膜的一部分或溶酶体的膜。另外，衰老破损的内质网、线粒体等细胞器经自噬作用形成自噬体，被溶酶体经自溶作用消化后，也经胞吐作用将残渣排出胞外，这些细胞器的膜也成为细胞膜中的一部分。所以随着细胞代谢活动和生理功能的不断进行，各膜相结构之间不断地处于相互转换的动态平衡中。

3. 矽肺的产生过程：矽肺是一种职业病，其病因与溶酶体有关。当工人在劳动中肺部吸入的矽尘颗粒后，矽尘末即被肺部的巨噬细胞吞噬。但巨噬细胞内的溶酶体不能消化分解该颗粒而使之蓄积在细胞内。由于胞内矽尘颗粒表面形成矽酸，破坏了溶酶体膜的稳定性，水解酶释放出来便使巨噬细胞自溶，矽尘颗粒从死亡细胞中释放出来后又重新被另外的巨噬细胞吞噬，如此反复，巨噬细胞相继死亡，刺激成纤维细胞分泌大量的胶原，形成胶原纤维结节，结果是肺组织弹性降低，肺功能受损。

4. 溶酶体在细胞中的消化功能

（1）溶酶体含有 60 多种酸性水解酶，通过自噬作用可以对自身细胞内衰老死亡的细胞器进行消化分解。

（2）溶酶体的酸性水解酶，通过异噬作用可以对外源异物如细菌、衰老死亡的细胞进行消化分解。

（3）溶酶体通过消化作用，完成对机体的防御、保护、物质的消化分解与细胞营养、激素分泌调节的功能。

（4）溶酶体的消化作用在个体发生、发育过程中起重要作用，可参与受精作用、完成骨质的更新、人体卵巢黄体萎缩等。

（5）在病理条件下，溶酶体的消化作用可以形成矽肺等疾病。

5. 以高尔基复合体为中心的物质转化和膜结构的转化过程

（1）物质的转化过程：核糖体合成的多肽—粗面内质网加工、修饰、转运—高尔基复合体再加工、修饰、分选形成成熟蛋白质、转运—分泌泡—细胞膜—排出到细胞外。

（2）膜结构的转化过程

1）粗面内质网膜—高尔基体膜—分泌泡膜—细胞膜。

2）粗面内质网膜—高尔基体膜—溶酶体膜—残质体膜—细胞膜。

3）粗面内质网膜—高尔基体膜—过氧化物酶体膜。

（郑立红）

第六章 线粒体与细胞的能量转换

【重点难点提要】

一、线粒体结构及其化学组成

1. 线粒体的形态和大小 线粒体一般呈粒状或杆状，但因生物种类和生理状态而异，可呈环形，哑铃形、线状、分权状或其他形状。大小一般直径 $0.5\sim1\mu m$，长 $1.5\sim3.0\mu m$，在胰脏外分泌细胞中可长达 $10\sim20\mu m$，称巨线粒体。

2. 线粒体的化学组成 线粒体主要化学成分是蛋白质和脂类，其中蛋白质占线粒体干重的 $65\%\sim70\%$，脂类占 $25\%\sim30\%$。

3. 线粒体的超微结构 线粒体由内外两层单位膜封闭，包括外膜、内膜、膜间腔和基质腔四个功能区隔。在肝细胞线粒体中各功能区隔蛋白质的含量依次为：基质 67%、内膜 21%、外膜 8%、膜间腔 4%。

（1）外膜（out membrane）：厚 $5\sim7nm$，具有孔蛋白（porin）构成的亲水通道，允许分子质量为 5kDa 以下的小分子物质自由通过。标志酶为单胺氧化酶。

（2）内膜（inner membrane）：厚约 4.5nm，为高蛋白膜，蛋白质和脂类的比例高于 3∶1。心磷脂含量高（达 20%）、缺乏胆固醇，类似于细菌。通透性很低，线粒体氧化磷酸化的电子传递链位于内膜，是合成 ATP 的关键部位。内膜的标志酶为细胞色素 c 氧化酶。

内膜向内折叠形成嵴，嵴上覆有基粒（elementary particle），基粒由头部（F_1 偶联因子）、柄部（对寡霉素敏感的蛋白）和基部（F_0 偶联因子）构成，F_0 嵌入线粒体内膜。

（3）膜间腔（intermembrane space）：是内外膜之间的腔隙，延伸至嵴的轴心部，由于外膜具有大量亲水孔道与细胞质相通，因此膜间隙的 pH 与细胞质的相似。标志酶为腺苷酸激酶。

（4）基质腔（matrix）：为内膜和嵴包围的空间。除糖酵解在细胞质中进行外，其他的生物氧化过程都在线粒体中进行。催化三羧酸循环，脂肪酸和丙酮酸氧化的酶类均位于基质中，其标志酶为苹果酸脱氢酶。

基质具有一套完整的转录和翻译体系；包括线粒体 DNA（mtDNA），55S 型核糖体，tRNA、rRNA、DNA 聚合酶、氨基酸活化酶等。

二、线粒体的半自主性

1. 人线粒体基因组自身的特点

（1）mtDNA 结构紧密，基因内部不含内含子，几乎没有或很少有非编码序列，由于这些编码序列相互之间可直接运行，调节 DNA 序列也很短。

（2）mtDNA 没有与组蛋白结合，为裸露的环状 DNA，两条链的编码不对称。

（3）不严格的密码子配对。

（4）遗传密码的意义与核 DNA 有所不同。

2. 线粒体的半自主性

（1）线粒体基因组为一条环状双链 DNA 分子

1）mtDNA 基因组结构：mtDNA 比细胞核的 DNA 小，遗传信息量少。不同种属 mtDNA 的大小、线粒体遗传密码及 mtDNA 所编码的蛋白质的数量和特性均不同。

2）mtDNA 的复制：以半保留方式进行，需要 mtDNA 聚合酶、mtRNA 聚合酶、起始因子、延伸因子等，这些都由核基因编码。另外，mtDNA 含有两个单向复制叉，并且 mtDNA 复制不受细胞周期的影响，在细胞周期的各个阶段都能复制。

3）mtDNA 的转录：需要核基因编码的线粒体 RNA 聚合酶和线粒体转录因子 A。

（2）线粒体内的蛋白质翻译：线粒体蛋白质有两个来源，一是外源性的，即在细胞质中合成的蛋白质运输进入线粒体；二是内源性的，即线粒体自身合成的，只占全部蛋白质的 10%左右，如人类的 mtDNA 只能编码 13 种多肽，表明线粒体中绝大部分蛋白质组分必须依靠细胞核 DNA 编码并在胞质合成，然后运入线粒体。

所以说线粒体的自主性是有限的，功能的实现有赖于两套遗传系统的协调作用。

3. 线粒体合成蛋白质的特点

（1）线粒体内蛋白质的合成与线粒体 mtRNA 的转录几乎是同步进行的。

（2）线粒体蛋白质的合成的起始密码是 AUA，不同于胞质合成蛋白质的 AUG 起始密码，起始步骤则是携带 N-甲酰蛋氨酰起始的，与细菌蛋白质合成相似。

（3）一些抑制线粒体蛋白质合成的药物，对胞内蛋白质的合成不敏感。

（4）线粒体合成的蛋白质数量有限，合成的几乎都是线粒体功能活动的关键酶，大多数蛋白质由核基因编码合成。

（5）线粒体合成蛋白质所需的 tRNA、mRNA 和核糖体等是自身专用的，线粒体编码的 RNA 和蛋白质并不运出线粒体外；相反，构成线粒体核糖体的蛋白质则是由细胞质运入线粒体的。

三、线粒体与氧化磷酸化

1. 线粒体内与氧化磷酸化有关的酶

（1）丙酮酸脱氢酶系。

（2）三羧酸循环酶系。

（3）呼吸链酶系、ATP 合成酶系。

2. 细胞氧化磷酸化的基本过程

（1）糖酵解：1 分子葡萄糖经无氧酵解形成 2 分子丙酮酸进入线粒体，此过程净生成 2 分子 ATP。

（2）乙酰辅酶 A 的生成：丙酮酸在丙酮酸脱氢酶系的作用下生成乙酰辅酶 A。

（3）三羧酸循环：产生 2 分子 CO_2 和 4 对 H（$8H^+ + 8e$）。

（4）氧化磷酸化：$H + O \rightarrow H_2O$ 释放 ATP，1 分子葡萄糖最终生成 38（36）个 ATP。

3. 呼吸链的复合物
呼吸链的 4 种复合物，即复合物Ⅰ、Ⅱ、Ⅲ和Ⅳ，辅酶 Q 和细胞色素 c 不属于任何一种复合物。辅酶 Q 溶于内膜、细胞色素 c 位于线粒体内膜的 C 侧，属于膜的外周蛋白。

（1）复合物Ⅰ：即 NADH 脱氢酶，其作用是催化 NADH 的 2 个电子传递至辅酶 Q，同时将 4 个质子由线粒体基质（M 侧）转移至膜间隙（C 侧）。

电子传递的方向：NADH→FMN→Fe-S→Q，总的反应结果：$NADH + 5H_M^+ + Q \rightarrow NAD^+ + QH_2 + 4H_C^+$。

（2）复合物Ⅱ：即琥珀酸脱氢酶，含有 1 个 FAD、2 个铁硫蛋白，其作用是催化电子从琥珀酸转至辅酶 Q，但不转移质子。

电子传递的方向：琥珀酸→FAD→Fe-S→Q。反应结果：琥珀酸+Q→延胡索酸+QH_2。

（3）复合物Ⅲ：即细胞色素 c 还原酶，每个单体包含两个细胞色素 b（b_{562}、b_{566}）、一个细胞色素 c_1 和一个铁硫蛋白。其作用是催化电子从辅酶 Q 传给细胞色素 c，每转移一对电子，同时将 4 个质子由线粒体基质泵至膜间隙。

总的反应结果为：2 还原态 cyt c_1 + QH_2 + 2 H^+_M → 2 氧化态 cyt c_1 + Q + 4H^+_C。

（4）复合物 Ⅳ：即细胞色素 c 氧化酶，其作用是将从细胞色素 c 接受的电子传给氧，每转移一对电子，在基质侧消耗 2 个质子，同时转移 2 个质子至膜间隙，包括细胞色素 a_3、细胞色素 a 和 2 个铜原子。

电子传递的路线：cyt c → Cu_A → heme a → a_3- Cu_B → O_2，总的反应结果：4 还原态 cyt c + 8 H^+_M + O_2 → 4 氧化态 cyt c + 4H^+_C + 2H_2O。

四、线粒体与疾病

线粒体疾病的特征：①高突变率。②多质性。③母系遗传。④阈值效应。

【自 测 题】

一、选择题

（一）单项选择题

1. 糖酵解酶系主要存在于

A. 内质网 B. 溶酶体 C. 线粒体 D. 细胞质基质 E. 高尔基复合体

2. 在线粒体中，三羧酸循环反应进行的场所是

A. 内膜 B. 膜间腔 C. 基质腔 D. 基粒 E. 外膜

3. 细胞有氧呼吸并进行氧化磷酸化的场所是

A. 核糖体 B. 线粒体 C. 细胞膜 D. 粗面内质网 E. 高尔基复合体

4. 线粒体的嵴来源于

A. 外膜 B. 膜间腔 C. 内膜 D. 基质颗粒衍生 E. 内膜外膜共同形成

5. 细胞质含有 DNA 并能产生 ATP 的细胞器是

A. 线粒体 B. 中心体 C. 内质网 D. 溶酶体 E. 过氧化物酶体

6. 在肿瘤细胞中，线粒体

A. 数量增多，嵴数减少 B. 数量减少，嵴数增多 C. 数量和嵴数均减少

D. 数量和嵴数均增多 E. 数量和嵴数均不变

7. 人的 mtDNA 可编码多少种肽

A. 13 种 B. 18 种 C. 30 种 D. 120 种 E. 60 种

8. 线粒体核糖体的沉降系数为

A. 80S B. 60S C. 55S D. 35S E. 25S

9. 线粒体最富有标志性结构是

A. 双层膜 B. 嵴 C. 基粒 D. mtDNA E. 核糖体

10. 关于线粒体的结构和功能，哪种说法不正确

A. 完成细胞氧化的全过程 B. 是由双层膜包被的封闭的细胞器 C. 是含有 DNA 的细胞器

D. 是细胞内形成 ATP 的中心 E. 不同生物的线粒体的嵴形态不同

11. 下列哪些说法描述线粒体 DNA 较为确切

A. 线状 DNA B. 环状 DNA C. 与核 DNA 密码略有不同线状 DNA

D. 与核 DNA 密码略有不同的一条环状裸露的 DNA E. 包括线粒体全部蛋白质遗传信息的 DNA

12. 在线粒体中，ADP-ATP 发生在

A. 内膜 B. 膜间腔 C. 嵴 D. 基质 E. 基粒

13. 正常线粒体的寿命约为一周，残损线粒体的清除主要靠

A. 溶酶体的异噬作用 B. 溶酶体的自噬作用 C. 溶酶体的自溶作用

D. 溶酶体的粒溶作用   E. 细胞膜的胞吐作用

14. 在葡萄糖氧化分解过程中，糖酵解发生在

A. 细胞膜   B. 细胞质基质   C. 细胞核   D. 线粒体   E. 高尔基复合体

15. 线粒体 DNA 的存在部位是

A. 存在于线粒体膜的间腔，附着于线粒体外膜的内侧

B. 存在于线粒体膜间腔，附着于线粒体内膜的非基质侧

C. 存在于线粒体嵴的内腔，附着于线粒体内膜的非基质侧

D. 存在于线粒体基质中或依附于线粒体内膜的基质侧

E. 存在于线粒体内膜的基粒上

16. mtDNA 复制和转录所需的酶的来源是

A. 由细胞核基因编码，在细胞质中合成

B. 由线粒体基因编码，在线粒体基质中合成

C. 由细胞核和线粒体基因共同编码，在细胞质中合成

D. 由细胞核和线粒体基因共同编码，在线粒体基质中合成

E. 由细胞核和线粒体基因共同编码，分别在细胞质和线粒体基质中合成

17. mtDNA 上基因的特点是

A. 排列紧密，无非编码序列   B. 排列紧密，只有很少的非编码序列

C. 排列不紧密，基因之间具有无相互重叠现象   D. 排列不紧密，非编码序列较长

E. 为断裂基因，内含子与外显子相间排列

18. 下列由两层单位膜围成的细胞器是

A. 溶酶体   B. 过氧化物酶体   C. 线粒体   D. 内质网   E. 高尔基复合体

19. 在线粒体中由 ADP 到 ATP 的过程发生在

A. 线粒体膜间腔   B. 线粒体嵴间腔   C. 基粒   D. 线粒体基质   E. 线粒体内膜

20. 线粒体基粒位于

A. 线粒体外膜   B. 线粒体内膜   C. 线粒体膜间腔   D. 线粒体基质   E. 线粒体内膜、外膜共同形成

（二）多项选择题

21. 关于线粒体遗传特性的描述，正确的是

A. 线粒体自身存在遗传物质 DNA   B. 线粒体 DNA 呈环状

C. 线粒体有核糖体，可以合成自身的蛋白质   D. 线粒体在细胞周期中可以进行增殖

E. 线粒体的生物发生受细胞核和线粒体基因共同控制

22. 关于线粒体结构的描述，正确的是

A. 线粒体是由双层单位膜套叠而成的封闭性膜囊结构   B. 线粒体是细胞中唯一具有遗传物质的结构

C. 线粒体嵴是线粒体最具代表性的结构   D. 线粒体外膜有核糖体附着

E. 线粒体核糖体的基本结构与原核生物相似

23. 关于线粒体的描述，正确的是

A. 线粒体是细胞的能量供应中心   B. 线粒体在细胞中多聚集在生理功能旺盛，需要能量供应的区域

C. 线粒体可以完成糖类的分解全过程   D. 线粒体的增殖方式与真核细胞不同为无丝分裂

E. 线粒体是敏感而多变的细胞器，其形态可随细胞类型的不同而不同

24. 线粒体生物发生的内共生学说的主要依据是

A. 线粒体自身存在遗传物质 DNA   B. 线粒体 DNA 呈环状

C. 线粒体是可以自身独立生活的结构   D. 线粒体可以自我增殖

E. 线粒体的生物发生受细胞核和线粒体基因共同控制

25. 线粒体的自主性主要表现在

A. 线粒体自身存在遗传物质 DNA　　B. mtDNA 复制和转录所需要的酶需要核基因参与

C. 线粒体核糖体可以合成自身的蛋白质　D. 线粒体可以在细胞周期中增殖

E. 线粒体的生物发生受细胞核和线粒体基因共同控制

26. 线粒体的半自主性主要表现在

A. 线粒体自身存在遗传物质 DNA　　　　　B. mtDNA 复制和转录所需要的酶需要核基因参与

C. 线粒体有核糖体，可以合成自身的蛋白质　D. 线粒体可以在细胞周期中可以进行增殖

E. 线粒体的生物发生受细胞核和线粒体基因共同控制

27. 线粒体的数目

A. 一旦形成就不发生改变　B. 不同细胞线粒体的数目不同　C. 可在不同的生理条件下发生改变

D. 在病理条件下发生改变　E. 可随细胞发育阶段的不同而发生改变

28. 葡萄糖彻底氧化分解和能量转换的场所主要有

A. 核糖体　　　B. 粗面内质网　　　C. 线粒体　　　D. 高尔基复合体　　E. 细胞质基质

29. 线粒体的数目

A. 不变化　　　　B. 在不同的生理条件下变化　　　　C. 在不同种类的细胞间有变化

D. 在相同种类的细胞间有变化　　　　　　E. 在病理条件下有变化

30. 线粒体 DNA 上的基因

A. 排列紧密　　　B. 排列不紧密　　C. 有内含子　　D. 无内含子　　E. 具有基因相互重叠的现象

31. 人缺血时间过长得不到治疗和矫正时，线粒体表现为

A. ATP 含量升高　B. ATP 酶活性降低　C. 体积增大　　　D. 体积缩小　　　E. 解体

32. 下列哪些病与线粒体有关

A. 感冒　　　　B. 克山病　　　C. 肿瘤　　　D. 外伤　　　E. 线粒体肌病

33. 线粒体 DNA 的特点

A. 线状　　　　B. 环状　　　C. 与组蛋白结合　D. 不与组蛋白结合　E. 信息量较大

34. 线粒体 DNA 复制和转录所需的酶类

A. 由编码　　　B. 由核基因编码　C. 在细胞核中合成　D. 在细胞质中合成　E. 在线粒体基质中合成

二、名词解释

1. 细胞呼吸　　　　2. 膜间腔　　　　　3. 呼吸链

4. 基粒　　　　　5. 氧化磷酸化

三、简答题

1. 简述线粒体的超微结构和功能。

2. 简述线粒体嵴上的基粒的结构和功能。

3. 简述细胞呼吸的特点。

四、论述题

1. 线粒体的半自主性。

2. 细胞核编码的蛋白质是如何进入线粒体的？

3. 在线粒体中能量是如何转化的？

【参 考 答 案】

一、选择题

（一）单项选择题

1. D　2. C　3. B　4. C　5. A　6. C　7. A　8. C　9. B　10. A　11. D　12. E　13. B　14. B　15. D　16. A

17. B　18. C　19. C　20. B

（二）多项选择题

21. ABCDE　22. ACDE　23. ABDE　24. ABDE　25. ACD　26. ABCDE　27. BCDE　　　28. AE　29. BCDE

30. ADE　31. BCE　32. BCE　33. BD　34. BD

二、名词解释

1. 细胞呼吸：在细胞内特定的细胞器（主要是线粒体）内，在 O_2 的参与下，分解各种大分子物质，产生 CO_2；与此同时分解代谢所释放的能量储存于中的过程称为细胞呼吸。

2. 膜间腔：线粒体内膜与外膜之间的空间称为外腔或膜间腔。

3. 呼吸链：位于线粒体内膜上的、由多个复合物组成的，可将三羧酸循环产生的 H 传给 O，并生成 H_2O 的电子传递体系。

4. 基粒：指位于线粒体内膜和线粒体嵴上靠近基质一侧的由可溶性酶组成的，能催化 ATP 合成的带柄的结构。

5. 氧化磷酸化：指发生在活细胞中的，供能物质被氧化分解释放能量，同时伴有 ATP 等含有高能磷酸键的物质产生的过程。

三、简答题

1. 线粒体的超微结构和功能：电镜下，线粒体是由两层单位膜包围而成的囊状结构。

（1）外膜：光滑平整具有小孔。

（2）内膜和内部空间：内膜上有线粒体的标志性结构——嵴，还有基粒，基粒可分为头部、柄部、基部三部分，可催化 ADP 磷酸化生成 ATP。

（3）两层膜之间为膜间腔，又称为外室，嵴与嵴之间的空腔称为嵴间腔，又称为内室。

（4）基质：含有遗传物质 mtDNA、核糖体、蛋白质、氧化磷酸化酶系等，可催化 DNA 复制、转录及 RNA 合成、蛋白质合成、三羧酸循环和能量转化过程。

　　线粒体是细胞进行有氧呼吸和功能中心，细胞中 95% 以上的能量来自线粒体。所以，线粒体的功能是为细胞的生命活动提供能量。

2. 线粒体嵴上的基粒的结构和功能：基粒位于线粒体内膜和嵴上，含有头部、柄部和基部三部分。

（1）头部：球形，为可溶性 ATP 酶，是线粒体内能量转换、合成 ATP 的关键部位。

（2）柄部：杆状，为寡霉素敏感蛋白（OSCP），是细胞呼吸释放能量的中转站，也是使 F_1 对药物寡霉素敏感的蛋白，可使 F_1 催化合成 ATP 的活性被寡霉素抑制。

（3）基部：镶嵌与内膜中，为疏水蛋白（F_0 因子）可能是 H^+ 的导体，能传递 H^+ 并通过内膜交给 F_1 的催化部位。

3. 细胞呼吸的特点

（1）细胞呼吸是在线粒体中进行的一系列由酶系所催化的氧化还原反应。

（2）细胞呼吸可以将储存在功能物质中的化学能转变为机体生命活动可用的能量并储存于 ATP 高能磷酸键中。

（3）细胞呼吸过程分步进行，能量逐级释放，ATP 可以通过不同反应产生。

（4）细胞呼吸在恒温和恒压条件下进行。

（5）反应过程需要 H_2O 的参与。

四、论述题

1. 线粒体的半自主性

（1）线粒体有自身的 DNA，具有遗传上的自主性。

　　线粒体内存在着自身的 DNA（mtDNA）和完整的遗传信息传递与表达系统。能合成自身的 mRNA、tRNA、rRNA，并生成自身的蛋白质，具有一定的遗传性。

　　线粒体 DNA 环状、裸露。核糖体 55S，遗传密码与核的遗传密码也有差异。

（2）线粒体的自主性是有限的，功能的实现有赖于两套遗传系统的协调作用。

线粒体的 DNA 只含有 13 种蛋白质的遗传信息，占线粒体全部蛋白质的 10%，其余 90% 的蛋白质由核 DNA

编码；线粒体的 DNA 转录和翻译所需的酶由核 DNA 编码；线粒体的生物发生是核 DNA 和 mtDNA 分别受控的过程。线粒体基础支架的形成、DNA 的复制及转录、线粒体的生长、增殖等生理过程高度依赖核基因编码的蛋白质。而内膜上的氧化磷酸化位点的分化受核 DNA 和 mtDNA 共同控制。

2. 线粒体生命活动中有近 90% 的蛋白质是由细胞核编码，在细胞质中产生后转移到线粒体中的。

　　线粒体蛋白质形成后，与分子伴侣相关复合物相互作用，增加蛋白转运的准确性；与另一种分子伴侣热激蛋白（hsp）70 结合，防止蛋白形成不可解开的构象，使前体蛋白去折叠，防止已经松弛的前体蛋白聚集。当前体蛋白到达线粒体表面时，在分子伴侣 Ydilp 和 ATP 水解酶的作用下，前体蛋白与 hsp70 分离。然后在线粒体膜上至少与三个输入受体结合，进入线粒体外膜的输入通道。

　　前体蛋白的前导肽链进入线粒体腔，在分子伴侣线粒体基质 hsp70（mthsp70）的协助下，肽链迅速穿越线粒体膜进入线粒体。

　　当蛋白质跨膜转运到线粒体后，在分子伴侣 mthsp70 和分子伴侣 hsp60、hsp10 的协助下，重新折叠，恢复天然构象，完成穿越线粒体膜进入线粒体行使功能的过程。

3. 细胞内线粒体中能量的转化大致经历了三个阶段。

（1）大分子降解和糖酵解：在细胞质基质中，大分子物质蛋白质水解成氨基酸，脂肪分解成脂肪酸和甘油，多糖分解成单糖（如葡萄糖）。其中氨基酸和脂肪酸经活化进入线粒体，葡萄糖在细胞质基质中进行无氧酵解形成 2 分子的丙酮酸进入线粒体。同时生成 2 对 H，经递氢体 NAD 携带形成 2 分子 NADH+ H^+，另 1 个 H^+ 则留在细胞质基质中。此过程净生成 2 分子 ATP。

（2）三羧酸循环：在线粒体基质中，丙酮酸在丙酮酸脱氢酶的作用下，被分解为乙酰辅酶 A。脂肪酸活化后形成脂酰辅酶 A，脂酰辅酶 A 在脂肪酸氧化多酶复合体的作用下形成乙酰辅酶 A。乙酰辅酶 A 与草酰乙酸缩合形成柠檬酸进入三羧酸循环（TAC 循环）。在三羧酸循环酶系的作用下，经过一系列氧化脱氢、脱羧反应，乙酰辅酶 A 被彻底氧化分解，产生 1 分子 GTP、2 分子 CO_2 和 4 对 H（$8H^+$+8e），为氧化磷酸化提供氢离子。

（3）电子传递和氧化磷酸化：三羧酸循环脱下的 H 首先解离为 H^+ 和 e，e 传递到线粒体内膜的呼吸链，经过呼吸链上 4 个复合物的传递，NADH 和 $FADH_2$ 把从食物氧化得来的电子传递到氧分子，使 $1/2O_2$ 成为 O^{2-}，O^{2-} 最终与线粒体基质中的 2 个 $2H^+$ 化和生成水，完成氧化过程。而 H^+ 在传递过程中，逐级释放能量，激发 F_0-F_1-ATP 酶复合体使 ADP 磷酸化形成。1 分子葡萄糖彻底氧化分解可以产生 38（或 36）分子 ATP。

　　综上所述，大分子物质蛋白质、脂肪、多糖经过以上 3 个过程被彻底氧化分解，储存在蛋白质、脂肪、多糖分子中的化学能，经过磷酸化过程转变为机体可利用的能量 ATP，完成能量转化过程。

（李鹏辉）

第七章 细胞骨架与细胞运动

【重点难点提要】

细胞骨架（cytoskeleton）：指真核细胞质中的蛋白质纤维网架体系，它对于细胞的形状、细胞的运动、细胞内物质的运输、染色体的分离和细胞分裂活动等均起着重要作用。细胞骨架由微管（microtubule）、微丝（microfilament）和中间纤维（intermediate filament）构成。

一、微管

1. 微管的结构　微管是由 13 根原纤维构成的中空圆柱状结构。微管具有极性，其两端的增长速度不同，增长速度快的一端为正端，另一端则为负端。

2. 微管的成分

（1）微管蛋白：主要成分为 α 微管蛋白和 β 微管蛋白，微管以微管蛋白 α、β 异二聚体为基本构件；γ 微管蛋白定位于微管组织中心。

（2）微管结合蛋白：主要包括 MAP-1、MAP-2、tau、MAP-4，是微管蛋白装配成微管之后，结合在微管表面的辅助蛋白。

3. 微管的存在形式　有三种不同存在形式：单管、二联管和三联管。

4. 微管的装配与动力学

（1）微管的装配主要表现为动态不稳定性，同时进行着组装和去组装。

（2）微管的装配可分为三个时期：成核期、聚合期和稳定期。

1）成核期：是微管聚合的限速过程，因此又称为延迟期。在该期 α 和 β 微管蛋白聚合成短的寡聚体结构，即核心形成；接着二聚体在其两端和侧面增加使之扩展成片状带，当片状带加宽至 13 根原纤维时，即合拢成一段微管。

2）聚合期：该期中细胞内高浓度的游离微管蛋白聚合速度大于解聚速度，新的二聚体不断加到微管正端，使微管延长，因此又称为延长期。

3）稳定期：胞质中游离的微管蛋白达到临界浓度，微管的组装（聚合）与去组装（解聚）速度相等，因此又称为平衡期。

（3）微管装配的起始点是微管组织中心：微管聚合从特异性的核心形成位点开始，这些核心形成位点主要是中心体和纤毛的基体，称为微管组织中心。微管从微管组织中心开始生长。

（4）微管的体外装配：在体外，只要微管蛋白异二聚体达到一定的临界浓度（约为 1mg/ml），适当的 pH（pH 6.9）和温度（37℃），存在 Mg^{2+} 和去除 Ca^{2+} 的条件下，能自发地组装成微管，同时需要由 GTP 提供能量。

当微管两端的微管蛋白具有 GTP 帽（与 GTP 结合）时，微管继续组装；而具有 GDP 帽（与 GDP 结合）时，微管则趋向于解聚。

（5）微管的体内装配：γ 微管蛋白环形复合体（γ-TuRC）存在于微管组织中心，可刺激微管核心形成，并包裹微管负端，微管从此生长、延长。

（6）影响因素：造成微管不稳定性的因素很多，包括 GTP 浓度、压力、温度、pH、离子浓度、微管蛋白临界浓度、药物等。

紫杉醇促进微管蛋白的聚合，长春新碱抑制微管蛋白的聚合，秋水仙素促进微管的解聚。

5. 微管的功能

（1）构成细胞内的网状支架，支持和维持细胞的形态。

（2）参与中心粒、纤毛和鞭毛的形成。

（3）参与细胞内物质运输。

（4）维持细胞内细胞器的定位和分布。

（5）参与染色体的运动，调节细胞分裂。

（6）参与细胞内信号传导。

6. 微管与细胞病理

（1）与微管遗传性疾病有关：如老年痴呆症患者大脑细胞中微管大量变形，少量正常。

（2）微管减少是恶性转化细胞的一个重要特征。

（3）急性肝炎等患者细胞内微管数量增多。

二、微丝

微丝以束状、网状或散在等多种方式有序地存在。

1. 肌动蛋白与微丝的结构 微丝的主要成分是肌动蛋白，外观呈哑铃型，称为G-肌动蛋白（球形-肌动蛋白）；微丝是由G-肌动蛋白单体形成的多聚体，也称为F-肌动蛋白（纤维状-肌动蛋白）。

肌动蛋白微丝是极性结构，有两个末端，一个为相对迟钝和生长慢的负端，另一个为生长快的正端。

2. 微丝的装配机制 微丝是一种动态结构，在一定条件下，不断进行组装和解聚。

（1）微丝的组装过程分为三个阶段。

1）成核期：是微丝组装的限速过程，此期球状肌动蛋白开始聚合，其二聚体不稳定，易水解，只有形成三聚体才稳定，即核心形成。

2）聚合期：一旦核心形成，球状肌动蛋白便迅速地在核心两端聚合，正端的组装速度明显快于负端。

3）稳定期：微丝延长到一定时期，肌动蛋白渗入微丝的速度与其从微丝上解离的速度达到平衡，微丝的长度基本不变，正端延长长度等于负端缩短长度，并仍在进行着聚合与解聚活动。

（2）影响因素：受G-肌动蛋白临界浓度的影响，还受ATP、Ca^{2+}、Na^+、K^+浓度和药物的影响。

在含有ATP和Ca^{2+}及低浓度Na^+、K^+的溶液中，微丝趋于解聚；而在Mg^{2+}和高浓度Na^+、K^+的溶液中，肌动蛋白单体则装配成微丝。

细胞松弛素B（cytochalasin B）抑制微丝聚合；鬼笔环肽（phalloidin）抑制微丝解体。

3. 微丝的功能

（1）构成细胞的支架并维持细胞的形态。

（2）参与细胞运动。

（3）参与细胞分裂。

（4）参与肌肉收缩。

（5）参与细胞内物质运输。

（6）参与细胞内信号传递。

4. 微丝与细胞病理

（1）在衰老细胞中，微丝数量减少，不能成束。

（2）在癌变细胞中，微丝变少，组装和分布发生变化。

三、中间纤维

1. 中间纤维的结构 中间纤维是丝状蛋白多聚体，其单体（亚基）是蛋白质纤维分子，已经发现 50 多种，它们都有共同的结构域，一个 α 螺旋的杆状区及两端非螺旋化的球形头（N 端）尾（C 端）部构成。

杆状区是高度保守的，头部和尾部的氨基酸序列在不同类型的中间纤维中变化较大。

2. 中间纤维的类型 角蛋白、结蛋白、胶质原纤维酸性蛋白、波形蛋白、外周蛋白、神经丝蛋白、巢蛋白，此外细胞核中的核纤层蛋白（lamin）也是一种中间纤维。

3. 中间纤维的组装 中间纤维与微管、微丝不同，它没有极性。

两个平行的 α 螺旋杆状区之间形成螺旋二聚体，两个超螺旋二聚体再以反向平行相连，形成四聚体（tetramer）亚单位。在多数情况下，细胞内几乎全部的中间纤维蛋白分子呈完全聚合态，只有很少的游离性四聚体。

目前认为，中间纤维蛋白丝氨酸和苏氨酸残基的磷酸化作用是中间纤维动态调节最常见、最有效的调节方式。

4. 中间纤维的功能
（1）在细胞内形成一个完整的网状骨架系统。
（2）为细胞提供机械强度支持。
（3）参与细胞连接。
（4）参与细胞内信息传递及物质运输。
（5）维持细胞核膜稳定。
（6）参与细胞分化。

5. 三种细胞骨架成分的比较 见表 7-1 所示。

表 7-1 细胞骨架三种组分的比较

	微丝	微管	中间纤维
成分	肌动蛋白	微管蛋白	6 类中间纤维蛋白
结合核苷酸	ATP	GTP	无
纤维直径	约 7nm	约 24nm	约 10nm
纤维结构	双股螺旋	13 根原纤维组成空心管状纤维	8 个四聚体或 4 个八聚体组成的空心管状纤维
极性	有	有	无
组织特异性	无	无	有
单体蛋白库	有	有	无
动力结合蛋白	肌球蛋白	动力蛋白，驱动蛋白	无
特异性药物	细胞松弛素 B，鬼笔环肽	秋水仙素，长春花碱，紫杉醇	无

【自 测 题】

一、选择题

（一）单项选择题

1. 细胞骨架是由哪种物质构成的
A. 糖类　　　B. 脂类　　　C. 核酸　　　D. 蛋白质　　　E. 以上物质都包括

2. 下列哪种结构不是由细胞中的微管组成
A. 鞭毛　　　B. 纤毛　　　C. 中心粒　　　D. 内质网　　　E. 以上都不是

3. 关于微管的组装，哪种说法是错误的

A. 微管可随细胞的生命活动不断地组装与去组装　　　B. 微管的组装分步进行

C. 微管的极性对微管的增长有重要意义　　　　D. 微管蛋白的聚合和解聚是可逆的自体组装过程

E. 微管两端的组装速度是相同的

4. 在电镜下可见中心粒的每个短筒状小体

A. 由 9 组二联微管环状斜向排列　　B. 由 9 组单管微管环状斜向排列　　C. 由 9 组三联微管环状斜向排列

D. 由 9 组外围微管和 1 个中央微管排列　　　　　E. 由 9 组外围微管和 2 个中央微管排列

5. 组成微丝最主要的化学成分是

A. 球状肌动蛋白　　　B. 纤维状肌动蛋白　　　C. 原肌球蛋白　　　D. 肌钙蛋白　　　E. 锚定蛋白

6. 能够专一抑制微丝组装的物质是

A. 秋水仙素　　　B. 细胞松弛素 B　　　C. 长春花碱　　　D. 鬼笔环肽　　　E. Mg^+

7. 在非肌细胞中，微丝与哪种运动无关

A. 支持作用　　　B. 吞噬作用　　　C. 主动运输　　　D. 变形运动　　　E. 变皱膜运动

8. 对中间纤维结构叙述错误的是

A. 直径介于粗肌丝和细肌丝之间　　　　B. 为实心的纤维状结构

C. 为中空的纤维状结构　　　　D. 杆状区为一个由 310 个氨基酸组成的保守区

E. 两端是由氨基酸组成的化学性质不同的头部和尾部

9. 可以使截断后的鞭毛再生的结构是

A. 微管　　　B. 微管组织中心　　　C. 中间纤维　　　D. 细胞骨架　　　E. 微丝

10. 下列哪种纤维不属于中间纤维

A. 角蛋白纤维　　　B. 结蛋白纤维　　　C. 波形蛋白纤维　　　D. 神经丝蛋白纤维　　　E. 肌原纤维

11. 能促进微管组装的物质是

A. 紫衫醇　　　B. 长春新碱　　　C. 鬼笔环肽　　　D. 秋水仙素　　　E. 细胞松弛素 B

12. 对线粒体有固定作用的结构是

A. 微管　　　B. 微管组织中心　　　C. 中间纤维　　　D. 核骨架　　　E. 微丝

13. 对微管超微结构叙述错误的是

A. 是中空的圆柱状结构　　　B. 管壁由 13 根原纤维构成　　　C. 原纤维由微管蛋白构成

D. 可根据细胞生理需要组装和去组装　　　E. α 微管蛋白和 β 微管蛋白的氨基酸组成和排列相同

14. 恶性细胞转化的一个重要特征是

A. 微管聚合　　　B. 微丝增加　　　C. 微管解聚　　　D. 微丝减少　　　E. 中间纤维减少

15. 与细胞运动有关的结构是

A. 微管　　　B. 核骨架　　　C. 中间纤维　　　D. 微丝　　　E. 以上都不是

（二）多项选择题

16. 微管在细胞中的存在形式有

A. 单管　　　B. 二联管　　　C. 三联管　　　D. 四联管　　　E. 五联管

17. 下列哪些结构是微管组织中心

A. 染色体端粒　　　B. 染色体着丝点　　　C. 中心体　　　D. 纤毛的基体　　　E. 核糖体

18. 中间纤维外形、性质的差异归因于

A. 头部　　　B. 尾部　　　C. 杆状区　　　D. 波形蛋白纤维　　　E. 角质蛋白纤维

19. 下列哪些结构由微管组成

A. 中心体　　　B. 染色体　　　C. 纺锤体　　　D. 鞭毛　　　E. 纤毛

20. 关于动力蛋白的叙述正确的是

A. 动力蛋白构成 A 管伸出的内臂和外臂　　　　B. 动力蛋白具有 ATP 酶活性

C. 动力蛋白与微管的滑动无关　　　　　　　　D. 缺乏动力蛋白的人易患上呼吸道感染

E. 动力蛋白可促进细胞生长

21. 参与细胞分裂的、由微管组成的结构有

A. 缢缩环　　　　B. 染色体　　　C. 中心粒　　　D. 纺锤丝　　　　E. 赤道板

22. 细胞骨架包括哪些结构

A. 内质网　　　　B. 微管　　　C. 染色体　　　D. 微丝　　　　　E. 中间纤维

23. 微丝的主要功能有

A. 构成细胞的支架并维持细胞的形态　　B. 参与细胞运动和细胞分裂　　C. 参与肌肉收缩

D. 参与细胞内物质运输　　　　　E. 参与细胞内信号传递

24. 微管的主要功能有

A. 构成细胞的支架并维持细胞的形态　　B. 参与细胞运动和细胞分裂　　C. 参与肌肉收缩

D. 参与细胞内物质运输　　　　　E. 参与细胞内信号传递

二、名词解释

1. 细胞骨架　　　　　　2. 微管　　　　　　　3. 微丝

4. 中间纤维　　　　　　5. 踏车运动

三、简答题

1. 微丝的化学组成及在细胞中的功能。

2. 什么是微管组织中心？它与微管有何关系？细胞内有哪些结构可以起到微管组织中心的作用？

3. 简述中间纤维的结构及功能。

四、论述题

1. 比较微管、微丝和中间纤维的异同。

2. 试述微管的化学组成、类型和功能。

【参 考 答 案】

一、选择题

（一）单项选择题

1. D　2. D　3. E　4. C　5. A　6. B　7. C　8. B　9. B　10. E　11. A　12. A　13. E　14. C　15. D

（二）多项选择题

16. ABC　17. BCD　18. AB　19. ACDE　20. ABD　21. CD　22. BDE　23. ABCDE　24. ADE

二、名词解释

1. 细胞骨架：是指真核细胞质中的蛋白质纤维网架体系，它对于细胞的形状、细胞的运动、细胞内物质的运输、染色体的分离和细胞分裂活动等均起着重要作用。细胞骨架由微管、微丝和中间纤维构成。

2. 微管：是在真核细胞细胞质中，由微管蛋白和微管结合蛋白组成的，可形成纺锤体、中心体及细胞特化结构鞭毛和纤毛的结构，并在支持细胞形态、细胞内物质运输和细胞分裂等方面起重要作用的中空管状细胞器。

3. 微丝：在真核细胞的细胞质中，由肌动蛋白和肌球蛋白等微丝结合蛋白组成的，在细胞形态的支持及细胞肌性收缩和非肌性运动等方面起重要作用的纤维状结构。

4. 中间纤维：广泛存在于真核细胞中的，由蛋白质构成的，其直径介于粗肌丝和细肌丝之间，在支持细胞形态、参与物质运输等方面起重要作用的纤维状结构。

5. 踏车运动：在一定条件下，微管两个端点的装配速度不同，表现出明显的极性。微管的一端发生 GTP 和微

管蛋白的添加，使微管不断延长，称为正端；而在另一端具有 GDP 的微管蛋白发生解聚而使微管缩短，则为负端，微管的这种装配方式称为踏车运动。

三、简答题

1．（1）微丝的化学组成：主要成分为肌动蛋白和微丝结合蛋白，微丝结合蛋白有多种，常见的有单体隔离蛋白、末端阻断蛋白、交联蛋白、成束蛋白、纤维切割蛋白、肌动蛋白纤维去聚合蛋白、膜结合蛋白、膜桥蛋白等几类。在体内不同的微丝结合蛋白将肌动蛋白纤维组织成各种不同的结构，从而执行不同的功能。

（2）微丝的功能：①构成细胞的支架并维持细胞的形态。②参与细胞运动。③参与细胞分裂。④参与肌肉收缩。⑤参与细胞内物质运输。⑥参与细胞内信号传递。

2．（1）微管组织中心：微管聚合从特异性的核心形成位点开始，这些核心形成位点主要是中心体和纤毛的基体，称为微管组织中心。微管从微管组织中心开始生长。

（2）微管组织中心与微管的关系：微管组织中心可以调节微管蛋白的聚合和解聚，使微管增长或缩短，而微管是由微管蛋白组成的一个结构，二者有很大的不同，但又有十分密切的关系。

微管组织中心可以根据细胞的生理需要调节微管的活动。当细胞需要时，微管组织中心可以使微管蛋白聚合，形成由微管组成的相应的结构，执行特殊的生理功能。不需要时可以通过微管蛋白解聚，使微管去组装，如在细胞的不同阶段，纺锤体的出现和消失。微管是在微管组织中心的控制和指挥下，处于不断的组装与去组装状态。

（3）细胞内的中心体、染色体的着丝粒、鞭毛和纤毛的基体可以起到微管组织中心的作用。在细胞周期的前期，中心体经复制形成两个相同的中心体，移至细胞的两极聚集微管蛋白，发出纺锤丝逐渐形成纺锤体。当细胞分裂结束后，纺锤体逐渐解体消失，微管蛋白解聚。鞭毛和纤毛的基体也可以使微管蛋白聚合，逐渐形成有规律排列的微管束，并组成鞭毛和纤毛的杆状部和尖端部，形成具有生理功能的特化结构。

3．（1）中间纤维的结构：中间纤维是存在于真核细胞中的，直径介于粗肌丝和细肌丝之间的，由多种中间纤维蛋白和中间纤维结合蛋白组成的纤维状结构。中间纤维的单体是蛋白质纤维分子，有一个较稳定的 310 个氨基酸的 α 螺旋组成的杆状区，杆状区两端为非螺旋的头部区（N 端）和尾部区（C 端），头部区和尾部区由不同的氨基酸构成，为高度可变区域。中间纤维由 32 个蛋白单体组成，单独或成束存在于细胞质中，执行重要的生理功能。

（2）中间纤维的功能：①在细胞内形成一个完整的网状骨架系统。②为细胞提供机械强度支持。③参与细胞连接。④参与细胞内信息传递及物质运输。⑤维持细胞核膜稳定。⑥参与细胞分化。

四、论述题

1．（1）微管、微丝和中间纤维的相同点

1）在化学组成上均由蛋白质构成。

2）在结构上都是纤维状，共同组成细胞骨架。

3）在功能上：①都可支持细胞的形状；②都参与细胞内物质运输和信息的传递；③都能在细胞运动和细胞分裂上发挥重要作用。

（2）微管、微丝和中间纤维的不同点

1）在化学组成上均由蛋白质构成，但三者的蛋白质种类不同，而且中间纤维在不同种类细胞中的基本成分也不同。

2）在结构上，微管和中间纤维是中空的纤维状，微丝是实心的纤维状。微管的结构是均一的，而中间纤维结构中央为杆状部，两侧为头部或尾部。

3）在功能上：微管可构成中心粒、鞭毛或纤毛等重要的细胞器和附属结构，在细胞运动时或细胞分裂时发挥作用；微丝在细胞的肌性收缩或非肌性收缩中发挥作用，使细胞更好地执行生理功能；中等纤维具有固定细胞核作用，行使子细胞中的细胞器分配与定位的功能，还可能与 DNA 的复制与转录有关。

总之，微管、微丝和中间纤维是真核细胞内重要的非膜相结构，共同担负维持细胞形态、细胞器位置的固定及物质和信息传递的重要功能。

2.（1）微管的化学组成：由微管蛋白和微管结合蛋白组成。微管蛋白包括 α 微管蛋白、β 微管蛋白和 γ 微管蛋白，微管以微管蛋白 α、β 异二聚体为基本构件，γ 微管蛋白定位于微管组织中心。微管结合蛋白主要包括 MAP-1、MAP-2、tau、MAP-4。

（2）微管的类型：单管、二联管、三联管。

（3）微管的功能

1）构成细胞内的网状支架，支持和维持细胞的形态：维持细胞形态是微管的基本功能。微管具有一定的强度，能够抗压和抗弯曲，这种特性给细胞提供了机械支持力。例如，在血小板中有一束微管环形排列于血小板周围，维持血小板的圆盘状结构。

2）参与中心粒、纤毛和鞭毛的形成：中心体由中心粒和中心粒周围物质共同组成，中心粒是由 9 组三联管围成的圆筒状结构。在细胞分裂间期，中心体形成胞质微管，构成细胞骨架的主要纤维系统；在有丝分裂期，经过复制的中心体形成纺锤体的两极，指导有丝分裂事件的进行，与纺锤丝的排列和染色体的移动有密切关系。

鞭毛和纤毛具有运动功能，都是以微管为主要成分构成的。鞭毛和纤毛的基体由 9 组三联体微管组成，基体的中央无微管；在鞭毛和纤毛的杆部，中央有两条微管，称为中央微管，外周则以 9 组二联管围绕。

3）参与细胞内物质运输：细胞内的细胞器移动和胞质中的物质转运都和微管有着密切的关系。例如，细胞的分泌颗粒和色素细胞的色素颗粒沿微管运输，线粒体的快速运动也是沿微管进行的。

微管参与细胞内物质运输的任务主要由微管马达蛋白来完成，马达蛋白是介导细胞内物质沿细胞骨架运输的蛋白，其中驱动蛋白和动力蛋白是以微管作为运行轨道。

4）维持细胞内细胞器的定位和分布：微管及其相关的马达蛋白在真核细胞内膜性细胞器的定位上起着重要作用。细胞中线粒体的分布与微管相伴随，游离核糖体附着于微管和微丝的交叉点上，微管使内质网在细胞质中展开分布，使高尔基体在细胞中央靠近细胞核而定位于中心体附近。

5）参与染色体的运动，调节细胞分裂：微管是构成有丝分裂器的主要成分，可介导染色体的运动。有丝分裂前期，染色体一端的动粒可捕获从纺锤体极伸出的微管，形成侧位连接，并沿着单根微管的侧面向极区方向滑动。由于极区的微管密集，这一运动使动粒容易获得更多的微管。这些微管与动粒形成端位连接，并通过在动粒一端的聚合延伸而推动染色体向纺锤体中部移动。同时另一侧姐妹染色单体上的动粒也与来自另一极的微管结合。有丝分裂后期只有在所有染色体都达到赤道板平衡后才会开始，任何一个染色体未与微管连接或未达到平衡位置，分裂后期都将被延迟。

6）参与细胞内信号传导：已证明微管参与多个信号转导通路。信号分子可直接与微管作用或通过马达蛋白和一些支架蛋白来与微管作用。

（陈　萍）

第八章 细 胞 核

【重点难点提要】

一、细胞核

1. 细胞核的形态 球形、杆状、卵圆形、圆形、不规则形。

2. 细胞核的大小、数目 高等动物细胞核的直径通常为 $5\sim10\mu m$。细胞核与细胞质的体积呈一定比例——核质比。

$$核质比（Np）=细胞核的体积/细胞质的体积。$$

每个细胞通常只有一个核，但有些细胞为双核甚至多核。

3. 细胞核的基本结构 只有在处于间期的细胞中，才能观察到细胞核的完整结构。间期核的基本结构包括核膜、核仁、染色质和核基质。

二、核膜

1. 核膜的化学组成

（1）蛋白质：核膜含有 20 多种蛋白质，占 65%～75%，包括组蛋白、基因调节蛋白、DNA 和 RNA 聚合酶、RNA 酶及电子传递有关的酶类等。核膜所含有的酶类与内质网的极为相似。

（2）脂类：核膜中所含有的脂类也和内质网的相似。

2. 核膜的结构

（1）外核膜：核膜由内外两层平行但不连续的单位膜构成，面向胞质的一层称为外核膜。外核膜结构与粗面内质网相似，并彼此相连，使核周间隙与内质网腔亦彼此相通，其外表面也附着有核糖体颗粒，由于结构上的这种联系，外核膜被认为是粗面内质网的特化区域。

（2）内核膜：面向核质的一层称为内核膜，与外核膜平行排列，表面光滑，无核糖体颗粒附着，但其核质面与核纤层紧紧相贴。内、外核膜的厚度均为 10nm。

（3）核周间隙：内、外核膜之间的间隙称为核周间隙，宽为 20～40nm，内含多种蛋白质和酶。

（4）核孔：内、外核膜常在某些部位相互融合形成环状开口称为核孔，它是细胞核与细胞质之间物质交换的通道。核膜上核孔的数量、分布密度及分布形式因细胞类型、核功能状态的不同而存在较大差异。

3. 核孔复合体 核孔并非简单的孔洞，电镜下可见核孔上镶嵌有复杂的结构，它是由多个蛋白质颗粒以特定方式排列而成的蛋白分子复合物。

（1）胞质环：位于核孔边缘的胞质面，与外核膜相连，环上连有 8 条细长纤维，对称分布伸向胞质。

（2）核质环：位于核孔边缘的核质面，与内核膜相连，环上也有 8 条纤维伸向核质，这些纤维末端形成一个由 8 个颗粒组成的小环，构成捕鱼笼样结构，称为核篮。

（3）辐：由核孔边缘伸向核孔中心的结构，呈辐射状八重对称分布，主要由柱状亚单位、腔内亚单位和环带亚单位三部分构成。

（4）中央栓：位于核孔中央，呈颗粒状或棒状。

4. 核-质间的物质运输

（1）核孔复合体可通过主动运输和被动运输方式实现核-质间的物质转运。

核孔复合体是细胞核与细胞质之间物质交换的双向选择性亲水通道,它既能介导蛋白质的入核转运,又能介导 RNA、核糖体蛋白颗粒的出核转运。

（2）核定位信号介导亲核蛋白入核。

5. 核纤层的结构和功能

（1）结构:核纤层是附着于内核膜下的纤维蛋白网。

（2）功能:核纤层在细胞核中起支架作用;与核膜重建及染色质凝集关系密切;参与了细胞核构建与 DNA 复制。

6. 核膜的主要功能

（1）区域化作用:①核膜的区域化作用使转录和翻译在空间上分离。②核膜控制着细胞核与细胞质间的物质交换。

（2）合成生物大分子。

（3）控制细胞核与细胞质进行物质流和信息流。

三、染色质与染色体

1. 主要化学组成　DNA、组蛋白、非组蛋白及少量的 RNA。其中 DNA 与组蛋白的含量接近 1:1,且含量较稳定。

（1）DNA:是遗传信息的携带者。一条功能性的染色质 DNA 分子必须能够进行自我复制,这就要求染色质 DNA 必须包含三类不同的功能序列:端粒序列、着丝点序列及复制源序列。

（2）组蛋白:带正电荷,富含精氨酸、赖氨酸,属碱性蛋白,其含量恒定,可以与带负电荷且成酸性的 DNA 紧密结合。在真核细胞中可将组蛋白分为两类:一类是核小体组蛋白（nucleosomal histone）,包括 H_2A、H_2B、H_3、H_4 四种;另一类是 H_1 组蛋白,在构成核小体时起连接作用,与核小体的进一步包装有关。H_1 不仅具有种属特异性,还有组织特异性。

（3）非组蛋白:属于酸性蛋白,是除组蛋白之外的染色质结合蛋白的总称。与组蛋白相比,非组蛋白数量较少但种类较多。非组蛋白的功能如下。

1）可与染色体上特异的 DNA 序列结合,协助 DNA 分子折叠。

2）参与启动 DNA 复制。

3）调控基因转录。

2. 常染色质和异染色质　间期核中染色质可分为常染色质（euchromatin）和异染色质（heterochromatin）。

（1）常染色质:是间期核内碱性染料着色较浅,螺旋化程度较低,处于伸展状态的染色质纤维,多位于核中央,主要由单一序列 DNA 和中度重复序列 DNA 构成,能活跃地进行复制和转录,多在 S 期的早、中期复制。

（2）异染色质:是间期核内碱性染料着色较深,螺旋化程度较高,处于凝缩状态的染色质纤维,多位于核周近核膜处,无转录活性,是遗传惰性区,在细胞周期中表现为晚复制、早聚缩。异染色质包括结构异染色质和兼性异染色质两大类。

1）结构异染色质（constitutive heterochromatin）:在所有细胞类型及各个发育阶段中均处于凝集状态的染色质,多定位于着丝粒区、端粒、次缢痕或染色体臂的凹陷部位,由相对简单的高度重复序列构成,它参与染色质高级结构的形成。

2）兼性异染色质（facultative heterochromatin）:是指在某些细胞类型或一定的发育阶段,原有的常染色质凝聚并丧失转录活性后转变而成的异染色质,它亦可转化为常染色质,如巴氏小体（Barr body）。

3. 染色质组装成染色体

（1）核小体（nucleosome）:是染色质组装的一级结构,由 200bp 左右的 DNA 分子及一个组蛋白八聚体构成。①由 H_2A、H_2B、H_3、H_4 各两分子形成组蛋白八聚体，构成盘状核心结构。②每个组蛋白八聚体外有 146bp 的 DNA 片段缠绕 1.75 圈，每圈 83bp。③相邻的两个核小体间有一 DNA 片段相连，称为连接 DNA。不同种属的连接 DNA 长度可有不同，为 0~80bp，平均为 60bp。④组蛋白 H_1 就结合在连接 DNA 上，位于缠绕组蛋白八聚体的 DNA 双链的进出端，起稳定核小体的作用。

通过核小体，DNA 长度压缩了 7 倍，形成直径为 11nm 的纤维。

（2）螺线管：是染色质组装的二级结构，是在组蛋白 H_1 存在的情况下，由核小体螺旋化形成的中空结构。螺线管每圈 6 个核小体，螺距 11nm，外径 30nm，内径 10nm。螺线管的形成使核小体串珠结构压缩了 6 倍。

（3）超螺线管：是染色质组装的三级结构，是 30nm 的螺线管进一步螺旋化形成直径为 0.2~0.4μm 的圆筒状结构，该过程使螺线管结构压缩了 40 倍。

（4）染色单体：是染色质组装的四级结构，是超螺线管进一步螺旋折叠形成，该过程使超螺线管结构压缩了 5 倍。

从 DNA 到染色体共经过了四级包装，DNA 长度共压缩了约 8400 倍。

四、核仁

1. 核仁的形态结构

（1）形态：核仁在光镜下为均匀、海绵状的球体。核仁无膜包裹，而是由多种成分构成的一种大的网络结构。

（2）结构：在电镜下可以看到三个不完全分隔的区域：纤维中心、致密纤维组分和颗粒成分。

1）纤维中心：是 rRNA 基因 rDNA 的存在部位。rDNA 实际上是从染色体上伸展出的 DNA 袢环，在袢环上 rRNA 基因串联排列，进行高速转录，产生 rRNA，组织形成核仁。

每一个 rRNA 基因的袢环称为一个核仁组织者。人类 rRNA 基因位于 5 条染色体上，即 13、14、15、21、22 号染色体，因此在二倍体的 46 条染色体上，就有 10 条分布有 rRNA 基因，它们共同构成的区域称为核仁组织区。

2）致密纤维组分：由致密的纤维构成，呈环形或半月形包围纤维中心。主要含有正在转录的 rRNA 分子、核糖体蛋白及某些特异性的 RNA 结合蛋白。

3）颗粒成分：由正在加工、成熟的核糖体亚单位的前体颗粒构成，多位于核仁的外周。

2. 核仁的化学组成 核仁的主要化学成分为 RNA、DNA、蛋白质和酶类等。其中蛋白质占 80%，RNA 占 11%，DNA 占 8%。

3. 核仁的功能

（1）核仁是 rRNA 基因转录和加工的场所。

（2）rRNA 与核糖体蛋白在核仁内组装成核糖体的大、小亚基。

4. 核仁周期 在进行有丝分裂的细胞中，核仁出现一系列结构与功能的周期性变化，称为核仁周期（nucleolar cycle）。

五、核骨架

1. 核骨架的形态结构 核骨架（nuclear scaffold）又称为核基质，是指真核细胞间期核中除核膜、染色质和核仁以外的部分，是一个以非组蛋白为主构成的纤维网架结构。核骨架由粗细不均、直径为 3~30nm 的纤维组成，充满整个核内空间，基本形态与细胞骨架相似，结构上与核纤层及核孔复合体有密切联系。

2. 核骨架的功能

（1）核骨架与 DNA 复制关系密切。

（2）核骨架具备基因转录、RNA 加工及定向运输的作用。

（3）核骨架与细胞分裂中的染色体构建和核的重建相关。

（4）核骨架的结构和功能改变可导致细胞分化。

（5）病毒在宿主细胞内的 DNA 复制、RNA 转录等均依赖于核骨架。

（6）癌基因的表达是在核骨架上进行的。

六、细胞核的功能

细胞核的主要功能是遗传信息的储存、复制和转录，是细胞生命活动的控制中心。

七、细胞核与疾病

1. 细胞核形态异常与肿瘤

（1）肿瘤细胞通常具有高的核质比，核体积增大。

（2）核结构呈异型性，表现为核外形不规则。

（3）染色质多聚集在近核膜处，同时构成染色质的组蛋白磷酸化程度增加，降低与 DNA 的结合，促进转录。

（4）核仁呈高 rRNA 转录活性，表现为体积增大，数目增多。

（5）核孔数目显著增加。

2. 染色体异常与肿瘤

（1）染色体异常被认为是肿瘤细胞的一大特征，几乎所有的肿瘤细胞都有染色体畸变，包括数目异常和结构异常。

（2）染色体的变化可作为肿瘤诊断的客观指标，染色体的改变随细胞恶性程度的增加而增加。

【自 测 题】

一、选择题

（一）单项选择题

1. 通常在电镜下可见核外膜与细胞质中哪种细胞器相连

A. 高尔基复合体　　　B. 溶酶体　　　C. 线粒体　　　D. 粗面内质网　　　E. 滑面内质网

2. 核仁的功能是

A. 合成 DNA　　　B. 合成 mRNA　　　C. 合成 rRNA　　D. 合成 tRNA　　　E. 合成异染色质

3. 真核细胞与原核细胞最大的差异是

A. 核大小不同　　　B. 核结构不同　　　C. 核物质不同　　D. 核物质分布不同　　E. 有无核膜

4. 关于 X 染色质哪种说法是错误的

A. 间期细胞核中无活性的异染色质　　　　　B. 出现胚胎发育的第 16～18 天

C. 在卵细胞的发生过程中可恢复其活性　　　D. 由常染色质转变而来

E. 在细胞周期中形态不变

5. 核仁的大小取决于

A. 细胞内蛋白质的合成速度　B. 核仁组织者的多少　C. 染色体的大小　D. 内质网的多少　E. 核骨架的大小

6. Np=Vn/（Vc-Vn）代表的关系是

A. 细胞核与细胞质体积之间的固定关系　　　　B. 细胞质与细胞体积之间的固定关系

C. 细胞核与细胞体积之间的固定关系　　　　　D. 细胞质与细胞核数量之间的固定关系

E. 细胞核与细胞数量之间的固定关系

7. 间期细胞核内侧数量较多粗大的浓染颗粒是

A. 常染色质　　　　B. 异染色质　　　　C. 核仁　　　　D. X 染色质　　　　E. 核骨架

8. 遗传信息主要储存在

A. 染色质　　　　B. 核仁　　　　C. 核膜　　　　D. 核基质　　　　E. 核仁组织者

9. 核小体的化学成分是

A. RNA 和非组蛋白　　B. RNA 和组蛋白　　C. DNA 和组蛋白　　D. DNA 和非组蛋白　　E. DNA、RNA 和组蛋白

10. 位于染色体着丝点和臂两端，由高度重复序列组成的染色质是

A. 常染色质　　　　B. 结构异染色质　　　C. 功能异染色质　　D. 核仁相随染色质　　E. X 染色质

11. 核小体中的组蛋白八聚体是指

A. $2H_1+2H_2B+2H_3+2H_4$　　　　B. $2H_1+2H_2A+2H_2B+2H_3$　　　　C. $2H_1+2H_2A+2H_3+2H_4$

D. $2H_2A+2H_2B+2H_3+2H_4$　　　　E. $2H_1+2H_2A+2H_2B+2H_4$

12. 细胞核中遗传物质的复制规律是

A. 常染色质和异染色质 tRNA 同时复制　　　　B. 异染色质复制多，常染色质复制少

C. 常染色质复制多，异染色质复制少　　　　D. 异染色质先复制

E. 常染色质先复制

13. 细胞核中的 NOR

A. 可转录 mRNA　　B. 可转录 tRNA　　C. 异染色质不转录　　D. 可转录 rRNA　　E. 合成核糖体蛋白质

14. 人类的 X 染色体在核型分析时应在

A. A 组　　　　B. B 组　　　　C. C 组　　　　D. D 组　　　　E. E 组

15. 原核细胞遗传信息表达时

A. 转录和翻译同时不同地进行　　B. 转录和翻译不同时进行　　C. 转录和翻译同地不同时进行

D. 转录和翻译不同地进行　　E. 转录和翻译同时同地进行

16. 组蛋白在基因调节系统中的调节作用是

A. 参加 DNA 转录　　B. 催化 DNA 转录　　C. 激活 DNA 转录　　D. 抑制 DNA 转录　　E. 与 DNA 转录无关

17. 真核细胞的遗传信息流向是

A. mRNA→DNA→蛋白质　　B. DNA→mRNA→蛋白质　　C. DNA→rRNA→蛋白质

D. DNA→tRNA→蛋白质　　E. DNA→hnRNA→蛋白质

18. DNA 复制过程中所需的引物是

A. RNA　　　　B. tRNA　　　　C. rRNA　　　　D. mRNA　　　　E. hnRNA

19. 翻译是指

A. mRNA 的合成　　　　B. tRNA 运输蛋白质　　　　C. rRNA 的合成

D. 核糖体大、小亚基的解聚　　E. 以 mRNA 为模板合成蛋白质的过程

20. 下列哪种结构在细胞周期中具有周期性变化

A. 核仁　　　　B. 核小体　　　C. 线粒体　　　　D. 核糖体　　　　E. 核孔

21. 在分子组成上染色体与染色质的区别在于

A. 有无组蛋白　　B. 非组蛋白的种类不一样　　C. 是否含有稀有碱基　　D. 碱基数量不同　　E. 没有区别

22. 构成袢环结构的纤维是

A. DNA 纤维　　B. 直径 10nm 的核小体纤维　　C. 直径 30nm 的螺线管纤维　　D. 染色单体纤维　　E. 以上都不是

23. 位于染色体末端由异染色质构成的结构是

A. 着丝粒　　　　B. 着丝点　　　C. 随体　　　　D. 端粒　　　　E. 次缢痕

24. 可与组蛋白结合形成染色体的是

A. DNA　　　　B. mRNA　　　C. 核糖体　　　　D. tRNA　　　　E. 溶酶体

25. 由 8 对辐射对称排列的小球状亚单位构成的复合体是

A. 核膜　　　　　　B. 核孔复合体　　　C. 核仁　　　　　　D. 核基质　　　　　　E. 染色质

（二）多项选择题

26. 哪些是染色质的结构

A. 组蛋白　　　　　B. 螺线管　　　　　C. 超螺线管　　　　D. DNA　　　　　　　E. 核小体

27. 哪些结构是由异染色质组成的

A. 着丝粒　　　　　B. 随体　　　　　　C. X 染色质　　　　D. 次缢痕　　　　　　E. 染色体长臂

28. 核仁中的核酸有

A. DNA　　　　　　B. mRNA　　　　　C. tRNA　　　　　　D. rRNA　　　　　　E. mtRNA

29. 细胞核的化学成分

A. DNA　　　　　　B. RNA　　　　　　C. 组蛋白　　　　　D. 非组蛋白　　　　　E. 脂类

30. 核被膜的主要功能是

A. 屏障功能　　　　B. 控制核质间的物质和信息交换　　　C. 参与染色质和染色体的定位

D. 参与蛋白质的合成　　E. 作为染色质复制时的附着点

31. 细胞核的大小与哪些因素有关

A. 细胞类型　　　　B. 细胞体积　　　　C. 细胞发育阶段　　D. 细胞功能形态　　　E. 遗传物质多少

32. 在蛋白质合成旺盛的细胞中

A. 核糖体增多　　　B. 核仁体积增大　　C. 核孔数目增多　　D. 异染色质增多　　　E. 粗面内质网增多

33. 光学显微镜下可观察到的结构是

A. 核仁　　　　　　B. 染色体　　　　　C. 染色质　　　　　D. 核小体　　　　　　E. 核膜

34. 对核仁的描述，下列选项正确的有

A. 核仁是无膜的网状结构　　　　　　　　B. 核仁的主要成分是蛋白质、RNA 和 DNA

C. 核仁的 DNA 具有转录 mRNA 的功能　　D. 核仁在间期存在，分裂期消失

E. 核仁组织着区具有 rRNA

35. 染色体的化学成分

A. DNA　　　　　　B. RNA　　　　　　C. 组蛋白　　　　　D. 非组蛋白　　　　　E. 脂类

36. 关于常染色质和异染色质的描述，下列选项正确的有

A. 常染色质分散，异染色质较致密　　　　B. 常染色质无转录功能，功能异染色质有转录功能

C. 常染色质染色较浅，异染色质染色较浅　　D. 常染色质常位于核中部，异染色质常位于核周边

E. 异染色质有结构异染色质和功能性异染色质之分

37. 下面哪些细胞器是双层膜围成的

A. 溶酶体　　　　　B. 高尔基复合体　　C. 线粒体　　　　　D. 内质网　　　　　　E. 细胞核

二、名词解释

1. 同源染色体　　　　　　2. 常染色质　　　　　　3. 异染色质

4. 核仁周期　　　　　　　5. 核仁组织区　　　　　6. 核骨架

7. 核孔复合体

三、简答题

1. 简述核仁的结构和功能。

2. 核被膜的结构与其他膜相结构的膜有何不同？说明其功能。

3. 说明染色体的构建。

4. 核基质的结构如何？有何功能？

四、论述题

1. 常染色质和异染色质在结构和功能上有何异同?
2. 试从细胞核与细胞其他结构的关系说明细胞的整体性。

【参考答案】

一、选择题

(一)单项选择题

1. D 2. C 3. E 4. E 5. A 6. A 7. B 8. A 9. C 10. B 11. D 12. E 13. D 14. C 15. E 16. D 17. B 18. A 19. E 20. A 21. E 22. C 23. D 24. A 25. B

(二)多项选择题

26. BCE 27. ABCD 28. AD 29. ABCDE 30. ABCDE 31. ABCD 32. ABCE 33. ABC 34. ABD 35. ABCD 36. ACDE 37. CE

二、名词解释

1. 同源染色体:指位于体细胞内的一对形态大小相同,一个来自母方,一个来自父方,遗传功能相似的一对染色体。

2. 常染色质:在间期细胞核内处于伸展状态的,可以编码结构蛋白和功能蛋白的,染色较浅、转录活性较强的染色质,多位于核的中央部位。

3. 异染色质:在间期细胞核中处于凝缩状态,结构致密,无转录活性,用碱性染料染色时着色较深的染色质,多位于核周近核膜处。

4. 核仁周期:在进行有丝分裂的细胞中,核仁出现一系列结构与功能的周期性变化,称为核仁周期。

5. 核仁组织区:是指在人类染色体组中的某些染色体次缢痕处的,携带 rRNA 基因并可形成核仁的关键部位。

6. 核骨架:或称核基质,是真核细胞间期核中除去染色质、核膜和核仁以外的部分,是一个以非组蛋白为主构成的纤维网架结构。

7. 核孔复合体:核孔并非简单的孔洞,电镜下可见核孔上镶嵌有复杂的结构,它是由多个蛋白质颗粒以特定方式排列而成的蛋白分子复合物,称为核孔复合体。

三、简答题

1. 核仁的结构和功能:见重点难点提要。

2. (1)不同

1)在细胞内只有核被膜与线粒体膜为双层膜结构,而其他的膜相结构的细胞器的膜均为单层膜。

2)核被膜内外膜融合形成独特的核孔结构,进行核内外物质交换;线粒体的膜上无孔道结构,只有外膜上具有筒状结构。

3)核被膜的内膜与外膜平行,而线粒体内膜向内突起形成嵴。

4)线粒体的内膜是高蛋白膜。

(2)核被膜的功能

1)区域化作用。

2)合成生物大分子。

3)控制细胞核与细胞质进行物质流和信息流。

3. 说明染色质的四级结构:见重点难点提要。

4. (1)核基质的结构:核基质是间期细胞核内除去染色质和核仁以外的网架体系和均质物质,充满整个核内空间,基本形态与细胞骨架相似,又称核骨架,结构上与核纤层及核孔有密切联系。

(2)核基质的功能

1）与 DNA 复制关系密切。

2）核骨架具备基因转录、RNA 加工及定向运输的作用。

3）与细胞分裂中的染色体构建和核的重建相关。

4）核骨架的结构和功能改变可导致细胞分化。

5）病毒在宿主细胞内的 DNA 复制、RNA 转录等均依赖于核骨架。

6）癌基因的表达是在核骨架上进行的。

四、论述题

1.（1）相同点：①基本结构单位都是脱氧核糖核苷酸。②都是双螺旋结构。③都与组蛋白结合。

（2）不同点

1）常染色质呈伸展状态，结构较疏松；异染色质呈凝集状态，结构较紧密。

2）常染色质多位于核的中央部位，着色较浅；异染色质多位于核周近核膜处，染色较深。

3）常染色质能活跃地进行复制和转录，可以编码结构蛋白质和功能蛋白质，含有单一序列和中度重复序列的 DNA；异染色质一般无转录活性，含有高度重复序列的 DNA。

4）常染色质在 S 期早、中期复制，异染色质在 S 期晚期复制。

2. 细胞核是真核细胞最大的、最重要的细胞器，是遗传物质储存、复制和转录的场所，是细胞生命活动的控制中心。但是细胞核不能脱离细胞的整体结构而独立存在，其功能的实现有赖于细胞核与其他细胞结构的共同作用。

（1）遗传信息的表达：细胞核储存着细胞的绝大部分遗传物质，遗传信息的表达需要在细胞核内形成 RNA，由 RNA 将遗传信息携带到细胞质中去合成蛋白质才能实现。蛋白质的合成和运输需要细胞质基质、核糖体、线粒体、粗面内质网、高尔基复合体、微管等细胞器共同作用。

（2）细胞内的能量代谢需要细胞核与线粒体、细胞质基质等共同作用：细胞在生命活动过程中所需要的能量主要由线粒体来提供，但是 mtDNA 的复制、转录和翻译，线粒体内进行氧化磷酸化，线粒体的生长、增殖、生理代谢等活动所需要的酶蛋白，都由核基因编码提供；而细胞质基质为线粒体的氧化磷酸化提供原料。

（3）细胞内的物质代谢需细胞核与多种细胞器协同作用：细胞膜负责物质交换；细胞质基质、内质网、高尔基复合体、线粒体、溶酶体、过氧化物酶体等参与物质的合成与分解；微管、微丝、中等纤维等负责物质转运；线粒体为物质代谢过程提供能量；核基因为物质代谢提供酶和蛋白质合成所需要的遗传信息。

（4）细胞的信息传递依靠细胞核、细胞膜、微管、微丝、中间纤维等共同承担。

（5）细胞的增殖由细胞核、中心体、微管、微丝、中间纤维、核糖体、线粒体等共同参与。

因此，细胞是一个整体，细胞核只有与其他结构协同作用，才能完成传递遗传信息，控制细胞生命活动的功能。

（陈　萍）

第九章　基因信息的传递与蛋白质合成

【重点难点提要】

一、基因及其结构

1. 基因及其信息流向

（1）概念：基因（gene）是细胞内遗传物质的最小功能单位，是负载有特定遗传信息的 DNA 片段。基因组（genome）是指细胞或生物体的一套完整的单倍体遗传物质，是所有染色体上全部基因和基因间的 DNA 的总和，它含有一个生物体进行各种生命活动所需要的全部遗传信息。

（2）分类：目前一般将基因分为结构基因和调控基因。

结构基因是指编码非调控因子的任何蛋白质和 RNA 的基因，其表达产物如结构蛋白、酶、rRNA 和 tRNA 等；而调控基因是指通过编码蛋白质或 RNA 来调节其他基因的表达。

2. 中心法则　在细胞内，遗传信息的流向一般是 DNA→RNA→蛋白质。

中心法则包括：①DNA 的复制；②RNA 的转录；③蛋白质的翻译

遗传信息可反向传递，反转录酶能催化以 RNA 为模板合成 DNA，这是对中心法则的有益补充。

3. 基因的结构及特点

（1）原核细胞基因结构及特点：原核细胞结构基因序列是连续的（没有内含子）、功能相关的结构基因串联排列，受上游共同调控区的控制，同时转录和翻译，最终形成功能相关的几种蛋白质。原核细胞基因在转录后不需要剪切和加工。

（2）真核细胞基因结构及特点

1）真核细胞基因由多个功能区域组成。

A. 外显子和内含子：是指基因内部能够被转录，并能指导蛋白质生物合成的编码序列称为外显子；而在基因内部能够被转录，但不能指导蛋白质生物合成的非编码序列称为内含子。基因中外显子和内含子间隔排列。

B. 启动子：是基因上游的 DNA 序列，是控制转录的关键部位。

C. 终止子：是存在于基因末端具有转录终止功能的特定序列。

2）基因家族是真核细胞基因组中来源相同、结构相似、功能相关的一组基因，是由一个祖先基因经重复和变异形成的。

3）真核细胞基因组中含有中度重复序列和高度重复序列。

二、基因转录和转录后加工

1. 基因转录（transcription）　本质是一个以 DNA 双螺旋链中反义链为模板，以四种 NTP（ATP、CTP、GTP 和 UTP）为底物，在 RNA 聚合酶作用下，遵循碱基互补配对原则合成 RNA 的过程。RNA 合成的方向是 $5'→3'$。在 RNA 合成中不需要引物。

2. 原核细胞的基因转录

（1）RNA 聚合酶和 ρ 因子是原核细胞基因转录的主要因子。

（2）原核细胞基因转录的基本过程分为三个阶段：转录的起始阶段、转录的延长阶段和转录的终止阶段。

3. 真核细胞的基因转录和转录后加工

（1）真核细胞基因转录形成初始转录产物的基本过程与原核细胞相似，也分为转录的起始、延长和终止。原核细胞只有一种 RNA 聚合酶，而真核细胞有三种 RNA 聚合酶，分别是 RNA 聚合酶 I、RNA 聚合酶 II 和 RNA 聚合酶 III，它们专一性转录不同基因而生成不同产物。

（2）转录后加工

1）编码基因在 RNA 聚合酶 II 的催化下转录生成 hnRNA（不均一核 RNA），hnRNA 是 mRNA 的前体，hnRNA 经过加工形成成熟的 mRNA。加工过程如下。

A. 戴帽：5′末端加上"帽子"结构。

B. 加尾：3′末端加上"尾"结构。

C. 剪接：是将 RNA 前体分子中内含子切除，外显子拼接的过程。

2）rRNA 基因（rDNA）在 RNA 聚合酶 I 催化下，转录形成原始 rRNA 前体——45S rRNA，45S rRNA 与一些核糖体蛋白结合，最终剪切为 28S、18S 和 5.8S rRNA。

3）新合成的 tRNA 只有经过加工修饰后才能成为有活性的分子。

4）5S rRNA 由核外基因编码，在 RNA 聚合酶 III 的作用下转录生成，无需进一步的剪切加工。

三、蛋白质的生物合成

生物体内蛋白质的合成称为翻译（translation），是以 mRNA 的信息指导特定的氨基酸序列合成的过程。

1. 遗传密码

（1）遗传密码概念：在 mRNA 链上三个相邻的碱基可以决定一个特定的氨基酸，这种核苷酸三联体被称为密码子，共有 64 种密码子。除了 5′端和 3′端的非翻译区之外，整个 mRNA 链即是由串联排列的密码子组成，这样就把 mRNA 上的碱基排列顺序称为遗传密码。

（2）遗传密码的特点：①阅读方向 5′→3′；②具有简并现象；③连续性；④具有通用性。

（3）tRNA 既能识别 mRNA 上的密码子，又能携带特定的氨基酸。

2. 核糖体

（1）核糖体的化学组成：包括 rRNA 和蛋白质。

（2）核糖体的超微结构

1）核糖体由大、小亚基构成。

2）分类：①原核细胞核糖体 70S（50S、30S）；②真核细胞核糖体 80S（60S、40S）。

3）核糖体上存在多个与蛋白质多肽链合成密切相关的活性部位：①mRNA 结合位点；②P 位点；③A 位点；④转肽酶活性部位；⑤参与蛋白质合成因子的结合部位。

4）核糖体的种类：①游离核糖体，在细胞质基质中，主要合成细胞内的某些基础性蛋白；②附着核糖体，附着于核膜和内质网膜表面，主要合成细胞的分泌蛋白和膜蛋白。

3. 蛋白质合成的一般过程

（1）氨基酸活化是蛋白质生物合成的预备阶段：在氨酰-tRNA 合成酶作用下，氨基酸的羧基与 tRNA 3′末端的 CCA—OH 缩合成氨酰-tRNA。

（2）肽链合成起始：在起始因子的作用下，核糖体、mRNA 和起始氨酰-tRNA 装配为起始复合物。

（3）肽链延长：包括进位、成肽和移位三个步骤。

（4）肽链合成终止：①终止密码的辨认；②肽链和 mRNA 等释出；③核糖体大、小亚基解聚。

4. 肽链合成后的加工修饰

（1）一级结构的修饰：新生多肽链一级结构的修饰常通过化学反应进行，如磷酸化、甲基化、二硫键形成等，这往往能改变多肽链氨基酸的性质和组成，并为空间结构的形成提供基础。

（2）高级结构的修饰：包括亚基聚合、多肽折叠和辅基连接。

四、基因表达的调控

基因表达就是基因转录及翻译的过程。

1. 基因表达一般特点

（1）基因表达具有时间性和空间性

1）时间特异性：在不同时期和不同条件下基因表达的开启或关闭及基因活性的增加或减弱等，表现为分化、发育阶段一致的时间性，也称为阶段特异性（stage specificity）。

2）空间特异性：个体某一发育、生长阶段，同一基因产物在不同的组织器官中表达多少是不一样的。一种基因产物在个体的不同组织或器官中表达，即在个体的不同空间出现，即为基因表达的空间特异性（spatial　specificity）。这种特异性是由细胞在器官的分布决定的，故又称组织特异性（tissue specificity）。

（2）基因表达的方式

1）组成性表达（constitutive expression）：是指不太受环境变化而变化的一类基因。这类基因在一个生物个体的几乎所有细胞中持续表达，通常称管家基因。这类基因表达称为基本或组成性表达，如三羧酸循环的酶编码基因。

2）诱导和阻遏表达：这类基因表达极易受环境变化影响。在特定环境信号刺激下，相应的基因被激活，基因表达产物增加，这种基因表达方式称为诱导（induction）。这种基因是可诱导基因。相反，随环境条件变化而基因表达产物水平降低的现象称为阻遏（repression）。相应的基因被称阻遏基因。

2. 原核生物的基因表达调控

（1）特点

1）取决于环境因素及细胞对环境条件的适应。

2）在 DNA、转录和翻译三个水平上进行。

3）操纵子——原核生物转录调控的主要方式。

（2）操纵子（operon）：是基因表达的协调单位，由启动子、操纵序列及其所控制的一组功能上相关的结构基因所组成。操纵子是原核基因表达调控的一种重要的形式。

3. 真核生物的基因表达调控

（1）转录水平调控是真核细胞基因表达的主要控制点

1）顺式作用元件（cis-acting element）：与相关基因处于同一 DNA 分子上，能起调控作用的 DNA 序列，一般不转录任何产物，如启动子、增强子、终止子、沉默子等。

A. 启动子：是 RNA 聚合酶结合位点周围的一组转录控制组件。真核细胞启动子一般包括转录起始点及其上游 100~200bp 序列，包含有若干具有独立功能的 DNA 序列元件，每个元件长 7~30bp。

B. 增强子（enhancer）是一种能增强真核细胞某些启动子功能的 DNA 序列，不能启动基因的转录，但有增强启动子转录的作用。

C. 沉默子（silencer）：某些基因的负性调节元件，当其结合特异蛋白因子时，对基因转录起阻遏作用。沉默子的作用可不受序列方向的影响，也能远距离发挥作用，并可对异源基因的表达起作用。

2）反式作用因子：一个基因的产物（如蛋白质或 RNA）如对另一个基因的表达具有调控作用，则被称为反式作用因子（trans-acting factor）。

反式作用因子通过与顺式作用元件（启动子、增强子等）结合，改变 DNA 的构象影响转录。可激活（正调控）或阻遏（负调控）邻近基因的表达。

反式作用因子一般有两个必需的功能区域（结构域）。①DNA 结合域：与顺式作用元件识别、结合；②转录激活域：包括酸性激活域、谷氨酰胺富含域和脯氨酸富含域。

目前发现转录因子与 DNA 结合常见有以下几种：①锌指（zinc finger）结构；②螺旋-转角-螺旋（helix-turn-helix，HTH）；③螺旋-环-螺旋（helix-loop-helix，HLH）；④亮氨酸拉链（leucine zipper）。

3）染色质结构影响基因的转录：基因表达调控过程中所出现的一系列染色质位置、结构变化的过程，称为染色质重塑（chromatin remolding）。染色质重塑包括两个方面：①ATP 依赖型的染色质重塑，即利用 ATP 水解释放能量，可以使与核小体结合的 DNA 暴露出来，使核小体沿着 DNA 滑动并重新分布，在改变单个核小体结构的同时改变染色质的高级结构；②组蛋白共价修饰，即发生在组蛋白的修饰影响染色质的结构和基因表达。组蛋白修饰包括位点特异的乙酰化、磷酸化、甲基化、泛素化及相应修饰基团的去除。

【自 测 题】

一、选择题

（一）单项选择题

1. 真核细胞蛋白质合成时，起始复合物是

A. mRNA，精氨酰 tRNA，核糖体小亚基　　　　　B. mRNA，甲硫氨酰-tRNA，核糖体小亚基

C. mRNA，苏氨酰-tRNA，核糖体大亚基　　　　　D. mRNA，赖氨酰-tRNA，核糖体大、小亚基

E. mRNA，赖氨酰-tRNA，核糖体小亚基

2. DNA 复制时新链的合成是

A. 一条链 5′→3′，另一条链 3′→5′　　　　B. 两条链均为 3′→5′　　　　C. 两条链均为 5′→3′

D. 两条链均为连续合成　　　　　E. 两条链均为不连续合成

3. 真核细胞中 DNA 复制是在哪个部位进行的

A. 核蛋白体　　　　　B. 线粒体　　　　　C. 细胞核　　　　　D. 微粒体　　　　　E. 细胞质

4. DNA 复制需要：①解链酶；②引物酶；③DNA 聚合酶；④拓扑异构酶和；⑤连接酶，其作用顺序是

A. ①、②、③、④、⑤　　　　　B. ④、①、②、③、⑤　　　　　C. ①、④、③、②、⑤

D. ①、④、②、③、⑤　　　　　E. ④、③、②、⑤、①

5. 氯霉素抑制蛋白质合成，与其结合的是

A. 真核生物核糖体小亚基　　　　　B. 原核生物核糖体小亚基　　　　　C. 真核生物核糖体大亚基

D. 原核生物核糖体大亚基　　　　　E. 氨基酰- tRNA 合成酶

6. 蛋白质合成的方向是

A. 由 mRNA 的 3′端向 5′端进行　　　　B. 由 mRNA 的 5′端与 3′端进行　　　　C. 由肽链的 C 端向 N 端进行

D. 由肽链的 N 端与 C 端方向进行　　　　E. 由肽链的 N 端向 C 端进行

7. 蛋白质合成时，氨基酸的活化部位是

A. 烷基　　　　　B. 羧基　　　　　C. 氨基　　　　　D. 硫氢基　　　　　E. 羟基

8. 多核糖体指

A. 多个核糖体　　　　B. 多个核糖体小亚基　　　　C. 多个核糖体附着在一条 mRNA 上合成多肽链的复合物

D. 多个核糖体大亚基　　　　　E. 多个携有氨基酰 tRNA 的核糖体小亚基

9. 多肽链的氨基酸顺序直接取决于

A. rRNA B. tRNA C. DNA D. mRNA 的阅读框 E. mRNA 全长

10. 生物体编码氨基酸的密码子为

A. 4 个 B. 16 个 C. 20 个 D. 64 个 E. 61 个

11. 蛋白质合成的起始阶段需要的无机离子是

A. Na^+ B. K^+ C. Mg^{2+} D. Ca^{2+} E. Cl^-

12. 合成分泌蛋白的场所是

A. 线粒体内 B. 细胞核内 C. 滑面内质网内 D. 游离的核糖体 E. 膜结合的核糖体

13. 模板 DNA 的碱基序列是 3′—TGCAGT—5′，其转录出 RNA 碱基序列是

A. 5′—AGGUCA—3′ B. 5′—ACGUCA—3′ C. 5′—UCGUCU—3′

D. 5′—ACGTCA—3′ E. 5′—ACGUGT—3′

14. 识别 RNA 转录终止的因子是

A. α 因子 B. β 因子 C. σ 因子 D. ρ 因子 E. γ 因子

15. 下列关于 DNA 复制和转录的描述中哪项是错误的

A. 在体内以一条 DNA 链为模板转录，而以两条 DNA 链为模板复制

B. 在这两个过程中合成方向都为 5′→3′

C. 复制的产物通常情况下大于转录的产物

D. 两过程均需 RNA 引物

E. DNA 聚合酶和 RNA 聚合酶都需要 Mg^{2+}

16. 氨基酰 tRNA 中，tRNA 与氨基酸的结合键是

A. 盐键 B. 磷酸二酯键 C. 酯键 D. 肽键 E. 糖苷键

17. 关于密码子错误的叙述是

A. AUG 表示起始密码 B. 密码子 AUG 代表甲酰蛋氨酸

C. 除 AUG 外，有时 GUG 是原核生物的起始信号 D. 并非所有的 AUG 都是起始信号

E. 密码子 AUG 代表蛋氨酸

18. 决定基因表达空间特异性的是

A. 器官分布 B. 个体差异 C. 细胞分布 D. 发育时间 E. 生命周期

19. 增强子的作用是

A. 促进结构基因转录 B. 抑制结构基因转录 C. 抑制阻遏蛋白 D. 抑制操纵基因表达 E. 抑制启动子

20. 顺式作用元件是指

A. 具有转录调节功能的蛋白质 B. 具有转录调节功能的 DNA 序列 C. 具有转录调节功能的 RNA 序列

D. 具有转录调节功能的 DNA 和 RNA 序列 E. 具有转录调节功能的氨基酸序列

21. 反式作用因子是指

A. DNA 的某段序列 B. RNA 的某段序列 C. mRNA 的表达产物

D. 作用于转录调节的蛋白质因子 E. 组蛋白与非组蛋白

22. 以 TATA 为核心的 TATA 盒，最常见于

A. 原核生物的启动子中 B. 原核生物的操纵基因区 C. 原核生物的结构基因区

D. 增强子中 E. 真核生物的启动子中

23. 以 TATA 为核心的 TATA 盒，最常见于

A. 原核生物的启动子中 B. 原核生物的操纵基因区 C. 真核生物的启动子中

D. 增强子中 E. 原核生物的结构基因区

24. 合成阻遏蛋白的基因是

A. 结构基因   B. 启动基因   C. 操纵基因   D. 调节基因   E. 信息基因

25. 基因表达调控的主要环节是

A. 转录起始   B. 转录后加工   C. 基因扩增   D. 翻译起始   E. 翻译后加工

26. 能与 DNA 结合并阻止转录的蛋白质称

A. 正调控蛋白   B. 反式作用因子   C. 阻遏物   D. 诱导物   E. 分解代谢基因活化蛋白

27. RNA 聚合酶结合于操纵子的位置是

A. 结构基因起始区   B. CAP 结合位点   C. 调节基因   D. 操纵序列   E. 启动序列

28. RNA 聚合酶 Ⅱ 各转录因子（TF Ⅱ）中，能与 TATA 盒直接结合的是

A. TFIIA   B. TFIIB   C. TFIID   D. TFIIE   E. TFIIF

（二）多项选择题

29. DNA 复制的特点有

A. 半保留复制   B. 半不连续复制   C. 不对称复制   D. 需引物   E. 高保真性

30. 参与蛋白质合成的酶有

A. 氨酰-tRNA 合成酶   B. RNA 聚合酶   C. 转肽酶   D. 肽酶   E. 移位酶

31. 与蛋白质合成有关的物质

A. mRNA   B. tRNA   C. Rrna   D. ATP   E. RF

32. 蛋白质是重要的生命大分子，因为它

A. 是细胞的主要组成成分   B. 能自我复制   C. 可催化细胞内的生化反应

D. 传递遗传信息   E. 为细胞的生命活动供能

33. 蛋白质生物合成时的起始复合物包括

A. mRNA   B. 起始因子 IF_3 C. 核糖体大、小亚基   D. ATP   E. 起始氨酰-tRNA

34. mRNA 分子中的密码子 AUG 具有哪些功能

A. 代表终止子   B. 代表甲硫氨酸   C. 代表赖氨酸

D. 代表起始密码子   E. 代表谷氨酸

35. 乳糖操纵子的作用方式是

A. 半乳糖与阻遏蛋白结合使操纵序列开放   B. 阻遏蛋白经变构后与启动序列结合

C. 结构基因的产物与阻遏蛋白结合   D. 诱导物使阻遏蛋白发生变构不再与 DNA 结合

E. 乳糖可直接与阻遏蛋白结合使其变构

36. 增强子是

A. 是远离转录起始的 DNA 调节序列   B. 决定基因表达的时间、空间特异性   C. 可增强启动子转录活性

D. 作用方式与其方向距离无关   E. 作用方式与其方向和距离关系密切

37. 基因表达的规律性可表现为

A. 时间特异性   B. 组织特异性   C. 细胞特异性   D. 阶段特异性   E. 空间特异性

38. 基因表达调控的基本特点是

A. 多级调控   B. 转录起始是调控的关键环节   C. 基因转录激活需要特异 DNA 调节序列

D. 基因转录激活需要特异调节蛋白   E. 所有基因转录由一种 RNA 聚合酶完成

二、名词解释

1. transcription   2. codon   3. 核糖体

4. 简并   5. 翻译   6. 操纵子

7. 启动子   8. 增强子   9. 反式作用因子

10. 染色质重塑

三、简答题

1. 简述 DNA 转录过程。

2. 蛋白质生物合成体系有哪些物质组成，它们各起什么作用？

3. 遗传密码有何特征？

4. 什么是顺式调节作用、顺式作用元件？顺式作用元件包括哪些？

四、论述题

1. 试述生物基因表达调控的特点。

2. 概述生物基因表达的调控方式。

【参 考 答 案】

一、选择题

（一）单项选择题

1. B　2. C　3. C　4. C　5. D　6. E　7. B　8. C　9. D　10. E　11. C　12. E　13. B　14. D　15. D　16. C　17. A　18. C　19. A　20. B　21. D　22. E　23. C　24. D　25. A　26. C　27. D　28. C

（二）多项选择题

29. ABDE　30. ACE　31. ABCDE　32. AC　33. ACE　34. BD　35. AD　36. ABCD　37. ABCDE　38. ABCD

二、名词解释

1. transcription：即转录，是指以 DNA 为模板，在 RNA 聚合酶作用下，以 4 种 NTP（ATP、CTP、GTP 和 UTP）为底物，遵循碱基互补配对原则合成 RNA 的过程。

2. codon：即指密码子，在 mRNA 分子中，三个相邻的碱基可以决定一个特定的氨基酸或提供终止信号，这种核苷酸三联体称为密码子。

3. 核糖体，是由 rRNA 和蛋白质组成的颗粒，为活细胞合成蛋白质的场所。

4. 简并：是由多个不同的密码子编码同一种氨基酸的现象。

5. 翻译：生物体内蛋白质的合成称为翻译（translation），是以 mRNA 的信息指导特定的氨基酸序列合成的过程。

6. 操纵子：原核生物的几个功能相关的结构基因往往排列在一起，转录生成一个 mRNA，然后分别翻译成几种不同的蛋白质。这些蛋白可能是催化某一代谢过程的酶，或共同完成某种功能。这些结构基因与其上游的启动子，操纵基因共同构成转录单位，称操纵子。

7. 启动子：是 RNA 聚合酶结合位点周围的一组转录控制组件，包括至少一个转录起始点。在真核基因中增强子和启动子常交错覆盖或连续。有时，将结构密切联系而无法区分的启动子、增强子样结构统称启动子。

8. 增强子：是一种能够提高转录效率的顺式调控元件，最早是在 SV40 病毒中发现的长约 200bp 的一段 DNA，可使旁侧的基因转录提高 100 倍，其后在多种真核生物，甚至在原核生物中都发现了增强子。增强子通常占 100～200bp 长度，也和启动子一样由若干组件构成，基本核心组件常为 8～12bp，可以单拷贝或多拷贝串联形式存在。

9. 反式作用因子：大多数真核转录调节因子由某一基因表达后，通过与特异的顺式作用元件相互作用（DNA-蛋白质相互作用），或通过与其他调节因子的相互作用（蛋白质-蛋白质相互作用），反式激活另一基因的转录，故称反式作用蛋白或反式作用因子。

10. 染色质重塑：是指基因表达调控过程中所出现的一系列染色质位置、结构变化的过程，称为染色质重塑（chromatin remolding）。

三、简答题

1. DNA 的转录过程：①RNA 聚合酶与启动子结合。②转录起始。③转录延长。④转录终止。

2. 蛋白质合成过程，亦即 mRNA 的翻译过程，是一个有百种以上生物大分子参与的十分复杂的过程。此过程需要 mRNA 作模板，氨基酸做原料，tRNA 作搬运氨基酸的特异工具，核糖体作为装配机器；核糖体上具有转肽酶活性部位，可催化肽键合成；这一合成体系还需各种氨酰-tRNA 合成酶对氨基酸进行活化；起始因子、延长因子、释放因子等多种蛋白质因子参与核糖体循环；ATP/GTP 供给能量；镁、钾等无机离子参与合成。

3. 遗传密码的特征：①方向性。②简并性。③连续性。④通用性。

4. 一些真核细胞转录调节蛋白可特异识别、结合自身基因的调节序列，调节自身基因的开启或关闭，为顺式调节作用。顺式作用元件是位于编码基因两侧的、可影响自身基因表达活性的特异 DNA 序列，通常是非编码序列。不同基因具有各自特异的顺式作用元件。在不同真核基因的顺式作用元件中有一些共有序列，如 TATA 盒、CAAT 盒等。这些共有序列是顺式作用元件的核心序列，它们是真核细胞 RNA 聚合酶或特异转录因子的结合位点。根据顺式作用元件在基因中的位置、转录激活作用的性质及发挥作用的方式，可将顺式作用元件分为启动子、增强子及沉默子等。

四、论述题

1. 真核基因表达调控的最基本环节也是转录起始，而且某些机制是相同的，但也存在明显差别。

（1）RNA 聚合酶：真核有 3 种 RNA 聚合酶，分别负责 3 种 RNA 转录。

（2）活性染色质结构变化：当基因被激活时，可观察到染色体相应区域发生结构和性质变化。包括对核酸酶敏感，DNA 拓扑结构变化，DNA 碱基修饰变化和组蛋白变化。

（3）正调节占主导地位：真核 RNA 聚合酶对启动子的亲和力极小或根本没有实质性的亲和力，二者的结合必须依赖一种或多种激活蛋白。尽管发现少量基因存在负性顺式作用元件，但普遍存在的是正性调节机制。

（4）转录与翻译分隔进行：真核细胞有胞核及胞质等区间分布，转录与翻译在不同亚细胞结构中进行。

（5）转录后加工：真核基因的内含子和外显子均被转录，内含子在转录后要被剪接去除，使外显子连接在一起，形成成熟的 mRNA。不同剪接方式可形成不同的 mRNA，翻译出不同的多肽链。因此，转录后加工是真核基因表达调控的另一重要环节。

2.（1）DNA 水平的调控：①基因丢失，即 DNA 片段或部分染色体的丢失；②基因扩增，即特定基因在特定阶段的选择性扩增；③ DNA 序列的重排，如哺乳动物免疫球蛋白各编码区的连接；④染色质结构的变化，通过异染色质关闭某些基因的表达；⑤DNA 的修饰，如 DNA 的甲基化关闭某些基因的活性。

（2）转录水平的调控：①染色质的活化，如核小体结构的解开、非组蛋白的作用等；②转录因子的作用，转录因子与 RNA 聚合酶及特定的 DNA 序列（启动子、增强子）相互作用实现对转录的调控。

（3）转录后水平的调控：①mRNA 前体的加工，如 5'端加帽、3'端加尾、拼接、修饰、编辑等。②mRNA 的选择性拼接，如抗体基因的选择性拼接。

（4）翻译水平的调控：①控制 mRNA 的稳定性，如 5'端的帽子结构、3'端 polyA 尾巴和 mRNA 与蛋白质的结合有利于 mRNA 的稳定。②反义 RNA 的作用，反义 RNA 可以选择性抑制某些基因的表达。③选择性翻译，如血红素缺乏时，通过级联反应使 IF_2 磷酸化。④抑制翻译的起始。

（5）翻译后水平的调控：①多肽链的加工和折叠，如糖基化、乙酰化、磷酸化、二硫键形成、蛋白质的降解。②氨基酸的重排，如合成伴刀豆蛋白 A 时，氨基酸序列大幅度地被剪接重排。③通过肽链的断裂等的加工方式产生不同的活性多肽。

（郑立红　于海涛）

第十章 细胞连接与细胞粘连

【重点难点提要】

一、细胞连接

相邻细胞之间、细胞与细胞外基质之间在质膜接触区域特化形成的连接结构称为细胞连接（cell junction）。细胞连接根据其结构和功能特点可分为三大类：紧密连接（tight junction）、锚定连接（anchoring junction）和通讯连接（communicating junction）。

1. 紧密连接 广泛分布于各种上皮细胞。紧密连接区域是一种"焊接线"样的带状网络，焊接线又称嵴线，两个相邻细胞膜上的嵴线由特殊的跨膜蛋白排列形成蛋白质颗粒条索，将细胞间隙封闭起来。其主要功能如下。

（1）封闭上皮细胞的间隙，形成一道与外界隔离的封闭带，防止细胞外物质无选择地通过细胞间隙进入组织，或组织中的物质回流入腔中，保证组织内环境的稳定。

（2）形成上皮细胞质膜蛋白与膜脂分子侧向扩散的屏障，从而维持上皮细胞的极性。

2. 锚定连接 主要作用是形成能够抵抗机械张力的牢固黏合。

（1）黏合连接：与肌动蛋白纤维相连的锚定连接。

1）黏合带：细胞与细胞之间的黏合连接称为黏合带。

2）黏合斑：细胞与细胞外基质间的黏合连接称为黏合斑。

（2）桥粒连接：与中间纤维相连的锚定连接。

1）桥粒：细胞与细胞之间的连接称为桥粒。

2）半桥粒：细胞与细胞外基质间的连接称为半桥粒。

3. 通讯连接 生物体大多数组织相邻细胞膜上存在特殊的连接通道，以实现细胞间电信号和化学信号的通讯联系，从而完成群体细胞间的合作和协调，这种连接形式称为通讯连接。

（1）间隙连接（gap junction）：在连接处相邻细胞膜之间有 2～4nm 的缝隙，因而又称为缝隙连接。间隙连接的基本结构单位是连接子，相邻质膜上的两个连接子相对接而连在一起，通过中央孔道使相邻细胞质联通。其功能如下。

1）加强相邻细胞的连接。

2）介导细胞间通讯。通讯方式包括代谢偶联和电偶联。

（2）化学突触：主要存在于神经细胞之间和神经细胞与肌细胞的接触部位，其作用是通过释放神经递质来传导兴奋，由突触前膜、突触后膜和突触间隙三部分组成。

二、细胞黏附分子与细胞粘连

细胞黏附分子是广泛存在于细胞膜上的一类跨膜糖蛋白，是介导细胞与细胞之间、细胞与细胞外基质之间相互结合并起黏附作用的一类细胞表面分子。可分为四类：钙黏素、选择素、免疫球蛋白超家族及整联蛋白家族。

（1）细胞黏附分子都是跨膜糖蛋白，分子结构由三部分组成。

1）较长的胞外区，肽链的 N 端部分带有糖链，是与配体识别的部位。

2）跨膜区，多为一次跨膜的疏水区。

3）胞质区，肽链的 C 端部分，一般较小，或与质膜下的细胞骨架成分结合，或与胞内的信号传导分子结合，从而介导细胞之间及细胞与细胞外基质之间的黏附。

（2）细胞黏附分子通过三种方式介导细胞识别与黏着。

1）同亲型结合。

2）异亲型结合。

3）连接分子依赖性结合。

【自 测 题】

一、选择题

（一）单项选择题

1. 能起到封闭细胞间隙的细胞间连接方式是

A. 桥粒连接　　　B. 缝隙连接　　　C. 紧密连接　　　D. 中间连接　　E. 黏着斑

2. 可机械地将细胞黏着在一起的细胞间连接方式是

A. 桥粒连接　　　B. 缝隙连接　　　C. 紧密连接　　　D. 闭锁小带　　E. 耦联连接

3. 带状桥粒主要通过哪种蛋白使相邻细胞黏合

A. 网格蛋白　　　B. 连环蛋白　　C. 肌动蛋白　　　D. 糖蛋白　　　E. 钙黏蛋白

4. 组成缝隙连接的主要蛋白是

A. 网格蛋白　　　B. 连接子蛋白　　C. 肌动蛋白　　　D. 糖蛋白　　　E. 钙黏蛋白

5. 具有细胞间通讯功能的连接是

A. 桥粒连接　　　B. 缝隙连接　　　C. 紧密连接　　　D. 中间连接　　E. 黏着斑

6. 细胞内中间纤维通过（　　）连接方式，可将整个组织的细胞连成一个整体。

A. 黏合带　　　　B. 黏合斑　　　　C. 带状桥粒　　　D. 桥粒　　　　E. 缝隙连接

7. 体外培养的成纤维细胞通过（　　）附着在培养瓶上

A. 黏合带　　　　B. 黏合斑　　　　C. 桥粒　　　　　D. 半桥粒　　　E. 缝隙连接

8. 有肌动蛋白参与的细胞连接类型是

A. 黏合带　　　　B. 桥粒　　　　　C. 紧密连接　　　D. 间隙连接　　E. 缝隙连接

9. 从上皮细胞的顶端到底部，各种细胞表面连接出现的顺序是

A. 紧密连接→桥粒→半桥粒→黏合带　　　　B. 桥粒→半桥粒→黏合带→紧密连接

C. 黏合带→紧密连接→半桥粒→桥粒　　　　D. 紧密连接→黏合带→半桥粒→桥粒

E. 紧密连接→黏合带→桥粒→半桥粒

10. 紧密连接存在于

A. 结缔组织　　　B. 血液细胞间　　C. 肌肉细胞间　　D. 上皮细胞间　E. 神经细胞间

（二）多项选择题

11. 细胞连接的方式包括

A. 封闭连接　　　B. 锚定连接　　　C. 通信连接　　　D. 细胞粘连　　E. 网络连接

12. 下列哪些属于通信连接

A. 间隙连接　　　B. 化学突触　　　C. 锚定连接　　　D. 中间连接　　E. 紧密连接

13. 下列哪些属于细胞粘连的介导因子

A. 钙黏素　　　　B. 选择素　　　　C. 整合素　　　　D. 免疫球蛋白超家族　　E. 维生素

14. 依赖缝隙连接完成的生命活动有

A. 神经元间的电突触处冲动传导　B. 细胞吞噬　C. 心肌收缩　D. 细胞分裂　E. 小肠平滑肌蠕动

15. 影响缝隙连接通道开闭的因素有

A. 膜电位　　　　B. pH　　　　C. Ca^{2+}浓度　　　　D. 细胞受损　　　　E. 连接蛋白变构

二、名词解释

1. 细胞连接　　　　　　2. 半桥粒　　　　　　3. 锚定连接

4. 化学突触

三、简答题

1. 通常将动物细胞连接划分为哪几种基本类型？

2. 目前所知的细胞黏附分子主要有哪几类？

3. 桥粒和黏合带处的细胞黏附分子属于哪一种类型？各连接哪一类细胞骨架？

四、论述题

举例说明细胞粘连是普遍的细胞生命现象之一。

【参考答案】

一、选择题

（一）单项选择题

1. C　2. A　3. E　4. B　5. B　6. D　7. B　8. A　9. E　10. D

（二）多项选择题

11. ABC　12. AB　13. ABCD　14. AC E　15. ABCD E

二、名词解释

1. 细胞连接：相邻细胞之间、细胞与细胞外基质之间在质膜接触区域特化形成的连接结构称为细胞连接，以加强细胞间的机械联系和维持组织结构的完整性、协调性。

2. 半桥粒：是上皮细胞与基膜之间的连接装置，因其结构相当于半个桥粒而得名。

3. 锚定连接：是较为广泛地存在于多种组织的一类细胞连接形式，也有人称其为黏合连接，由于细胞骨架系统参与了黏合连接结构的形成，因此使之具有了增强组织支持、抵抗机械张力的重要作用。

4. 化学突触：是一种常见于可兴奋细胞之间的通讯连接方式，并因其通过神经递质的释放来传导神经冲动而得名。

三、简答题

1. 依电镜观察资料显示的结构形式及功能特点，通常将动物细胞连接划分为紧密连接，锚定连接和通讯连接。

2. 目前所知的细胞黏附分子主要有钙黏素、选择素，整联蛋白家族及免疫球蛋白超家族。

3. 桥粒和黏合带处的细胞黏附分子均属于钙黏素。桥粒与细胞内的中间纤维连接，黏合带与细胞内的肌动蛋白纤维连接。

四、论述题

细胞粘连是绝大多数细胞所共有的基本生物学特性，也是经常地发生在细胞生物界极为普遍的生命现象之一。例如，某些单细胞的原核生物或较为简单的真核生物，在营养匮乏等状态下，通常会粘连聚集在一起，以孢子体的形式度过不良的环境而维持存活；在高等生物，细胞粘连现象几乎伴随、贯穿于个体发生发育的全过程。精卵细胞的受精结合、胚泡在子宫内膜的植入，莫不与细胞黏合密切相关；胚胎发育过程中，同类细胞彼此间的相互粘连是各种组织结构实现的重要途径；在成体体内，细胞的粘连不仅是维持机体整体组织结构特征的重要形式之一，而且也是多种组织结构基本功能状态的一种体现。有体外实验证明，同类型组织的细胞甚至会超越物种的差异而彼此相互粘连。例如，鼠的肝细胞不与其肾细胞粘连，但是却趋向于和鸡肝细胞之间粘连。许多病理现象或病理过程，往往也会表现为细胞粘连性的异常。

（陈　萍）

第十一章 细胞外基质及其与细胞的相互作用

【重点难点提要】

细胞外基质（extracellular matrix，ECM）是由细胞分泌到细胞外空间，由细胞分泌蛋白和多糖构成的精密有序的网络结构。

一、细胞外基质的主要组成成分

1. 氨基聚糖与蛋白聚糖

（1）氨基聚糖（glycosaminoglycan，GAG）：是由重复的二糖单位构成的直链多糖，其二糖单位通常由氨基己糖（N-乙酰氨基葡萄糖或 N-乙酰氨基半乳糖）和糖醛酸组成，但硫酸角质素中糖醛酸由半乳糖代替。氨基聚糖依糖残基的性质、连接方式、硫酸化数量及存在的部位可分为 6 种：透明质酸、硫酸软骨素、硫酸皮肤素、硫酸乙酰肝素、肝素、硫酸角质素。

透明质酸（hyaluronic acid，HA）是唯一不发生硫酸化的氨基聚糖，其糖链特别长。由 5000～10 000 个二糖重复单位重复排列构成。由于 HA 分子表面有大量带负电荷的亲水基团，可结合大量水分子，因而即使浓度很低也能形成黏稠的胶体。

（2）蛋白聚糖：由氨基聚糖与核心蛋白组成。核心蛋白是单链多肽，一条核心蛋白分子上可以连接 1～100 条以上相同或者不同的氨基聚糖，形成蛋白聚糖单体。若干个蛋白聚糖单体通过连接蛋白以非共价键与透明质酸结合形成蛋白聚糖多聚体。

（3）氨基聚糖与蛋白聚糖的功能：①使组织具有弹性和抗压性。②对物质转运具有选择渗透性。③角膜中蛋白聚糖具有透光性。④氨基聚糖具有抗凝血作用。⑤细胞表面的蛋白聚糖有传递信息作用。⑥氨基聚糖和蛋白聚糖与组织老化有关。

2. 胶原与弹性蛋白

（1）胶原：是动物体内含量最丰富的蛋白质，占人体蛋白质总量的 25%～30%。它遍布于体内各种器官和组织，是细胞外基质的框架结构。胶原可由成纤维细胞、软骨细胞、成骨细胞及某些上皮细胞合成并分泌到细胞外。

1）胶原的分子结构：胶原分子为三股螺旋结构，由 3 条 α 多肽链盘绕而成。多肽链中甘氨酸含量占 1/3，同时富含脯氨酸和赖氨酸。肽链中的氨基酸组成规律的三肽重复顺序甘氨酸-X-Y。

2）胶原的类型：目前已发现的胶原类型多达 26 种，每型胶原由 3 条相同或不同的 α 链构成，每种 α 链由一种基因编码。各种类型胶原在体内分布有一定的组织特异性。

3）胶原的合成装配与降解：胶原的合成与组装始于内质网，并在高尔基体中进行修饰，最后在细胞外组装成胶原纤维。胶原分子可被胶原酶降解。

4）胶原的功能：胶原在不同组织中行使不同的功能；与细胞的增殖和分化有关；哺乳动物在发育的不同阶段表达不同类型的胶原。

5）胶原与疾病：由于胶原的含量、结构、类型或代谢异常而导致的疾病称为胶原病。①维生素 C 缺乏导致胶原的羟化反应不能充分进行，不能形成正常的胶原原纤维，结果非羟化的前 α 链在细胞内被降解。因而导致血管、肌腱、皮肤变脆，易出血，称为坏血病。②遗传性胶原病。③免疫性胶原病。

（2）弹性蛋白：是构成细胞外基质中弹性纤维网络的主要成分。人体的一些器官组织，如皮肤、大动脉血管和肺等，在执行生理功能过程中，既需要强度也需要弹性，在受到外力牵拉后可迅速恢复原状，由弹性蛋白形成的弹性纤维网络就赋予组织这种特性。

3. 细胞外基质中的非胶原性黏合蛋白
这类蛋白质分子的共同特点是既可以与细胞结合，

又可以与细胞外基质中其他大分子结合，从而使细胞与细胞外基质相互黏着。纤连蛋白和层黏连蛋白是当前研究得最清楚的两种非胶原性黏合蛋白。

二、基膜

基膜是细胞外基质特化而成的一种柔软、坚韧的网膜结构。基膜位于上皮细胞和内皮细胞的基部，或包绕在肌细胞、脂肪细胞、施万细胞周围，将细胞与结缔组织隔离。

基膜主要由4种成分组成：IV型胶原、层黏连蛋白、内联蛋白和渗滤素。

三、细胞外基质与细胞间的相互作用

一方面细胞通过控制基质成分的合成和降解决定细胞外基质的组成，另一方面细胞外基质对细胞的各种生命活动有着重要的影响。两者相互依存，相互影响，共同决定着组织的结构与功能。

【自 测 题】

一、选择题

（一）单项选择题

1. 形成凝胶样结构的细胞外基质成分是

A. 胶原　　　　　B. 蛋白聚糖　　　　C. 弹性蛋白　　　　D. 纤连蛋白　　　　E. 层黏连蛋白

2. 与氨基聚糖组成无关的成分是

A. *N*-乙酰氨基葡萄糖　　B. *N*-乙酰氨基半乳糖　　C. 葡萄糖醛酸　D. *N*-乙酰葡萄糖胺　E. 艾杜糖醛酸

3. 蛋白聚糖能够吸水膨胀而形成凝胶样结构的原因是

A. 蛋白质带有正电荷　B. 糖基带有负电荷　C. 糖链短　D. 糖链组成的多样性　E. 蛋白质与糖链紧密结合

4. 胶原分子中构成α螺旋肽链的三肽重复序列是

A. 甘氨酸-脯氨酸-赖氨酸　　　B. 甘氨酸-赖氨酸-脯氨酸　　　C. 甘氨酸-蛋氨酸-脯氨酸

D. 色氨酸-蛋氨酸-精氨酸　　　E. 精氨酸-甘氨酸-天冬氨酸

5. 胶原在细胞外基质中的主要存在形式是

A. α螺旋肽链　　B. 前胶原分子　　C. 胶原分子　　　D. 胶原纤维　　　E. 前体链

6. 成骨发育不全综合征是由于哪类细胞外基质成分的装配异常造成的

A. 胶原　　　　　B. 蛋白聚糖　　　　C. 弹性蛋白　　　　D. 纤连蛋白　　　　E. 层黏连蛋白

7. 纤连蛋白分子中的二聚体通过何种方式相互交联

A. 疏水键　　　　B. 离子键　　　　　C. 二硫键　　　　　D. 氢键　　　　　　E. 肽键

8. 能够介导细胞与基质间形成黏着斑的细胞外基质成分是

A. 层黏连蛋白　　B. 血浆纤连蛋白　　C. 寡聚纤连蛋白　　D. 基质纤连蛋白　　E. 弹性纤维

9. 构成各种上皮细胞基膜的胶原是

A. I型胶原　　　B. II型胶原　　　　C. III型胶原　　　D. IV型胶原　　　　E. V型胶原

10. 胶原羟化受阻可导致

A. 成骨发育不全证　B. 马方综合征　　C. 类风湿关节炎　　D. 坏血病　　　　　E. 爱-唐综合征

11. 胶原分子装配成胶原纤维的过程发生于

A. 细胞质　　　　B. 内质网膜　　　　C. 高尔基体　　　　D. 细胞外基质　　　E. 内质网腔

12. 分子结构中不含糖的细胞外基质成分是

A. 胶原　　　　　B. 蛋白聚糖　　　　C. 层黏连蛋白　　　D. 透明质酸　　　　E. 弹性蛋白

13. 使组织具有抗压性的细胞外基质成分是

A. 胶原　　　　　B. 蛋白聚糖　　　　C. 弹性蛋白　　　　D. 纤连蛋白　　　　E. 层黏连蛋白

14. 胶原分子由几条α螺旋肽链组成

A. 1条　　　　　B. 2条　　　　　　C. 3条　　　　　　D. 4条　　　　　　E. 5条

15. 为防止结构的过度伸展而使组织撕裂，弹性纤维通常与下列哪种细胞外基质成分结合

A. 纤连蛋白　　　　B. 胶原　　　　C. 层黏连蛋白　　　　D. 蛋白聚糖　　　　E. 氨基聚糖

16. 下列哪种成分不是细胞外基质的组成成分

A. 胶原　　　　B. 蛋白聚糖　　　　C. 弹性蛋白　　　　D. 纤连蛋白　　　　E. 角蛋白

17. 胚胎发育中最早出现的细胞外基质成分是

A. 纤连蛋白　　　　B. 层黏连蛋白　　　　C. 角蛋白　　　　D. 蛋白聚糖　　　　E. 胶原

18. 下列氨基聚糖中不发生硫酸化的是

A. 肝素　　　　B. 硫酸软骨素　　　　C. 硫酸皮肤素　　　　D. 透明质酸　　　　E. 硫酸角质素

（二）多项选择题

19. 下列哪些属于细胞外基质成分

A. 微管　　　　B. 微丝　　　　C. 纤连蛋白　　　　D. 肌动蛋白丝　　　　E. 弹性蛋白

20. 下列有关层黏连蛋白的叙述正确的是

A. 由三条多肽链通过二硫键相连接　　　　B. 属于糖蛋白　　　　C. 属于Ⅳ胶原基质成分

D. 含有能与细胞表面受体结合的 RGD 模序　　　　E. 主要存在于基膜层

21. 下列关于弹性蛋白描述正确的是

A. 是细胞外基质中非糖基化的纤维状蛋白　　　　B. 富含脯氨酸和甘氨酸　　　　C. 是高度疏水的

D. 呈网络状　　　　E. 使细胞和细胞外基质互相黏着

22. 下列对于层黏连蛋白的描述正确的是

A. 在血浆内能促进血液凝固　　　　B. 促进血管创伤面的修复　　　　C. 有 RGD 三肽序列

D. 是基膜中的黏着糖蛋白　　　　E. 主要由间质细胞分泌产生

23. 胶原分子结构特点有

A. 含有三股右手螺旋　　　　B. 甘氨酸占 1/3、脯氨酸占 1/4　　　　C. 无色氨酸

D. 半衰期短　　　　E. 胶原中重复出现的模序有 Gly-Pro- X

24. 下列属于糖蛋白的有

A. 血型抗原　　　　B. 凝血酶原　　　　C. 胶原蛋白　　　　D. 纤连蛋白　　　　E. 层黏连蛋白

25. 叙述氨基聚糖正确的是

A. 包括透明质酸、肝素、硫酸软骨素　　　　B. 由二糖单位重复连接而成　　　　C. 与核心蛋白共价结合

D. 含有糖醛酸　　　　E. 可分支

二、名词解释

1. 细胞外基质　　　　2. 蛋白聚糖　　　　3. 纤连蛋白

三、简答题

1. 氨基聚糖的种类及功能。

2. 常见的氨基聚糖有哪几种？各有何结构特征？

四、论述题

阐明细胞外基质的类型及其功能。

【参 考 答 案】

一、选择题

（一）单项选择题

1.B　2.D　3.B　4.A　5.D　6.A　7.C　8.D　9.D　10.D　11.D　12.E　13.B　14.C　15.B　16.E　17.B　18.D

（二）多项选择题

19. CE　20. ABDE　21. ABCD　22. CD　23. ABCE　24. ABCDE　25. ABCD

二、名词解释

1. 细胞外基质：由细胞分泌到细胞外空间，由细胞分泌蛋白和多糖构成的精密有序的网络结构。

2. 蛋白聚糖：由糖链与蛋白质共价连接的糖复合物。聚糖占分子质量的50%以上，含有一种或多种氨基聚糖，并由二糖单位重复连接而成，不分支。蛋白聚糖主要功能是构成细胞间的基质。

3. 纤连蛋白：一类多功能糖蛋白，由两条肽链组成为单一基因产物，主要由成纤维细胞合成，血浆中的主要来自于肝细胞，功能具有多样性。

三、简答题

1. 氨基聚糖的种类：透明质酸，硫酸软骨素，硫酸皮肤素，硫酸乙酰肝素，肝素，硫酸角质素。

　　功能：①维持组织的正常形态，抵抗局部压力，促进物质交换，阻止细菌通过。②参与生物活性物质的储存和释放。③调节细胞生长和分化。④参与细胞间信息通讯和细胞与细胞的识别。

2. 常见的氨基聚糖有硫酸软骨素、硫酸皮肤素、硫酸角质素、透明质酸、肝素和硫酸类肝素6种。它们的基本结构特征为二糖单位重复连接，二糖单位中一个是糖胺，另一个是糖醛酸；硫酸软骨素为葡萄糖醛酸和 *N*-乙酰半乳糖胺，硫酸皮肤素为艾杜糖醛酸和 *N*-乙酰半乳糖胺，硫酸角质素为半乳糖和 *N*-乙酰葡糖胺，透明质酸为葡萄糖醛酸和 *N*-乙酰葡糖胺，肝素和硫酸类肝素为葡糖胺和艾杜糖醛酸。

四、论述题

1. 细胞外基质的类型：氨基聚糖与蛋白聚糖，胶原和弹性蛋白，非胶原性黏合蛋白。

2. 氨基聚糖与蛋白聚糖的功能

（1）使组织具有弹性和抗压性。

（2）对物质转运有选择渗透性。

（3）角膜中蛋白聚糖具有透光性。

（4）氨基聚糖的抗凝血作用。

（5）细胞表面的蛋白聚糖有传递信息作用。

（6）氨基聚糖和蛋白聚糖与组织老化有关。

3. 胶原和弹性蛋白的功能

（1）哺乳动物皮肤中的胶原编制成网，分布于皮下结缔组织中，具有抗衡来自不同方向拉力的作用。

（2）肌腱中的胶原使肌腱富有很强的韧性，能够承受巨大的拉力。

（3）胶原可通过与细胞外基质中各种成分结合，将细胞外基质组织起来，与细胞表面受体结合，连成组织和器官。

（4）胶原具有刺激细胞增殖和诱导细胞分化的作用。

（5）哺乳动物在发育的不同阶段表达不同类型的胶原。

（6）弹性蛋白是构成细胞外基质中弹性纤维网络的主要成分。人体的一些器官组织，如皮肤、大动脉血管和肺等，在执行生理功能过程中，既需要强度也需要弹性，在受到外力牵拉后可迅速恢复原状，由弹性蛋白形成的弹性纤维网络就赋予组织这种特性。

4. 非胶原性黏合蛋白功能

（1）纤连蛋白介导细胞与细胞外基质间的黏着。

（2）在黏着斑处纤连蛋白受体通过纤连蛋白介导细胞与细胞外基质黏附，细胞通过黏着斑的形成与解离，影响细胞骨架的组装与去组装，促进细胞的迁移运动。

（3）血浆中的纤连蛋白能促进血液凝固和创伤面修复。

（4）层黏连蛋白是基膜的主要成分，在基膜的基本框架的构建和组装中起了关键作用。

（5）层黏连蛋白通过与细胞间的相互作用，可直接或间接控制细胞的活动，如细胞的黏附、迁移、分化、增殖或凋亡及基因表达。

（6）层黏连蛋白在早期胚胎中对于保持细胞间的黏附、细胞的极性及细胞的分化具有重要意义。

（7）层黏连蛋白分子上也有被上皮细胞、内皮细胞、神经细胞、肌细胞及多种肿瘤细胞表面层黏连蛋白受体识别与结合的 RGD 三肽序列，使细胞黏附固定在基膜上，促进细胞的生长并使细胞铺展而保持一定的形态。

（陈　萍）

第十二章 细胞的信号转导

【重点难点提要】

外界信号通过与细胞膜上或胞内的受体特异性的结合，将信号转换后传给相应的胞内系统，引起细胞应答反应的一系列过程称为信号转导（signal transduction）。

一、由细胞分泌的能调节机体功能的胞外信号

细胞所接受的信号包括物理信号（光、热、电流）、化学信号和生物学信号，但是在有机体间和细胞间的通讯中最广泛的信号是化学信号。

由细胞分泌的、能调节机体功能的化学物质，是细胞间通讯的信号，被称作第一信使。主要包括蛋白质、肽类、氨基酸及其衍生物、类固醇激素、一氧化氮等。根据胞外信号的特点及作用方式，化学信号分子可分为激素、神经递质、局部化学介质三类。

1. 激素   特点：由特殊分化的内分泌细胞分泌，通过血液循环到达靶细胞，作用距离最远、作用时间较长，如胰岛素、甲状腺素、肾上腺素等。

2. 神经递质   特点：由神经元细胞分泌，通过突触间隙到达下一个神经细胞，作用距离短、作用时间较短，如乙酰胆碱、去甲肾上腺素等。

3. 局部化学介质   特点：由体内某些普通细胞分泌，不进入血循环，通过扩散作用作用于附近的靶细胞，一般作用时间较短，如生长因子、前列腺素等。

二、能特异性识别并结合胞外信号分子的受体

受体（receptor）是一类存在于胞膜或胞内的特殊蛋白质，能特异性识别并结合胞外信号分子，进而激活胞内的一系列生物学反应，使细胞对外界刺激产生相应的效应。与受体特异性结合的生物活性物质则称为配体（ligand）。

受体可分为膜受体和胞内受体两大类。

1. 膜受体   主要为镶嵌在胞膜上的糖蛋白，由细胞外域、跨膜域和胞内域 3 部分组成，介导亲水性信号分子的信息传递，配体是一些亲水的、不能直接穿过胞膜的肽类激素、生长因子、递质等。可分为离子通道型受体、G 蛋白偶联受体和具备酶活性的受体 3 种类型。

（1）离子通道型受体：是由多个亚基组成的环状受体，分为 I 型、II 型和 III 型受体超家族。离子通道型受体共同特点是：

1）它是由多亚基组成受体/离子通道复合体。

2）除本身有信号接收部位外，又是离子通道，其跨膜信号转导无需中间步骤。

3）反应快，一般只需几毫秒。

4）配体主要是神经递质，控制通道的开关。

（2）G 蛋白偶联受体：为一条多肽链构成的糖蛋白，N 末端位于胞外区，识别胞外信号分子并与之结合；胞膜区由 7 个 α 螺旋的跨膜结构组成，是受体与配体结合的部位，位于胞质内的、跨膜第五及第六区间的细胞内环能被 G 蛋白识别。通过与 G 蛋白偶联，调节相关酶活性，在细胞内产生第二信使（cAMP、cGMP、DG、IP_3 等），从而将胞外信号跨膜传导到胞内；C 末端位于胞内区。

1）G 蛋白（G protein）：指在信号转导过程中，与受体偶联的、能与鸟苷酸结合的一类蛋白质。位于质膜胞质侧，由 α、β、γ 3 个亚基组成。

2）G 蛋白的功能：通过其自身构象的变化，激活效应蛋白，进而实现信号从胞外向胞内的传递。

3）G 蛋白的作用机制：在静息状态下，α 亚基与 β、γ 亚基构成三聚体，并与 GDP 相结合，与受体呈分离状态。但配体与相应的受体结合时触发了受体蛋白分子发生空间上构象的改变，从而使受体胞内部分与 G 蛋白 α 亚基相接触，导致 α 亚基与 GDP 的亲和力减弱，与 GTP 的亲和力增强。与 GTP 的结合，使 G 蛋白被激活，进入功能状态，并解体为 GTP 结合的 α 亚基与 β、γ 二聚体两个部分，这两个分子直接与位于细胞膜下游的效应蛋白作用，并使其激活，实现细胞内外的信号传递。当配体与受体结合解除后，G 蛋白 α 亚基同时具备了 GTP 酶的活性，分解 GTP 生成 GDP，这诱导了 α 亚基的构象改变，使之与 GDP 的亲和力增强，并与效应蛋白分离。最后，α 亚基与 β、γ 亚基结合恢复到静息状态的 G 蛋白。

4）G 蛋白的分类：根据其在功能上对效应蛋白的作用不同，可分为激动型 G 蛋白（Gs 家族）、抑制型 G 蛋白（Gi 家族）、磷脂酶 C 型 G 蛋白（Gp 家族）等类型。

（3）具备酶活性的受体：指的是酪氨酸蛋白激酶型受体（TPKR），特征如下。

1）结构：一条多肽链构成的跨膜糖蛋白，胞外区是结合配体结构域，胞内区是酪氨酸蛋白激酶的催化部位。

2）功能：与细胞的增殖、分化、分裂及癌变有关。

3）配体：主要为一些生长因子和分化因子，如表皮生长因子（EGF）、血小板生长因子（PDGF）、胰岛素等。

2. 胞内受体 是位于细胞质和细胞核中的受体，全部为 DNA 结合蛋白。

（1）胞内受体的相关配体：类固醇激素、甲状腺素类激素和维甲酸等。

（2）胞内受体的功能：胞内受体是基因转录调节蛋白，当与相应配体结合后，能与 DNA 的顺式作用元件结合，调节基因转录。

3. 受体的功能 受体能特异性的识别和结合相应的配体；在与配体结合后，可将其相互作用的信号向其他信号分子传达；与配体结合后，可使细胞产生生物学效应。

三、受体作用的特点

受体与配体的结合具有以下几个特点：①特异性；②高度亲和力；③可饱和性；④可逆性；⑤可通过磷酸化和去磷酸化进行调节。

四、胞内信使

胞内信使是指受体被激活后在细胞内产生的、能介导信号转导通路的活性物质，又称为第二信使（second messenger）。主要有 cAMP、Ca^{2+}、cGMP、二酰甘油（DG）、三磷酸肌醇（IP_3）。

1. cAMP 信使体系

（1）cAMP 信号通路的作用机制：cAMP 信号通路是由 G 蛋白偶联受体所介导的细胞信号通路之一。在 cAMP 信号途径中，胞外信号与相应受体结合，调节腺苷酸环化酶（AC）活性，通过第二信使 cAMP 水平的变化，将胞外信号转变为胞内信号。

（2）cAMP 的主要作用：激活依赖 cAMP 的蛋白激酶 A（PKA），进而使下游信号蛋白的丝氨酸/苏氨酸残基磷酸化激活或钝化。

（3）cAMP 信号体系的组分

1）激活型激素受体（Rs）或抑制型激素受体（Ri）。

2）激动型调节蛋白（Gs）或抑制型调节蛋白（Gi）。

3）腺苷酸环化酶（adenylyl cyclase，AC）是分子质量为 150kDa 的糖蛋白，跨膜 12 次。功能：在 G 蛋白激活、Mg^{2+} 或 Mn^{2+} 的存在下，腺苷酸环化酶催化 ATP 生成 cAMP。

4）蛋白激酶 A

A. 蛋白激酶 A（protein kinase A，PKA）是由 2 个催化亚基（C 亚基）和 2 个调节亚基（R 亚基）组成，催化亚基可使细胞内某些蛋白的丝氨酸或苏氨酸残基磷酸化；每个调节亚基结合 2 个 cAMP。PKA 与 4 分子 cAMP 结合后，催化亚基从 PKA 中解离，即具有了蛋白激酶的活性，通过使蛋白底物磷酸化，调节细胞的代谢反应。

B. PKA 的作用：①对细胞代谢的调节作用：使效应蛋白的丝氨酸/苏氨酸磷酸化，实现其调节功能。②参与基因的转录调节：受 cAMP 调控的基因中，通过使 cAMP 反应元件结合蛋白（CREB）丝氨酸残基磷酸化而对基因表达进行调节

（4）cAMP 信号途径涉及的反应链可表示为：胞外信号→G 蛋白偶联受体→G 蛋白→腺苷酸环化酶→cAMP→依赖 cAMP 的蛋白激酶 A→蛋白底物磷酸化→调节细胞代谢或基因转录。

2. Ca^{2+}/钙调蛋白信使体系

（1）Ca^{2+}/钙调蛋白信号途径的作用机制：当细胞受到特异性信号刺激后，胞内钙库（内质网、肌质网等）的 Ca^{2+} 通道或质膜上的 Ca^{2+} 钙通道开放，致使胞内 Ca^{2+} 的浓度快速升高，产生钙信号，使细胞内某些酶的活性和蛋白质功能发生改变，产生细胞效应。

（2）细胞中 Ca^{2+} 浓度及其控制：在静息状态的细胞中，Ca^{2+} 浓度维持在非常低的水平，通常只有 $10^{-7}M$。但在细胞外和某些膜结合细胞器，如 ER 和植物液泡的腔中 Ca^{2+} 浓度比胞质溶胶中要高 10^{4} 倍。细胞质中的低 Ca^{2+} 浓度是通过各种 Ca^{2+} 通道和运输泵控制的。

（3）钙调蛋白（calmodulin，CaM）

1）1 个钙调蛋白可以结合 4 个 Ca^{2+}。当细胞中 Ca^{2+} 超过 $10^{-2}M$ 时，Ca^{2+} 可与 CaM 结合形成钙-钙调蛋白复合物，钙调蛋白构象发生改变而被活化，由此可激活靶蛋白或靶酶。

钙-钙调蛋白复合物激活的酶主要包括蛋白质磷酸化酶激酶（PhK）、肌球蛋白轻链激酶（MLCK）、钙调蛋白依赖性激酶（CaM-PK）3 种类型。

2）CaM 可直接调节离子通道或通过激活细胞膜上的 Ca^{2+} 泵，调节细胞内的 Ca^{2+} 浓度。

3. $Ca2+$/DG/IP_3 信使体系 这一信号系统在胞质内作为多种肽类激素的第二信使，是细胞外信号分子与相应的受体结合后，通过膜上的 G 蛋白激活磷脂酶 C（PLC），催化细胞膜上 4,5-二磷酸酯酰肌醇（PIP2）水解成 1,4,5-三磷酸肌醇（IP_3）和二酰甘油（DG）两个重要的细胞内第二信使。IP_3 与内质网膜上的受体结合，动员细胞内 Ca^{2+} 库的 Ca^{2+} 释放入细胞质中，启动细胞内 Ca^{2+} 信号系统；DG 结合于质膜上，在有 Ca^{2+}、磷脂酰丝氨酸存在的情况下，激活蛋白激酶 C（PKC），PKC 可以使蛋白质的丝氨酸/苏氨酸残基磷酸化，使不同的细胞产生不同的反应。

4. cGMP 信使体系 这种酶联受体的特点是：受体本身就是鸟苷酸环化酶（GC），其细胞外部分有同信号分子结合的位点，细胞内部分有一个 Gc 的催化结构域，可催化 GTP 生成 cGMP。而 cGMP 可激活 cGMP 依赖性蛋白激酶 G（cyclic GMP-dependent protein kinase G，PKG），被激活的蛋白激酶 G 可使特定蛋白质的丝氨酸或苏氨酸残基磷酸化，从而引起细胞反应。因此，此途径中的第二信使是 cGMP。

（1）受体的结构：细胞内有两种形式的鸟苷酸环化酶（GC）：与细胞膜结合的膜结合型 GC 和胞浆可溶型 GC。作为酶联受体信号途径的主要是膜结合型 GC。

1）膜结合型 GC 是一种跨膜蛋白，氨基末端在膜外侧，是激素配体结合区；膜内侧约为多肽链的 1/2，含有一个类蛋白激酶区及羧基末端的催化区域。

2）胞质可溶型 GC 是 NO 作用的靶酶，催化产生 cGMP。

（2）蛋白激酶 G：cGMP 的靶蛋白是依赖于 cGMP 的蛋白激酶 G，简称为 PKG（cGMP dependent

protein kinase，PKG）。它是一种二聚体，含有一个催化亚基和一个同 cGMP 结合的调节亚基。它作用的底物有：组蛋白、磷酸化酶激酶、糖原合成酶、丙酮酸激酶等。

（3）与 cAMP 相拮抗的特点：细胞内 cGMP 与 cAMP 的浓度与作用呈现相拮抗的特点，如 cAMP 浓度升高，细胞内特异性蛋白质合成的进程加快，促进细胞分化；如 cGMP 浓度升高，可加速细胞 DNA 的复制，促进细胞分裂。

五、蛋白激酶

1. 酪氨酸激酶（protein tyrosine kinase，PTK）　是一类激活后可催化底物蛋白酪氨酸残基磷酸化的激酶。酪氨酸激酶包括两大类，即位于胞膜上的受体型 PTK 与位于胞质中非受体型 PTK。

（1）受体型 PTK（RPTK）：它既是受体，又是酶。特点是：胞内区都有一个或几个专一的酪氨酸残基，当与配体结合后，其胞内域可发生自磷酸化。

（2）非受体型 PTK：主要的一个亚族是 JAK，在结构上均具有特别保守的结构域，如 SH_2、SH_3 同源域等。特点是：受体本身没有酶的活性；但与配体结合后，可与酪氨酸蛋白激酶偶联而表现出酶活性。

2. 丝氨酸/苏氨酸激酶

（1）丝氨酸/苏氨酸激酶（STK）的主要作用：通过变构而激活蛋白质，催化底物蛋白质丝氨酸/苏氨酸残基磷酸化，PKA、PKC、PKG、钙调蛋白激酶（CaMK）和丝裂原激活蛋白激酶（MAPK）等均属此类。

（2）蛋白激酶使底物磷酸化的机制：在信号转导中，许多胞内信号分子自身就是蛋白激酶，而它本身又可被上游的蛋白激酶磷酸化而激活，由此引起细胞内一系列蛋白质的磷酸化，产生级联反应（cascade），信号被逐渐放大，在短时间内引起细胞效应。

六、信号转导的特点

1. 信号转导分子激活机制的类同性　略。

2. 信号转导过程的级联式反应　略。

3. 信号转导途径的通用性与特异性　略。

4. 胞内信号转导途径的相互交叉

（1）一条信号转导途径的成员可激活或抑制另一条信号转导途径。

（2）不同的信号转导途径可通过同一种效应蛋白或同一基因调控区协同发挥作用。

七、信号转导异常与疾病

1. 受体异常与疾病

（1）遗传性或原发性受体病

1）家族性高胆固醇血症。

2）非胰岛素依赖性糖尿病。

3）甲状腺素抵抗综合征。

（2）自身性免疫受体病

1）重症肌无力。

2）自身免疫性甲状腺病。

（3）继发性受体病：如肥胖可降低胰岛素受体的功能，引发糖尿病；心功能不全可使心肌细胞的受体数量减少。

2. G 蛋白异常与疾病　霍乱弧菌产生分泌的外毒素（霍乱毒素），有选择性的催化 NAD^+ 中的 ADP 转移到 Gs 的 α 亚基上，使 GPT 酶活性丧失，不能将 GTP 水解成 GDP，从而使 Gsα 处于不可逆激活状态，不断刺激 AC 生成 cAMP，胞质中的 cAMP 含量显著增高，导致小肠上皮细胞膜蛋白构型改变，大量 Cl⁻ 和水分子持续转运入肠腔，引起严重腹泻和脱水。

3. 蛋白激酶异常与疾病

（1）X 染色体关联的免疫不全症：其病因与 B 淋巴细胞酪氨酸激酶的异常有关。

（2）肿瘤的发生：某些肿瘤促进剂的分子结构与 DG 类似，可取代 DG 与 PKC 结合后，引起 PKC 长期的、不可逆的激活，从而刺激细胞不断的生长、增殖，产生肿瘤。

【自 测 题】

一、选择题

（一）单项选择题

1. 关于化学信号分子，下列说法正确的是

A. 都由特殊分化的内分泌腺分泌　　B. 与相应受体有高度亲和力　　C. 其作用强弱与浓度无关

D. 与相应受体共价结合，所以可逆　　E. 以上都不对

2. 下列关于受体的叙述错误的是

A. 受体的化学本质是蛋白质　　　　　　　　B. 各种靶细胞中受体数目差别很大

C. 受体数目愈少的细胞对信息分子的反应愈敏感　　D. 受体的作用是识别信息分子

E. 按存在的部位可将受体分为细胞膜受体和细胞内受体

3. 下列关于 cAMP 的叙述正确的是

A. 是类固醇激素的第二信使　　B. 通常和 cGMP 有相同生理作用　　C. 浓度升高时可以激活蛋白激酶 A

D. 磷酸二酯酶能促进其合成　　E. 与蛋白激酶的催化亚基结合

4. 关于酪氨酸蛋白激酶型受体，错误的叙述是

A. 是跨膜糖蛋白　　　　B. 传递信息时需 G 蛋白参与　　C. 胞外部分与信息分子结合

D. 信息分子与受体结合后，受体自身磷酸化　　　　　E. 胞内部分含有可以被磷酸化的酪氨酸残基

5. 下列关于 1,4,5-三磷酸肌醇（IP₃）的叙述错误的是

A. 由 PIP2 水解产生　　B. 促进内质网的 Ca²⁺ 释入胞液　　　C. 是多种肽类激素的第二信使

D. 是一种脂溶性分子　　E. 通过 Ca²⁺ 发挥作用

6. 关于酪氨酸激酶，下列哪项是错误

A. 酶蛋白以跨膜结构形式存在于细胞膜上　　B. 只存在于细胞质上

C. 朝向细胞外的部位，为配体结合区　　　　D. 朝向细胞质的部位，为激酶活性区

E. 配体与受体结合后，可发生酪氨酸残基自体磷酸化

7. 腺苷酸环化酶存在于

A. 细胞质　　　　B. 细胞核　　　　C. 细胞膜　　　　D. 线粒体　　　　E. 微粒体

8. 腺苷酸环化酶为

A. 细胞膜受体　　B. 配体　　　　C. 细胞内的酶　　D. 细胞膜上的酶　　E. 第二信使

9. IP₃ 与相应受体结合后，可使胞质内哪种离子浓度升高

A. K⁺　　　　　B. Na⁺　　　　C. HCO₃⁻　　　　D. Ca²⁺　　　　E. Mg²⁺

10. 在细胞内传递激素信息的小分子物质称为

A. 递质　　　　B. 载体　　　　C. 第一信使　　　　D. 第二信使　　　　E. 第三信使

11. 作为 G 蛋白的一种特点，其 α 亚基具有下列哪种酶的活性

A. GTP 酶　　　B. ATP 酶　　　C. TTP 酶　　　D. CTP 酶　　　E. UTP 酶

12. 蛋白激酶的作用是使蛋白质或酶

A. 脱磷酸　　　　B. 磷酸化　　　　C. 水解　　　　D. 合成　　　　E. 激活

13. 细胞膜受体的配体不应包括

A. 激素　　　　B. 神经递质　　　　C. 药物　　　　D. 外源抗原物质　　　　E. cAMP

14. cAMP 通过激活哪个酶发挥作用

A. 蛋白激酶　　　B. 己糖激酶　　　C. 丙酮酸激酶　　　D. 脂肪酸合成酶　　　E. 蛋白磷酸酶

15. 作用于细胞内受体的激素是

A. 蛋白类激素　　B. 胰岛素　　　C. 肾上腺素　　　D. 肽类激素　　　E. 类固醇激素

16. PKC 以非活性形式分布于细胞溶质中，当细胞之中的哪一种离子浓度升高时，PKC 转位到质膜内表面

A. 镁离子　　　B. 钙离子　　　C. 钾离子　　　D. 钠离子　　　E. 铜离子

17. 肽类激素诱导 cAMP 生成的过程是

A. 激素激活受体，受体再激活腺苷酸环化酶　　B. 激素受体复合物使 G 蛋白活化，再激活腺苷酸环化酶

C. 激素受体复合物活化腺苷酸环化酶　　　　D. 激素直接激活腺苷酸环化酶

E. 激素直接抑制磷酸二酯酶

18. 可降低细胞内 cAMP 含量的酶是

A. 酪氨酸蛋白激酶　B. ATP 酶　　C. 磷酸二酯酶　　D. 磷脂酶　　E. 蛋白激酶

19. 使细胞内 cGMP 含量升高的酶是

A. 鸟苷酸环化酶　B. ATP 酶　　C. 酪氨酸蛋白激酶　D. 磷脂酶　　E. 蛋白激酶

20. 受体与其相应配体的结合是

A. 共价可逆结合　B. 共价不可逆结合　C. 非共价可逆结合　D. 非共价不可逆结合　E. 离子键结合

21. 通常与 G 蛋白偶联的受体存在于

A. 细胞膜　　　B. 细胞质　　　C. 细胞核　　　D. 线粒体　　　E. 高尔基复合体

22. 通常与 G 蛋白偶联的受体含有的跨膜螺旋的数目为

A. 7　　　　B. 6　　　　C. 5　　　　D. 4　　　　E. 3

23. PKA 所含亚基数为

A. 2　　　　B. 3　　　　C. 4　　　　D. 5　　　　E. 6

24. 下列哪种物质可激活 PKA

A. cAMP　　　B. cGMP　　　C. AMP　　　D. GMP　　　E. ATP

25. PKA 中的每个调节亚基可结合 cAMP 的分子数为

A. 1　　　　B. 2　　　　C. 3　　　　D. 4　　　　E. 5

26. 钙调蛋白中钙离子的结合位点数为

A. 1 个　　　B. 2 个　　　C. 3 个　　　D. 4 个　　　E. 5 个

27. PKA 可使蛋白质中

A. 丝氨酸/苏氨酸残基磷酸化　　B. 氨基酸残基脱磷酸化　　C. 谷氨酸残基酰胺化

D. 酪氨酸残基磷酸化　　E. 天冬氨酸残基酰胺化

28. 不能作为细胞内信号传导第二信使的物质是

A. cAMP　　　B. cGMP　　　C. Ca^{2+}　　　D. IP_3　　　E. UMP

29. 下列有关 GTP 结合蛋白（G 蛋白）的叙述，错误的是

A. 膜受体通过 G 蛋白与腺苷酸环化酶偶联　B. 与 GTP 结合后可被激活　C. 可催化 GTP 水解为 GDP

D. 霍乱毒素可使其持续失活　　　E. 有三种亚基 α、β、γ

（二）多项选择题

30. 能激活蛋白激酶 C 的是

A. cAMP   B. cGMP   C. IP_3 D. Ca^{2+} E. DG

31. 有关 G 蛋白的叙述正确的是

A. 将细胞膜受体与效应蛋白质联系起来   B. α、β、γ 三亚基聚合时有活性   C. 与 GTP 结合后有活性

D. 可以将 GTP 水解成 GDP 及 Pi   E. 调节腺苷酸环化酶活性的 G 蛋白有激活型和抑制型

32. 蛋白激酶 A 的特点是

A. 由调节亚基（R 亚基）和催化亚基（C 亚基）构成的四聚体   B. C 亚基有 cAMP 结合位点

C. cAMP 使蛋白激酶 A 磷酸化而激活   D. R 亚基与 cAMP 结合后，R 亚基与 C 亚基解离，C 亚基活化

E. C 亚基与 cAMP 结合后，R 亚基与 C 亚基解离，C 亚基活化

33. 磷脂酶 C 的产物是

A. cAMP   B. DG   C. cGMP   D. IP_3 E. Ca^{2+}

34. 下列哪些是参与细胞内信息传递的第二信使

A. Ca^{2+} B. IP_3 C. cAMP   D. DG   E. cGMP

35. 受体与配体结合的特点包括

A. 高度专一性   B. 高度亲和力   C. 可饱和性   D. 可逆性   E. 可通过磷酸化和去磷酸化进行调节

36. 与配体结合后，自身具有酪氨酸蛋白激酶活性的受体是

A. 胰岛素受体   B. 表皮生长因子受体   C. 血小板衍生生长因子受体   D. 生长激素受体   E. 干扰素受体

37. 下列哪些符合 G 蛋白特性

A. G 蛋白是鸟苷酸结合蛋白   B. 各种 G 蛋白的差别主要在 α 亚基   C. α 亚基本身具有 GTP 酶活性

D. 三聚体 G 蛋白具有 ATP 酶活性   E. 二聚体 G 蛋白是抑制性 G 蛋白

38. 蛋白质分子中较易发生磷酸化的氨基酸是

A. 谷氨酸   B. 丝氨酸   C. 苏氨酸   D. 酪氨酸   E. 天冬氨酸

39. PKA 激活需要

A. cAMP   B. cGMP   C. Mg^{2+} D. K^+ E. GTP

40. 激活蛋白激酶 C 需要

A. GSH   B. Ca^{2+} C. 胆固醇酯   D. 磷脂酰丝氨酸   E. DG

二、名词解释

1. 信号转导（signal transduction）   2. 第一信使   3. 受体（receptor）   4. Lgand   5. 第二信使   6. G 蛋白

三、简答题

1. 受体分哪些种类？

2. 简述受细胞内第二信使调控的蛋白激酶有哪些？

3. 简述 DG，IP_3 和 Ca^{2+} 的信号体系。

4. 简述 G 蛋白的作用机制。

四、论述题

1. 试述 cAMP 介导的信号转导途径。

2. 试述由 G 蛋白偶联的受体介导的信号的特点。

3. 试论述蛋白磷酸化在信号传递中的作用。

【参 考 答 案】

一、选择题

（一）单项选择题

1. B   2. C   3. C   4. B   5. D   6. B   7. C   8. D   9. D   10. D   11. A   12. B   13. E   14. A   15. E   16. B   17. B

18. C 19. A 20. C 21. A 22. A 23. C 24. A 25. B 26. D 27. A 28. E 29. D

（二）多项选择题

30. DE 31. ACDE 32. AD 33. BD 34. ABCDE 35. ABCDE 36. ABC 37. ABC 38. ABC 39. AC 40. BDE

二、名词解释

1. 信号转导（signal transduction）：指外界信号通过与细胞膜上或胞内的受体特异性的结合，将信号转换后传给相应的胞内系统，引起细胞应答反应的一系列过程。

2. 第一信使（first messenger）：是由细胞分泌的、能调节机体功能的化学物质，是细胞间通讯的信号，被称作第一信使。主要包括蛋白质、肽类、氨基酸及其衍生物、类固醇激素、一氧化氮等。

3. 受体（receptor）：是一类存在于胞膜或胞内的特殊蛋白质，能特异性识别并结合胞外信号分子，进而激活胞内的一系列生物学反应，使细胞对外界刺激产生相应的效应。

4. Ligand：即配体，是指能与受体特异性结合的生物活性物质。

5. 第二信使（second messenger）：即细胞内信使，是指受体被激活后在细胞内产生的、能介导信号转导通路的活性物质，又称为第二信使，如 cAMP、cGMP、Ca^{2+}、IP_3 等。

6. G 蛋白：见重点难点提要。

三、简答题

1. 受体分类

（1）按受体存在的部位：受体分为膜受体和胞内受体。细胞膜受体接收水溶性化学信号分子，如肽类激素、细胞因子、黏附分子等。

（2）根据细胞膜受体的结构、接收信号的种类、转换信号的方式等，可分为离子通道型受体、G 蛋白偶联受体和具备酶活性的受体 3 种类型。细胞内受体接收脂溶性化学信号分子，如类固醇激素、甲状腺素、维甲酸等。

2. 受细胞内第二信使调控的蛋白激酶有：①蛋白激酶 A（受 cAMP 调控）；②蛋白激酶 C（受 IP_3 和 DG 调控）；③Ca^{2+}-CaM 激酶（受 Ca^{2+} 调控）；④蛋白激酶 G（受 cGMP 调控）。

3. DG、IP_3 和 Ca^{2+} 的信号体系：这一信号系统在胞质内作为多种肽类激素的第二信使，是细胞外信号分子与相应的受体结合后，通过膜上的 G 蛋白激活磷脂酶 C（PLC），催化细胞膜上 4,5-二磷酸酯酰肌醇（PIP2）水解成 1,4,5-三磷酸肌醇（IP_3）和二酰甘油（DG）两个重要的细胞内第二信使。IP_3 与内质网膜上的受体结合，动员细胞内 Ca^{2+} 库的 Ca^{2+} 释放入细胞质中，启动细胞内 Ca^{2+} 信号系统；DG 结合于质膜上，在有 Ca^{2+}、磷脂酰丝氨酸存在的情况下，激活蛋白激酶 C（PKC），PKC 可以使蛋白质的丝氨酸/苏氨酸残基磷酸化，使不同的细胞产生不同的反应。

4. G 蛋白的作用机制：在静息状态下，α 亚基与 β、γ 亚基构成三聚体，并与 GDP 相结合，与受体呈分离状态。但配体与相应的受体结合时触发了受体蛋白分子发生空间上构象的改变，从而使受体胞内部分与 G 蛋白 α 亚基相接触，导致 α 亚基与 GDP 的亲和力减弱，与 GTP 的亲和力增强。与 GTP 的结合，使 G 蛋白被激活，进入功能状态，并解体为 GTP 结合的 α 亚基与 β、γ 二聚体两个部分，这两个分子直接与位于细胞膜下游的效应蛋白作用，并使其激活，实现细胞内外的信号传递。当配体与受体结合解除后，G 蛋白 α 亚基同时具备了 GTP 酶的活性，分解 GTP 生成 GDP，这诱导了 α 亚基的构象改变，使之与 GDP 的亲和力增强，并与效应蛋白分离。最后，α 亚基与 β、γ 亚基结合恢复到静息状态的 G 蛋白。

四、论述题

1.（1）cAMP 介导的信号转导途径：cAMP 信号体系是由受体（包括激活型受体和抑制型受体）、G 蛋白（激动型或抑制型）、腺苷酸环化酶（AC）、蛋白激酶 A（PKA）组成。cAMP 信号通路是由 G 蛋白偶联受体所介导的细胞信号通路之一。细胞外信号与相应受体结合，调节腺苷酸环化酶（AC）活性，通过第二信使 cAMP 水平的变化，将细胞外信号转变为细胞内信号。

（2）cAMP 介导的信号转导基本途径：胞外信号→G 蛋白偶联受体→G 蛋白→腺苷酸环化酶→cAMP→依赖 cAMP 的蛋白激酶 A→蛋白底物磷酸化→调节细胞代谢或基因转录。

2. 答案要点：G 蛋白偶联的受体是细胞质膜上最多，也是最重要的信转导系统，具有 2 个重要特点。

（1）信号转导系统由 3 部分构成：①G 蛋白偶联的受体，是细胞表面由单条多肽链经 7 次跨膜形成的受体；②G 蛋白能与 GTP 结合被活化，可进一步激活其效应底物；③效应物：通常是腺苷酸环化酶，被激活后可提高细胞内环腺苷酸（cAMP）的浓度，可激活 cAMP 依赖的蛋白激酶，引发一系列生物学效应。

（2）产生第二信使：配体-受体复合物结合后，通过与 G 蛋白的偶联，在细胞内产生第二信使，从而将胞外信号跨膜传递到胞内，影响细胞的行为。根据产生的第二信使的不同，又可分为 cAMP 信号通路和磷脂酰肌醇信号通路。

cAMP 信号通路的主要效应是激活靶酶和开启基因表达，这是通过蛋白激酶完成的。该信号途径涉及的反应链可表示为：激素→G 蛋白偶联受体→G 蛋白→腺苷酸环化化酶→cAMP→cAMP 依赖的蛋白激酶 A→基因调控蛋白→基因转录。

磷脂酰肌醇信号通路的最大特点是胞外信号被膜受体接受后，同时产生两个胞内信使，分别启动两个信号传递途径即 IP_3-Ca^{2+}途径和 DG-PKC 途径，实现细胞对外界信号的应答，因此，把这一信号系统又称为"双信使系统"。

3. 答案要点

（1）蛋白磷酸化是指由蛋白激酶催化的把 ATP 或 GTP 的磷酸基团转移到底物蛋白质氨基酸残基上的过程，其逆转过程是由蛋白磷酸酶催化的，称为蛋白质去磷酸化。

（2）蛋白磷酸化通常有两种方式：一种是在蛋白激酶催化下直接连接磷酸基团，另一种是被诱导与 GTP 结合，这两种方式都使得信号蛋白结合上一个或多个磷酸基团，被磷酸化的蛋白有了活性后，通常反过来引起磷酸通路中的下游蛋白磷酸化，当信号消失后，信号蛋白就会去磷酸化。

（3）磷酸化通路通常由两种主要的蛋白激酶介导：一种是丝氨酸/苏氨酸蛋白激酶，另一种是酪氨酸蛋白激酶。

（4）蛋白激酶和蛋白磷酸酶通过将一些酶类或蛋白磷酸化与去磷酸化，控制着它们的活性，使细胞对外界信号作出相应的反应。通过蛋白磷酸化，调节蛋白的活性，通过蛋白磷酸化，逐级放大信号，引起细胞反应。

（郑立红　徐　晋）

第十三章 细胞分裂与细胞周期

【重点难点提要】

细胞增殖（cell proliferation）：通过细胞的生长和分裂使细胞数目增加，并且使子细胞获得和母细胞相同遗传特性的过程。细胞增殖是通过细胞周期来实现的，而细胞周期的有序运行是通过相关基因的严格监视和调控来保证的。

一、细胞增殖的主要方式

细胞分裂（cell division）：是细胞增殖周期的重要阶段，即通过分裂的方式，将细胞的遗传物质及其他组分等量分配到 2 个子细胞的过程。细胞分裂可分为有丝分裂、无丝分裂和减数分裂 3 种类型。

1. 无丝分裂 又称为直接分裂，是细胞增殖的特殊方式。表现为细胞核伸长，从中部缢缩，然后细胞质分裂，其间不涉及纺锤体形成及染色体变化，故称为无丝分裂。无丝分裂不仅发现于原核生物，而且也发现于高等动植物，如植物的胚乳细胞，动物的胎膜、间充组织及肌肉细胞等。

2. 有丝分裂 又称为间接分裂，是体细胞分裂的主要方式，普遍见于高等动植物。特点是细胞通过有丝分裂装置将遗传物质平均分配到 2 个子细胞中，从而保证了细胞在遗传上的稳定性。

根据分裂细胞形态和结构的变化，人为地将其划分为 4 个时期：前期、中期、后期和末期。

（1）前期的主要事件：①染色质凝缩；②分裂极确立与纺锤体开始形成；③核仁解体；④核膜崩解。

（2）中期的主要事件：染色体移向细胞并排列在赤道板上，有丝分裂器形成。

（3）后期的主要事件：指姐妹染色体单体分离并向细胞两极移动的时期。

（4）末期的主要事件

1）从子染色体到达两极，至形成两个新细胞的时期。主要标志是子核的形成（核膜出现、核仁出现、染色体消失、纺锤丝消失）和胞质分裂。

2）动物细胞的胞质分裂通过胞质收缩环的收缩实现，收缩环由大量平行排列的肌动蛋白组成。

3）植物细胞的胞质分裂则是通过形成细胞板来实现。

3. 减数分裂（meiosis） 是有性生殖个体的生殖细胞在形成过程中所进行的特殊分裂方式。特点是细胞连续分裂两次，DNA 只复制一次，结果形成染色体数目减半的生殖细胞。减数分裂分两个过程，即第一次减数分裂和第二次减数分裂。

（1）第一次减数分裂：是同源染色体分开，分为前期Ⅰ、中期Ⅰ、后期Ⅰ和末期Ⅰ。

1）前期Ⅰ：持续时间较长。进行染色体配对和基因重组，合成一定量的蛋白质。又分为细线期、偶线期、粗线期和终变期。

2）中期Ⅰ：同源染色体排列在赤道板上。

3）后期Ⅰ：同源染色体分离，移向细胞两极。移向每一极的染色体数是母细胞内染色体的一半。

末期Ⅰ：染色体到达两极，核仁、核膜重新出现，胞质分裂、形成两个子细胞。

（2）减数分裂间期：新生子细胞经过短暂的间期即进入第二次减数分裂。

（3）第二次减数分裂：分为前期Ⅱ、中期Ⅱ、后期Ⅱ和末期Ⅱ。通过减数分裂 1 个精母细胞形成 4 个精子，而 1 个卵母细胞形成 1 个卵子及 3 个极体。

（4）减数分裂的生物学意义

1）维持了生物物种遗传物质的稳定。

2）为生物物种的多样性提供源泉。同源染色体的联合和非姐妹染色单体间的互换，增加了生殖细胞中染色体组的差异，同源染色体的分离和非同源染色体的自由组合，为生物遗传变异提供了细胞学基础。

二、细胞周期为细胞有丝分裂所经历的过程

1. 细胞周期的概念 细胞周期又称细胞增殖周期，是指细胞从上一次有丝分裂结束开始，到下一次有丝分裂结束为止所经历的过程。这一过程所经历的时间为细胞周期时间。

（1）细胞周期的分期：细胞周期分为间期和分裂期（M 期），间期又划分为 G_1 期（DNA 合成前期）、S 期（DNA 合成期）、G_2 期（DNA 合成后期）。所以整个细胞周期包括 G_1 期、S 期、G_2 期和 M 期 4 个时期。

（2）细胞周期时间的测定：标记有丝分裂百分率法（PLM）是一种常用的测定细胞周期时间的方法。$T_C=T_{G1}+T_S+T_{G2}+T_M$。

（3）细胞同步化（synchronization）：是指在自然过程中发生或经人为处理造成的细胞周期同步化，前者称自然同步化，后者称为人工同步化。

（4）细胞在体内的增殖特性：从增殖的角度来看，可将高等动物的细胞分为 3 类：

1）连续分裂细胞：在细胞周期中连续运转因而又称为周期细胞。

2）暂不分裂细胞：暂时脱离细胞周期，但在适当的刺激下可重新进入细胞周期，称 G_0 期细胞。

3）不分裂细胞：指不可逆地脱离细胞周期，不再分裂的细胞，又称终末分化细胞。

2. 细胞周期各时相的主要事件

（1）G_1 期（DNA 合成前期）：指有丝分裂完成到 DNA 合成之前的一段时间，为 DNA 合成准备所需要的 RNA 和蛋白质。

1）时间长度变化大，具有调节细胞增殖周期的限制点。

2）G_1 期细胞有 3 种去向：继续增殖、暂不增殖、永不增殖。

3）G_1 期向 S 期转变需要生长因子的作用。

（2）S 期（DNA 合成期）：从 DNA 合成开始到 DNA 合成结束的全过程，是细胞增殖周期的关键阶段。

1）DNA 复制：CG 含量高的 DNA 顺序先复制，AT 含量高的顺序后复制。常染色质先复制，异染色体后复制。

2）染色体蛋白的合成：组蛋白、非组蛋白等。组蛋白合成进入核内，与 DNA 组成染色质。

3）中心粒的复制。

（3）G_2 期（DNA 合成后期）：从 DNA 复制完成到有丝分裂开始前的时期，为有丝分裂进行物质条件。有活跃的 RNA 和蛋白质合成，如微管蛋白，促有丝分裂因子（MPF）等。另外有 0.3% 的 DNA 在 G_2 期复制。

（4）M 期（有丝分裂期）：细胞经过分裂将染色体平均分配到 2 个子细胞中。见有丝分裂过程。

三、细胞周期的周期运行是在严格的调控下进行

1. 细胞周期调控蛋白（cell cycle-regulating protein） 细胞周期调控研究过程的重要事件是 MPF 的发现，MPF 是一种在 G_2 期形成，能促进 M 期启动的调控因子，称为促细胞成熟因子或促细胞分裂因子（MPF）。MPF 由调节亚单位细胞周期素（cyclin）和催化亚单位细胞周期素依赖性蛋白激酶（CDK）组成。

（1）细胞周期调控蛋白的种类

1）CDK 类蛋白激酶：CDK 与细胞周期素结合才具有激酶的活性，因此称为细胞周期素依赖性蛋白激酶（cyclin-dependent kinase，CDK）。其作用是 CDK 可将特定蛋白磷酸化，促进细胞周期运行。在动物中已知 7 种 CDK，CDK1～CDK7。分为 4 类，G_1 期 CDK、G_1/S 期 CDK、S 期 CDK期 CDK 及 M 期 CDK。

2）细胞周期素（cyclin）：其特点是在细胞周期中呈周期性变化。功能是能与 CDK 结合，激活 CDK，间接调节细胞周期运行。已知 30 余种，在脊椎动物中为 cyclinA1-2、B1-3、C、D1-3、E1-2、F、G、H 等。分为 4 类，G_1 型、G_1/S 型、S 型、M 型。

3）细胞周期蛋白依赖性激酶抑制因子（CKI）：对细胞周期起负调控作用，其中 Ink4 能特异性抑制 cdk4-cyclin D1，cdk6-cyclin D1。Kip 类中 $P21^{cip1}$、$P27^{kip1}$、$P57^{kip2}$ 能抑制大多数 CDK 的激酶活性。$P21^{cip1}$ 还能与 DNA 聚合酶 δ 的辅助因子 PCNA 结合，直接抑制 DNA 的合成。

（2）细胞进出 M 期的调控

1）M 期细胞周期素激活 CDK 的激酶活性：M 期 CDK 的激活起始于分裂期 cyclin 的积累。结合 M-cyclin 的 CDK1 被 Wee1（抑制因子）将 Thr14 和 Tyr15 磷酸化而不具有活性，使 CDK/cyclin 不断积累。在 M 期，Wee1 的活性下降，CDC25 磷酸酶使 CDK 去磷酸化，去除了 CDK 活化的障碍。CDK 的激活需要 Thr161 的磷酸化，它是在 CDK 激酶（CAK）的作用下完成的。

2）M-CDK 复合蛋白激发 M 期事件是细胞进入 M 期。

3）促后期蛋白复合体是促进染色单体分开的主要机制。

4）M-CDK 的活性下降导致细胞出 M 期。

（3）细胞进出 S 期的调控

1）S-CDK 蛋白复合体通过控制 DNA 复制的启动以防止重复复制。

2）G_1 期是 CDK 活性降低的时期：这主要是①CKI 作为细胞周期抑制因子直接与 CDK 或 CDK 蛋白复合体结合，抑制 CDK 的活性；②由于 cyclin 转录活性下降，引起 CDK 活性下降。

（4）细胞周期限制点（check point）：在细胞周期中有一些对环境因素的敏感点，可限制正常细胞通过周期，是控制细胞增殖的关键，称为限制点。主要有 G_1/S 期限制点、S 期限制点、G_2/M 期限制点和 M/G_1 期限制点。

2. 细胞周期中的细胞信号系统调控

1）外源性环境因子、生长因子的调控。

2）内源性遗传因子的调控，如细胞生长因子、激素、抑素和其他细胞因子。

四、由细胞增殖异常而引起的人体疾病

人类细胞增殖异常性疾病可分为两大类，一类是细胞增殖抑制性疾病；另一类为细胞增殖失控性疾病，代表疾病是肿瘤。

1. 细胞增殖与肿瘤 细胞周期调控异常是导致肿瘤发生的主要机制，与细胞增殖密相关的突变基因称为肿瘤基因。可通过细胞增殖的特点分析肿瘤类型，对肿瘤细胞周期进行调解、治疗。

2. 组织再生 细胞增殖可更新衰老死亡的细胞、修复组织损伤或刺激。对恒定性组织更新起重要作用。

【自测题】

一、选择题

（一）单项选择题

1. 人类细胞最普遍的增殖方式是

A. 无丝分裂　　　　B. 有丝分裂　　　　C. 减数分裂　　　　D. 多极分裂　　　　E. 核内分裂

2. 细胞中 DNA 的量增加一倍发生在

A. G_0 期　　　　　B. G_1 期　　　　　C. G_2 期　　　　　D. S 期　　　　　E. M 期

3. 对药物的作用相对不敏感的时期是

A. G_1 期　　　　　B. S 期　　　　　C. G_2 期　　　　　D. M 期　　　　　E. G_0 期

4. 细胞周期的顺序是

A. M 期、G_1 期、S 期、G_2 期　　　B. M 期、G_1 期、G_2 期、S 期　　　C. G_1 期、G_2 期、S 期、M 期

D. G_1 期、S 期、M 期、G_2 期　　　E. G_1 期、S 期、G_2 期、M 期

5. 一般来说，细胞周期各时相中持续时间最短的是

A. G_1 期　　　　　B. S 期　　　　　C. G_2 期　　　　　D. G_0 期　　　　　E. M 期

6. 有丝分裂与无丝分裂的主要区别在于后者

A. 不经过染色体的变化，无纺锤丝出现　　　B. 经过染色体的变化，有纺锤丝出现　　　C. 遗传物质不能平均分配

D. 细胞核先分裂，核仁后分裂　　　E. 细胞核和核仁同时分裂

7. 下列哪种关于有丝分裂的叙述不正确

A. 在前期染色体开始形成　　　B. 前期比中期或后期都长　　　C. 染色体完全到达两极便进入后期

D. 中期染色体最粗短　　　E. 当染色体移向两极时，着丝点首先到达

8. 着丝粒分离至染色单体到达两极是有丝分裂的

A. 前期　　　　　B. 中期　　　　　C. 后期　　　　　D. 末期　　　　　E. 胞质分裂期

9. 细胞周期中，遗传物质的复制规律是

A. 异染色质先复制　　　B. 常染色质先复制　　　C. 异染色质大量复制，常染色质较少复制

D. 常染色质大量复制，异染色质较少复制　　　E. 常染色质和异染色质同时复制

10. 对于不同细胞的细胞周期来讲，时间变化最大的时相是

A. G_1 期　　　　　B. S 期　　　　　C. G_2 期　　　　　D. M 期　　　　　E. G_0 期

11. 有丝分裂后期的特点

A. 着丝粒一分为二，染色体向两极移动　　　　　B. 同源染色体分开，向细胞两极移动

C. 同源染色体配对时，位于赤道面上　　　　　D. 同源染色体交叉互换

E. 染色单体到达两极

12. 中心粒的复制发生在

A. G_1 期　　　　　B. S 期　　　　　C. G_2 期　　　　　D. M 期　　　　　E. G_0 期

13. 细胞分裂时纺锤体的排列方向和染色体移动与下列哪个结构有关

A. 中心体　　　　　B. 线粒体　　　　　C. 核糖体　　　　　D. 溶酶体　　　　　E. 过氧化物酶体

14. 细胞周期中，对各种刺激最为敏感的时期是

A. G_0 期　　　　　B. G_1 期　　　　　C. G_2 期　　　　　D. S 期　　　　　E. M 期

15. 肝细胞具有高度的特化性，但是当肝被破坏或者手术切除其中的一部分，组织仍会生长。那么，肝细胞属于哪一类细胞

A. 永久处于 G_0 期的细胞　　　　　B. 可以被诱导进入 S 期的细胞　　　　　C. 持续再生的细胞

D. 不育细胞　　　　　E. 增殖周期中细胞

16. 建立细胞周期概念主要的细胞代谢基础是

A. 蛋白质含量的周期性变化　　　　　B. RNA 含量的周期性变化　　　　　C. RNA、酶含量的周期性变化

D. DNA 含量的周期性变化　　　　　E. 以上都不是

17. 体细胞经过一次有丝分裂，结果可产生

A. 多个相同的子细胞　　　　　B. 多个不同的子细胞　　　　　C. 两个相同的子细胞

D. 两个不同的子细胞　　　　　E. 一个与母细胞相同的子细胞

18. 细胞质和细胞核进行均等分裂的时期是

A. 间期   B. 前期   C. 中期   D. 后期   E. 末期

19. 染色体凝集、核仁解体和核膜消失发生在

A. 间期   B. 前期   C. 中期   D. 后期   E. 末期

20. 一个卵母细胞经过减数分裂形成几个卵细胞

A. 1个   B. 2个   C. 3个   D. 4个   E. 8个

21. 有丝分裂器是指

A. 由微管、微丝和中等纤维构成的复合细胞器   B. 由基粒、纺锤体和中心粒构成的复合细胞器

C. 由纺锤体、中心粒和染色体组成的复合细胞器   D. 由着丝粒、中心体和染色体组成的复合细胞器

E. 由纺锤体、中心粒组成的复合细胞器

22. 有丝分裂器的形成是在

A. 间期   B. 前期   C. 中期   D. 后期   E. 末期

23. 2条染色单体纵裂成2条染色体发生在

A. 间期   B. 前期   C. 中期   D. 后期   E. 末期

24. 一般情况下细胞周期中时间最短的是

A. G_0 期   B. G_1 期   C. G_2 期   D. S 期   E. M 期

25. 在细胞周期中处于暂不增殖状态的细胞是

A. G_0 期细胞   B. G_1 期细胞   C. G_2 期细胞   D. S 期细胞   E. 不育细胞

26. cyclinC、cyclin D、cyclin E 的表达发生在

A. G_1 期   B. S 期   C. G_2 期   D. M 期   E. G_0 期

27. cyclinA 的合成发生在

A. G_1 期向 S 期转变的过程中   B. S 期向 G_2 期转变的过程中   C. G_2 期向 M 期转变的过程中

D. M 期向 G_1 期转变的过程中   E. S 期

20. 同源染色体联会发生在

A. 细线期   B. 偶线期   C. 粗线期   D. 双线期   E. 终变期

29. 下列有关成熟促进因子（MPF）的叙述哪一条是错误的

A. MPF 是一种在 G_2 期形成、能促进 M 期启动的调控因子

B. MPF 广泛存在于从酵母到哺乳动物细胞中，由 p34cdc 和 cyclinB 两种蛋白质组成

C. MPF 是一种蛋白激酶，在细胞从 G_2 期进入 M 期起重要作用

D. MPF 在整个细胞周期中表达量较为恒定

E. 在 G_2 / M 期，MPF 活性达到高峰

30. 减数分裂过程中，Z-DNA 的合成发生在

A. 细线期   B. 偶线期   C. 粗线期   D. 双线期   E. 终变期

31. 减数分裂过程中，同源染色体片段发生交换和重组在

A. 细线期   B. 偶线期   C. 粗线期   D. 双线期   E. 终变期

32. 减数分裂过程中，P-DNA 的合成发生

A. 细线期   B. 偶线期   C. 粗线期   D. 双线期   E. 终变期

33. 减数分裂过程中，核仁消失、核膜破裂、纺锤体形成发生在

A. 细线期   B. 偶线期   C. 粗线期   D. 双线期   E. 终变期

34. 生殖细胞减数分裂过程中，四分体排列在赤道板上，构成纺锤体发生在

A. 减数分裂前期Ⅰ   B. 减数分裂前期Ⅱ   C. 减数分裂中期Ⅰ   D. 减数分裂后期Ⅰ   E. 减数分裂末期Ⅰ

35. 生殖细胞减数分裂过程中，细胞内同源染色体分离，分向两极发生

A. 减数分裂前期Ⅰ　B. 减数分裂前期Ⅱ　C. 减数分裂中期Ⅰ　D. 减数分裂后期Ⅰ　E. 减数分裂末期Ⅰ

36. 关于细胞周期限制点的表述，错误的是

A. 限制点对正常细胞周期运转并不是必需的

B. 它的作用是细胞遇到环境压力或 DNA 受到损伤时使细胞周期停止的"刹车"作用，对细胞进行进入下一期之前进行"检查"

C. 细胞周期有 4 个限制点：G_1/S 限制点、S/G_2 限制点、G_2/M 限制点和 M/G_1 限制点

D. 最重要的是 G_1/S 限制点

E. 限制点监控细胞周期的运行

37. 有丝分裂中期的特点

A. 着丝粒一分为二，染色体向两极移动　B. 同源染色体分开，向细胞两极移动　C. 染色体位于赤道板上

D. 同源染色体交叉互换　　　　　　　E. 染色单体到达两极

38. 触发蛋白的合成发生在

A. G_1 期　　　　　B. S 期　　　　　C. G_2 期　　　　　D. M 期　　　　　E. G_0 期

39. 钙调蛋白是真核细胞内重要的 Ca^{2+} 受体，它调节细胞内 Ca^{2+} 的水平。其合成发生在

A. G_1 期　　　　　B. S 期　　　　　C. G_2 期　　　　　D. M 期　　　　　E. G_0 期

40. 成熟促进因子形成于

A. G_1 期　　　　　B. S 期　　　　　C. G_2 期　　　　　D. M 期　　　　　E. G_0 期

41. 细胞周期蛋白依赖激酶是指

A. cyclinA　　　　B. cyclinB　　　　C. cyclinC　　　　D. cyclinD　　　　E. CDK1

42. GC 含量较高的 DNA 序列在下列哪个时期复制

A. G_1 早期　　　　B. G_1 晚期　　　　C. G_2 期　　　　D. 早 S 期　　　　E. 晚 S 期

43. 神经细胞具有高度的特化性，它属于哪一类细胞

A. 永久处于 G_0 期的细胞　　　　　B. 可以被诱导进入 S 期的细胞　　　　C. 持续再生的细胞

D. 不育细胞　　　　　　　　　　　E. 增殖周期中细胞

44. 哪一类的纺锤体微管蛋白与染色体相连

A. 星体微管蛋白　　　　　　　　　B. 动粒微管　　　　　　　　　　C. 极微管

D. 中间微管　　　　　　　　　　　E. 以上所有的纺锤体微管蛋白均与染色体相连

45. 在细胞周期中，哪一时期最适合研究染色体的形态结构

A. 间期　　　　　　B. 前期　　　　　C. 中期　　　　　D. 后期　　　　　E. 末期

46. 人类的 2 亿个精子来源于多少个初级精母细胞

A. 2 亿　　　　　　B. 4 亿　　　　　C. 0.5 亿　　　　　D. 0.25 亿　　　E. 以上都不是

47. 细胞在增殖周期中 DNA 聚合酶的大量合成发生在哪个时期

A. G_1 期　　　　　B. S 期　　　　　C. G_2 期　　　　　D. G_0 期　　　　　E. M 期

48. 关于有丝分裂和减数分裂的说法哪项有误

A. 有丝分裂是体细胞增殖分裂的方式　　　　　　　　B. 有丝分裂产生的子细胞遗传结构都相同

C. 减数分裂后一个精母细胞可分裂成 4 个遗传结构相同的精细胞　D. 第一次减数分裂后，细胞内染色体数目不变

E. 减数分裂前期Ⅰ的时间长

49. 组蛋白合成主要发生在

A. G_1 期　　　　　B. S 期　　　　　C. G_0 期　　　　　D. M 期　　　　　E. G_2 期

50. 目前认为核被膜破裂是由于核纤层蛋白的结果

A. 去磷酸化　　　　B. 磷酸化　　　　C. 水解　　　　　D. 羟基化　　　　E. 脱氨基

51. 可作为 MPF 成分之一的是

A. cyclinA　　　B. cyclinB　　　C. cyclinC　　　D. cyclinD　　　E. CDKI 等

52. cyclinD 可与 CDK4、CDK5、CDK 6 结合，作用于

A. G₁ 期向 S 期转变的过程中　　B. S 期向 G₂ 期转变的过程中　　C. G₂ 期向 M 期转变的过程中

D. M 期向 G₁ 期转变的过程中　　E. S 期

53. 在细胞同步化的实验中，秋水仙素是常用的一种试剂，其作用机制是

A. 抑制了二氢叶酸还原酶的活性　　B. 促进胸苷的合成　　C. 促进三磷酸腺苷的合成

D. 抑制纺锤体微管的聚合　　　　E. 抑制中心粒的复制

54. 人体红细胞属于

A. 周期性细胞　　B. 暂不增殖细胞　　C. G₁ 期细胞　　　D. 终端分化细胞　　E. 干细胞

55. 人体肌肉细胞属于

A. 周期性细胞　　B. 暂不增殖细胞　　C. G₁ 期细胞　　　D. 终端分化细胞　　E. 干细胞

56. 细胞周期中，决定一个细胞是分化还是增殖的控制点（R 点）位于

A. G₁ 期末　　　B. G₂ 期末　　　C. M 期末　　　D. 高尔基复合体期末 E. S 期

57. 细胞有丝分裂末期可见

A. 核膜出现　　B. 染色体排列成赤道板　　C. 核仁消失　　D. 染色体形成　　E. 染色体复制

58. 细胞增殖周期是指下列哪一阶段

A. 细胞从前一次分裂开始到下一次分裂开始为止　　B. 细胞从这一次分裂开始到分裂结束为止

C. 细胞从这一次分裂结束到下一次分裂开始为止　　D. 细胞从前一次分裂开始到下一次分裂结束为止

E. 细胞从前一次分裂结束到下一次分裂结束为止

59. 能进入增殖状态的细胞

A. DNA 含量高　　B. RNA 含量高、染色质凝集度低　　C. RNA 含量低、染色质凝集度低

D. DNA、RNA 含量高，染色质凝集度亦高　　　　E. 以上都不是

60. 下列有关癌基因的说法哪一条是错误的

A. 癌基因是病毒基因组中存在的一段 DNA 序列，可导致细胞无限增殖而癌变

B. 脊椎动物细胞中也存在与病毒癌基因同源的 DNA 序列，其突变或过度表达可导致细胞癌变，称为细胞癌基因或原癌基因

C. 正常情况下，原癌基因表达量较少

D. 正常情况下，原癌基因表达量较大，因为是细胞生长、增殖所必需的

E. 许多癌基因的产物，除了参与细胞周期的调节外，还可在生长因子相关的细胞信号传导过程中起作用

（二）多项选择题

61. 细胞有丝分裂前期发生的事件有

A. 确定分裂极 B. 染色体形成　　C. 染色体排列在赤道板上　　D. 核膜消失　　E. 核仁解体

62. 关于细胞周期叙述正确的是

A. 间期经历的时间比 M 期长　　B. 间期处于休止状态　　C. RNA 从 G₁ 期开始合成

D. 前期染色质凝集成染色体　　E. M 期蛋白质合成减少

63. 有丝分裂器是由哪些结构组成的

A. 中心体　　B. 星体微管　　C. 极间微管　　D. 动粒微管　　E. 线粒体

64. 肿瘤细胞生长迅速的原因是

A. 细胞周期短　　B. G₀ 期细胞少　　C. 增殖细胞少　　D. 细胞周期失控　　E. M 期时间长

65. 着丝点与着丝粒的关系

A. 着丝粒就是着丝点　　B. 着丝点和着丝粒是位于主缢痕区的不同结构 C. 着丝粒是着丝点上的附加结构

D. 着丝点是主缢痕区外侧特化的盘状结构、着丝粒是内侧的颗粒状结构　E. 着丝粒和着丝点都由异染色质构成

66. G_1 期细胞生长、物质代谢活跃，在此期合成的物质有

A. DNA　　　　　B. RNA　　　　　C. 蛋白质　　　D. DNA 合成相关的酶　　　E. 成熟促进因子

67. 减数分裂的生物学意义概括起来有

A. 保持物种遗传稳定性　　　　　B. 是基因分离的基础　　　　　C. 是基因自由组合的基础

D. 是基因连锁与交换的基础　　　　　E. 是生物变异产生的基础

68. 关于有丝分裂后期染色体的行为，下列叙述错误的是

A. 解螺旋成为染色质　　　　　　B. 着丝粒纵裂　　　　　　　C. 着丝粒横裂

D. 染色体向两极移动　　　　　　E. 所含有的 DNA 减半

69. 下列属于 G_0 期的是

A. 肝细胞　　　　　B. 红细胞　　　　　C. 肾脏细胞　　　　D. 造血干细胞　　　E. 肠上皮细胞

70. 下列属于细胞周期中的是

A. 肝细胞　　　　　B. 红细胞　　　　　C. 肾脏细胞　　　　D. 造血肝干细胞　　　E. 上皮基底层细胞

71. 若正常体细胞中的 DNA 的含量为 1 的话，那么下面的细胞中 DNA 含量为 1 的细胞是

A. 精子细胞　　　B. 中期 I 的细胞　　C. 中期 II 的细胞　　D. 前期 II 的细胞　　E. 次级卵母细胞

72. 若正常体细胞中的 DNA 的含量为 1 的话，那么下面的细胞中 DNA 含量为 2 的细胞是

A. 精子细胞　　　B. 中期 I 的细胞　　C. 中期 II 的细胞　　D. 精原母细胞　　　E. 次级卵母细胞

73. 若正常体细胞中的 DNA 的含量为 1 的话，那么下面的细胞中 DNA 含量为 0.5 的细胞是

A. 精子细胞　　　B. 中期 I 的细胞　　C. 中期 II 的细胞　　D. 卵细胞　　　　E. 次级卵母细胞

74. 下面的各种细胞属于永不增殖的细胞是

A. 肝细胞　　　　B. 神经元细胞　　　C. 红细胞　　　　D. 成纤维细胞　　　E. 骨骼肌细胞

75. 下列各时期的细胞中，一个染色体含有两条染色单体的是

A. 有丝分裂前期　　B. 中期 II　　　C. 中期 I　　　　D. 有丝分裂后期　　E. 偶线期

二、名词解释

1. 细胞增殖周期　　　　　2. 分裂间期　　　　　3. 细胞增殖

4. 联会　　　　　　　　　5. 联会复合体　　　　6. 有丝分裂器

7. check point　　　　　　8. cyclin

三、简答题

1. 细胞分裂间期有哪些主要特点？

2. 有丝分裂各时期有何特点？

3. 简述减数分裂的生物学意义。

4. 调控细胞周期的因素有哪些？

5. 根据细胞 DNA 合成能力和分裂能力的不同，哺乳类动物细胞可以分为哪几种？它们各有什么特点？

四、论述题

1. 简述减数分裂与有丝分裂有何异同。

2. 细胞周期限制点的概念及其生物学意义。

3. 细胞周期调控蛋白有哪几种？它们在细胞周期调控中是如何发挥其功能的？

【参 考 答 案】

一、选择题

（一）单项选择题

1. B　2. D　3. E　4. E　5. E　6. A　7. C　8. C　9. B　10. A　11. A　12. B　13. A　14. B　15. B　16. D

17. C　18. E　19. B　20. A　21. C　22. B　23. D　24. E　25. A　26. A　27. A　28. B　29. D　30. B　31. C
32. C　33. E　34. C　35. D　36. A　37. C　38. A　39. A　40. C　41. E　42. D　43. A　44. B　45. C　46. C
47. A　48. D　49. B　50. B　51. B　52. A　53. D　54. C　55. D　56. A　57. C　58. E　59. B　60. D

（二）多项选择题

61. ABDE　62. ACDE　63. ABCD　64. BD　65. BDE　66. BCD　67. ABCDE　68.ACE　69. AC　70. DE
71. CDE　72. BD　73. AD　74. BCE　75. ABCE

二、名词解释

1. 细胞增殖周期：指连续分裂的细胞从上一次有丝分裂结束开始到下一次有丝分裂结束所经历的整个过程。这一过程所经历的时间为细胞周期时间。

2. 分裂间期：指从细胞上一次分裂结束到下一次细胞分裂开始的细胞生长、DNA 复制与物质合成的时期。

3. 细胞增殖（cell proliferation）：通过细胞的生长和分裂使细胞数目增加，并且使子细胞获得和母细胞相同遗传特性的过程。

4. 联会：指在减数分裂的前期Ⅰ，同源染色体配对的过程。

5. 联会复合体：在减数分裂的前期Ⅰ形成的，使同源染色体相互识别，并紧密相连的结构。

6. 有丝分裂器：在细胞有丝分裂时专门执行细胞分裂功能的临时性结构，包括中心体、纺锤体、星体和染色体等。

7. Check point：即限制点，在细胞周期中有一些对环境因素的敏感点，可限制正常细胞通过周期，是控制细胞增殖的关键，称为限制点。主要有 G_1/S 期限制点、S 期限制点、G_2/M 期限制点、M/ G_1 期限制点。

8. cyclin：即细胞周期素，在细胞周期中呈周期性变化，能与 CDK 结合，激活 CDK，间接调节细胞周期运行。

三、简答题

1. 细胞分裂间期　包括 G_1 期、S 期、G_2 期，其主要特点有：G_1 期首先要经过一个细胞生长的过程，物质代谢活跃，rRNA、mRNA、tRNA 在此期大量合成，RNA 的合成又导致结构蛋白及酶蛋白的形成。S 期主要是进行 DNA 的复制，组蛋白和非组蛋白也有合成。G_2 期主要是合成与有丝分裂有关的特殊蛋白质如微管蛋白、成熟促进因子等，同时染色质螺旋化，产生凝集。另外，一些使核膜解体的可溶性因子也出现在 G_2 期的晚期，还有一种促使细胞从 G_2 期进入 M 期的可溶性蛋白激酶也在此时合成，该酶可使核纤层蛋白磷酸化，进而引起 M 期核膜的破裂。

2. 有丝分裂各时期特点

（1）前期：染色体组装；核膜裂解、核仁消失、内膜系统也分解成小囊泡；纺锤体形成及染色体向赤道板运动。

（2）中期：染色体高度凝集并排列在赤道板上，有丝分裂器形成。

（3）后期：着丝粒复制断裂，姐妹染色单体分开形成子染色体并开始移向细胞两极。

（4）末期：两组子染色体达到两极，解旋为染色质；子核膜、子核仁出现，纺锤体消失；细胞质分裂。

3. 减数分裂的生物学意义①维持了生物物种遗传物质的稳定性；②为生物物种的多样性提供源泉。同源染色体的联合和非姐妹染色单体间的互换，增加了生殖细胞中染色体组的差异，同源染色体的分离和非同源染色体的自由组合，为生物遗传变异提供了细胞学基础。

4. 调控细胞周期的因素细胞增殖的调控是一个极其复杂的过程，涉及多因子在多层次上的作用。这些因素主要包括以下几个方面。一是机体内环境中调控细胞增殖的因素，如各种生长因子、抑素；二是生长因子受体的传感机制，最终引起细胞内有关增殖基因的表达，调控细胞增殖；三是某些基因及其产物对细胞增殖的调控，其中包括癌基因、抑癌基因和细胞分裂周期基因等。

5. 细胞分裂完成后，一般只有一部分细胞再进入下一个周期，其他细胞不再进入下一个细胞周期而是进行细胞分化。根据细胞 DNA 合成和分裂能力的不同，可将哺乳动物细胞分为 3 类：① 保持分裂能力，不断地由一次有丝分裂进入下一次有丝分裂，这类细胞称为周期中细胞，如小肠绒毛上皮隐窝细胞、表皮基底层细胞和部分骨髓细胞；② 暂时离开细胞周期，停止细胞分裂，但在适当的刺激下，可重新进入细胞周期开始分裂，这类细胞称为静止期细胞或 G_0 期细胞，如某些免疫淋巴细胞和肝、肾细胞；③ 还有一类是终末分化细胞，它们永久丧失了分裂能力，如神经细胞、肌肉细胞、多形核白细胞等。终末分化细胞的需求要依靠干细胞来补充。

四、论述题

1. 减数分裂与有丝分裂异同

（1）不同点

1）有丝分裂发生在体细胞的增殖过程中，减数分裂发生在生殖细胞的形成过程中。

2）有丝分裂过程中 DNA 复制 1 次，细胞分裂 1 次，结果形成 2 个子细胞；减数分裂过程中 DNA 复制 1 次，细胞连续分裂 2 次，结果形成 4 个子细胞。

3）有丝分裂 1 个间期 DNA 100% 复制，中心体复制 1 次；减数分裂具有 2 个间期，前间期 S 期长，但只合成 99.7% DNA，其余的 0.3% 在前期 I 合成，间期 II 无 DNA 复制合成。

4）有丝分裂无遗传物质间的互换，减数分裂前期 I 同源染色体配对，非姐妹染色单体之间可交叉互换。

5）有丝分裂的子细胞与母细胞的染色体数相同，减数分裂的子细胞的染色体数是母细胞的一半。

（2）相同点

1）都是细胞的增殖方式。

2）都可以形成有丝分裂器。

3）遗传物质可以均等分配。

4）都发生在真核细胞中。

2. 细胞周期限制点的概念及其生物学意义

在细胞周期中存在 G_1、S、G_2、M 期的敏感点，能够检测细胞周期事件严格有序进行，检测故障，停止细胞周期运行，修复和排除故障，在进入下一事件。这些敏感点称为细胞周期限制点（check point）。

DNA 复制限制点：保证 DNA 复制完成后细胞进入 M 期。

DNA 损伤限制点：DNA 分子损伤和突变后，停止细胞周期运行，待损伤和突变完全修复后在进入 M 期。p53、p21 等参与其调控。损伤和突变的修复；启动细胞凋亡机制。

纺锤体连接限制点：位于 M 中期-M 后期的交界处，保证遗传物质严格分配。

细胞周期调控蛋白是在细胞周期中呈现周期性变化或直接参与细胞周期调控的蛋白分子。

3. 根据细胞周期调控蛋白的作用及作用靶事件的不同，分为三大类

（1）CDK 类蛋白激酶（cyclin-dependent kinase）：目前发现的有 CDK1～CDK7，以磷酸化形式直接作用于细胞周期事件。参与 DNA 合成的启动/终止、M 期事件等，根据作用时相分为 G_1 期 CDK、G_1/S 期 CDK 和 S 期 CDK、M 期 CDK。

（2）细胞周期素（cyclin）：在细胞周期呈现周期性变化，能与 CDK 结合并使之活化的蛋白。分为 cyclinA、cyclinB、cyclinC、cyclinD、cyclinE 等，通过 CDK 调节细胞周期。

CDK 抑制因子（CKI）：直接与 CDK 或 CDK/cyclin 复合物结合，抑制 CDK 的激酶活性，阻断或延迟细胞周期运行。重要的有 p16、p27、p21、p57 等。

（郑立红）

第十四章 细胞分化

【重点难点提要】

一、细胞分化

细胞分化（differentiation）是指从受精卵开始的个体发育过程中细胞之间产生稳定性差异的过程。细胞分化的主要标志是细胞内开始合成新的特异性的蛋白质，其本质是基因的选择性表达。

1. 细胞分化的特点

（1）具有稳定性。

（2）细胞分化中可产生转分化和去分化。

（3）细胞分化具有时间性和空间性。

（4）生物体普遍存在。

2. 细胞决定

（1）个体发育过程中，细胞在发生可识别的分化特征之前就已确定了未来的发育命运，并向特定方向分化，细胞预先做出的分化选择，称为细胞决定（cell determination）。

（2）细胞决定具有高度的遗传稳定性。细胞决定先于细胞分化，并制约着细胞分化的方向。

3. 全能性的细胞与细胞核

（1）细胞的全能性：单个细胞在一定条件下分化发育为完整个体的能力，称为细胞全能性（totipotency）。具有这种潜能的细胞称为全能性细胞。

在胚胎发育过程中，受精卵是全能的细胞。随着分化发育的进程，细胞逐渐丧失其分化潜能，仅具有分化成有限细胞类型的潜能，这种潜能称为细胞的多能性。如胚胎发育的三胚层形成后，就成为多能性细胞，最后呈单能性，形成在形态上特化、功能上专一化的终末分化细胞。这种从全能性到多能性，再到单能性的发育趋向，是细胞分化的一个普遍规律。

（2）全能性细胞核：细胞核始终保持其分化全能性，即使是终末分化细胞，其细胞核同样也包含全部的遗传信息，即具有发育为完整个体的"全能性"。

4. 细胞分化与细胞增殖 细胞分化是在增殖的基础上进行，细胞分化发生于细胞增殖的 G_1 期。细胞的分裂能力随细胞分化程度提高而有所下降。

二、细胞分化的分子基础

1. 细胞分化是基因选择性的表达结果

（1）相关基因：根据与细胞分化的关系细胞中基因分为两大类：管家基因与奢侈基因。

1）管家基因（housekeeping gene）：维持细胞最基本生命活动所不可缺少的基因，对分化只起辅助作用的基因。这些基因在各类细胞中都可以表达。

2）奢侈基因（luxury gene）：编码特异性蛋白的基因，与各种分化细胞的特定性状直接相关，对细胞自身生存无直接影响，但却决定着细胞分化的物质基础。这些基因只有在特定的分化细胞中表达。

（2）基因的选择性表达：在胚胎发育和分化过程中各种不同的细胞类型的出现，是由于有关的奢侈基因按一定的顺序相继活化的结果，这种现象称基因的差异表达（基因的顺序表达）。

2. 基因差异表达的调控主要发生在转录水平

（1）顺式调控元件：顺式调控元件包括：①启动子；②增强子；③沉默子；④座位控制区域。

（2）反式调控因子：主要是转录因子，这类蛋白质在功能上分为两类，即通用转录因子和特异转录因子。

（3）活性染色质结构的特异调控区：基因进行转录前必须使高度螺旋化的 DNA 解螺旋，才能使基因调节蛋白接近并与 DNA 相结合，触发基因转录，解旋的 DNA 暴露其 DNAase Ⅰ敏感位点，易受其酶攻击，这种构象使活性染色质对 DNAase Ⅰ具有高敏感性。

（4）DNA 甲基化：是指 DNA 复制后，在 DNA 甲基转移酶催化下，DNA 的 CG 两个核苷酸的胞嘧啶发生甲基化。甲基化位点可阻止转录因子与 DNA 结合，越是活跃的基因其甲基化程度越低，越不活跃的基因甲基化程度越高。大约 70% 的 CG 序列有甲基化发生，持续表达的管家基因多为非甲基化状态；甲基化可能参与了某些基因的关闭过程。

（5）同源盒（HOX）基因：是一组决定生物基本结构的基因。这些基因都含有一段高度保守的由 180bp 组成的 DNA 序列，称为同源盒。它编码的 60 个氨基酸片段可与特异 DNA 片段中的大沟相互作用启动基因的表达。

三、影响细胞分化的因素

1. 细胞质在细胞分化中的作用 在胚胎早期发育过程中，细胞质成分是不均质的，因此，细胞分裂时质呈不均等分配到子细胞中，这种不均一性胞质成分可以调控细胞核基因的表达，在一定程度上决定细胞的早期分化。

2. 细胞间相互作用可诱导细胞分化

（1）细胞间相互诱导作用：在胚胎发育过程中，一部分细胞对邻近另一部分细胞产生影响，并决定其分化方向的作用称为胚胎诱导。细胞间的相互诱导作用是有层次的，可分为初级诱导、次级诱导和三级诱导。

（2）细胞间抑制作用：在胚胎发育过程中，已分化的细胞抑制邻近细胞进行相同分化而产生的负反馈调节作用，称为细胞间抑制。

3. 激素对细胞分化的影响

（1）激素的作用：激素可看作是远距离细胞间的相互作用，虽然激素分布于整个循环系统，但它只作用于特定的靶细胞，促进其生长和分化。激素对细胞分化的影响通常是在个体发育的晚期。

（2）激素的分类：分为两大类，分别通过两种不同途径对靶细胞发挥作用。

1）甾类激素可穿过靶细胞的细胞膜，与细胞质内的特异受体结合形成受体-激素复合物入核，而作为转录调控物。

2）多肽类激素不能穿过细胞膜，而是通过与质膜上的受体结合、并通过细胞内信号转导过程将信号传递到细胞核。

4. 位置信息对细胞分化的作用 改变细胞所处的位置可导致细胞分化方向的改变，这种现象称位置效应。"位置信息"是产生效应的主要原因。其本质可能是来源于不同位置胚胎细胞中信号分子，它可影响邻近细胞的分化方向。

5. 环境因素可影响细胞的分化

四、细胞异常分化可引起细胞癌变

1. 细胞癌变是细胞去分化的结果 癌细胞的特点：主要表现出低分化和高增殖的细胞特征。癌细胞染色体丰富、染色体的形态和数目改变、核质比增多，核仁增多，核膜和核仁轮廓清楚，胞膜表面多有皱褶及微绒毛、胞膜出现新抗原。细胞间连接减少。细胞的增殖不受机体任何调节信号的控制，细胞具有异质性、表型的不稳定性及物质代谢的异常等特性。

2. 肿瘤细胞的分化特征

（1）癌细胞是由正常细胞转化而来。

（2）癌细胞增殖时出现低分化或未分化的细胞。恶性程度越高，分化程度越低。

（3）癌细胞生长、分化完全摆脱了机体的调节和控制，自主恶性生长。

3. 肿瘤细胞可被诱导向正常细胞分化　可通过肿瘤诱导分化治疗改变肿瘤细胞的恶性生物学行为，达到治疗的目的。

【自　测　题】

一、选择题

（一）单项选择题

1. 同源细胞逐渐变为结构和功能及生化特征上相异细胞的过程是

A. 增殖　　　　　　B. 分裂　　　　　　C. 分化　　　　　　D. 发育　　　　　　E. 衰老

2. 从分子水平看，细胞分化的主要标志是

A. 特异性蛋白质的合成　　　　　B. 基本蛋白质的合成　　　　　　C. 结构蛋白质的合成

D. 酶蛋白质的合成　　　　　E. 以上都不是

3. 多细胞生物的细胞分化存在于

A. 卵裂期　　　　　B. 囊胚期　　　　　C. 原肠胚期　　　　　D. 神经轴胚期　　　　　E. 整个生活史中

4. 多细胞生物空间上的分化，表现在一个生物体的

A. 同一细胞在胚胎早期和胚胎晚期可以有不同形态

B. 同一细胞在胚胎期和胚后期可以有不同形态

C. 前、后端，内、外部，背、腹面等部位可以有不同的细胞

D. 同一个细胞在发育早期和发育晚期可以有不同的形态

E. 以上都不是

5. 一个全能性细胞，应该有表达基因组中任何一种基因的能力，但实际上不然，这往往是

A. 体细胞表达基因的能力为性细胞的 2 倍　　　　　B. 体细胞表达基因的能力与性细胞相等

C. 体细胞表达基因的能力比性细胞要高得多　　　　　D. 体细胞表达基因的能力比性细胞要低得多

E. 以上都不是

6. 分化细胞重新分裂回复到胚胎细胞这种现象称为

A. 细胞分裂　　　　　B. 减数分裂　　　　　C. 有丝分裂　　　　　D. 细胞分化　　　　　E. 细胞去分化

7. 维持细胞最低限度的基因是

A. 奢侈基因　　　　　B. 结构基因　　　　　C. 调节基因　　　　　D. 管家基因　　　　　E. 以上都不是

8. 关于细胞分化哪种说法有误

A. 同源细胞由于所处的环境不同，分化出相异的形态和功能的细胞称空间上的分化

B. 一个细胞在不同的发育阶段，可以有不同的形态和功能称时间上的分化

C. 细胞的分化发生在胚胎时期

D. 分化的实质是同一个基因型的细胞具有多种表现型

E. 个体发育中的细胞分化是不可逆

9. 细胞分化的实质是

A. 基因选择性表达　　　B. 基因选择性丢失　　　C. 基因突变　　　D. 基因扩增　　　E. 以上都不对

10. 下列由奢侈基因编码的蛋白是

A. 细胞骨架蛋白　　　　　B. 膜蛋白　　　　　C. 组蛋白　　　　　D. 血红蛋白　　　　　E. 核糖体蛋白

11. 细胞分化的共同规律是

A. 多能-全能-单能　　B. 全能-单能-多能　　C. 单能-多能-全能　　D. 全能-多能-单能　　E. 多能-全能-单能

12. 在胚胎发育中，一部分细胞对邻近的另一部分细胞产生影响，并决定其分化方向的作用称为

A. 胚胎诱导　　　　B. 细胞分化　　　　C. 决定　　　　　　D. 转化　　　　　　E. 选择性表达

13. 虽然细胞分化的潜能随分化进程变得越小，但（　　）可始终保持分化的全能性。

A. 线粒体　　　　　B. 细胞核　　　　　C. 溶酶体　　　　　D. 核糖体　　　　　E. 以上都不是

14. 与各种细胞分化的特殊性状有直接关系的基因是

A. 断裂基因　　　　B. 奢侈基因　　　　C. 管家基因　　　　D. 编码基因　　　　E. 非编码基因

15. 既有自我复制能力，又能产生分化能力的细胞是

A. T 淋巴细胞　　　B. B 淋巴细胞　　　C. 骨髓细胞　　　　D. 干细胞　　　　　E. 受精卵细胞

16. 关于管家蛋白，下列叙述不正确的是

A. 维持细胞生命活动所必需的　　B. 各类细胞普遍共有的　　C. 细胞向特殊类型分化的物质基础

D. 包括核糖体蛋白　　　　　　　E. 糖酵解的酶类在所有细胞中都出现，却不是管家蛋白

17. 维持细胞生命活动所必需的管家蛋白是

A. 膜蛋白　　　　　B. 分泌蛋白　　　　C. 血红蛋白　　　　D. 角蛋白　　　　　E. 收缩蛋白

18. 在表达过程中不受时间限制的基因是

A. 管家基因　　　　B. 奢侈基因　　　　C. 免疫球蛋白基因　　D. 血红蛋白基因　　E. 分泌蛋白基因

19. 内胚层将发育成

A. 神经　　　　　　B. 表皮　　　　　　C. 骨骼　　　　　　D. 肌肉　　　　　　E. 肺上皮

20. 关于细胞分化的分子生物学机制，下列说法不正确的是

A. 细胞表型特化的分子基础是特异性蛋白质的合成　　B. 已经分化的细胞仍旧具有全能性

C. 细胞分化是基因选择性表达的结果　　　　　　　　D. 细胞分化的选择性表达是在 mRNA 水平上的调节

E. 细胞分化的选择性表达是在转录水平上调节的

21. 关于肿瘤细胞的增殖特征，下列说法不正确的是

A. 肿瘤细胞在增殖过程中，不会失去密度依赖性抑制　　B. 肿瘤细胞都有恶性增殖和侵袭、转移的能力

C. 肿瘤细胞和胚胎细胞某些特征相似，如无限增殖的特性　　D. 肿瘤细胞来源于正常细胞，但是多表现为去分化

E. 肿瘤细胞可以无限传代，成为永生细胞

22. 细胞分化过程中，基因表达的调控主要是哪种水平

A. 复制　　　　　　B. 转录　　　　　　C. 翻译　　　　　　D. 翻译后　　　　　E. 前转录

23. 下列哪类细胞不具分化能力

A. 胚胎细胞　　　　B. 肌肉细胞　　　　C. 骨髓干细胞　　　D. 造血干细胞　　　E. 肿瘤细胞

24. 癌细胞的最主要和最具危害性的特征是

A. 细胞膜上出现新抗原　　B. 不受控制的恶性增殖　　　C. 核膜、核仁等核结构与正常细胞不同

D. 表现为未分化细胞的特征　　E. 细胞内的多数细胞器减少

25. 要产生不同类型的细胞需要通过

A. 有丝分裂　　　　B. 减数分裂　　　　C. 细胞分裂　　　　D. 细胞分化　　　　E. 细胞去分化

26. 对细胞分化远距离调控的物质是

A. 激素　　　　　　B. DNA　　　　　　C. RNA　　　　　　D. 糖分子　　　　　E. 离子

27. 生物体的各种类型的细胞中，表现最高全能性的细胞是

A. 体细胞　　　　　B. 生殖细胞　　　　C. 干细胞　　　　　D. 受精卵　　　　　E. 以上都不是

28. DNA 合成的诱导可用来说明

A. 细胞核对细胞质的作用　　B. 细胞质对细胞核的作用　　　C. 诱导和被诱导相互作用

D. DNA 的合成是可以被诱导的　　E. 以上都不是

29. 每一个分化的细胞核中都含有

A. 大部分遗传信息　　　　　　　　B. 小部分遗传信息　　　C. 全部遗传信息

D. 不同分化细胞核有着不同的遗传信息　　　E. 以上都不是

30. 细胞间诱导作用的诱导物质是

A. 蛋白质　　　　B. 核酸　　　　C. 胞嘧啶核苷酸　　D. 苯丙氨酸　　E. 以上都是

31. 细胞分化中差别性表达的调控物质是

A. 组蛋白　　　　B. 胆固醇　　　　C. DNA　　　　D. 非组蛋白　　　E. RNA

32. 细胞分化发生在生物体的整个生命进程之中，但达到分化最大限度的时间是

A. 发育早期　　　B. 发育晚期　　　C. 胚后时期　　D. 胚胎时期　　E. 以上都不是

33. 关于反式作用因子的叙述，下列哪项是错误的

A. 是蛋白质　　　　　　　B. 分子内含有 DNA 识别结合域　　　C. 分子内作用元件

D. 分子内含有转录活性域　　　E. 分子内含有结合蛋白质的结合域

34. 下列关于细胞分化与癌变关系，哪种说法不正确

A. 癌细胞是细胞在已分化的基础上更进一步的分化状态　　B. 癌细胞可以诱导分化为正常细胞

C. 细胞癌变是细胞去分化的结果　　　　　　　　　　　D. 癌变是癌基因表达减弱的结果

E. 癌变是细胞恶性分化的结果

35. 个体发育中细胞核和细胞质的分化是

A. 细胞核的分化先于细胞质　　B. 细胞质的分化先于细胞核　　C. 细胞核先分化 1 / 2，细胞质再开始分化

D. 细胞核和细胞质同时分化　　E. 细胞核和细胞质都不分化

（二）多项选择题

36. 关于细胞分化的叙述，错误的是

A. 分化是因为遗传物质丢失　　　B. 分化是因为基因扩增　　　C. 分化是因为基因重组

D. 分化是转录水平的控制　　　E. 分化是翻译水平的控制

37. 以下哪些细胞具有发育的全能性

A. 受精卵　　　　B. 原始生殖细胞　　　C. 干细胞　　　　D. 植物细胞　　　E. 肿瘤细胞

38. 属于奢侈基因的是

A. tRNA 基因　　B. rRNA 基因　　C. 血红蛋白基因　　D. 肌动蛋白基因　　E. 血红蛋白

39. 参与细胞分化与增殖调控的有

A. 激素　　　　B. 神经递质　　　C. 生长因子　　　D. cAMP　　　E. 以上都不是

40. 细胞全能性的含义是指

A. 机体内的每个细胞都具有整套基因

B. 任何一种未分化的细胞都有分化为各种细胞的可能，分化细胞则不能

C. 机体内的任何一种细胞都有分化为各种类型细胞的潜在能力

D. 细胞的分化完全受核控制与原生质无关

E. 以上都不是

41. 关于细胞分化中基因的表达活性

A. 细胞类型不同，基因表达活性不相同　　　　B. 细胞类型不同，基因表达活性相同

C. 同一类型细胞，发育阶段不同，基因表达活性不同　　D. 同一类型细胞，基因表达活性始终相同

E. 以上都不是

42. 下列关于 DNA 甲基化的正确叙述是

A. 甲基化程度越高，DNA 转录活性越低　　　B. 甲基化程度越高，DNA 转录活性越高

C. 大多数的 CG 顺序有甲基化发生　　　　D. 甲基化有助于某些活化基因的关闭

E. 管家基因多为甲基化状态

43. 细胞分化最基本的特点

A. 同源细胞一旦分化，它们在空间上就产生一定的合理排列　　B. 细胞分化的过程是不可逆的

C. 细胞分化是稳定的　　　　　　　　　　D. 细胞分化是一种严格有限的活动

E. 以上都不是

44. 对个体发育来说，细胞质和细胞核的功能是

A. 个体主要结构的布局，细胞质作用大　　　　B. 细胞各种特性的出现，细胞核的作用多

C. 细胞核和细胞质可相互激发抑制，维持细胞的正常分化 D. 细胞核的功能显示早，细胞质的功能显示迟

E. 以上都不是

45. 恶性肿瘤细胞的形态特点包括

A. 细胞大小不一，形态不规则　　　　　B. 核质比增大　　　C. 核大深染，核仁肥大

D. 胞质嗜酸性　　　　　　　　　　　E. 细胞间连接减少

46. 恶性肿瘤的细胞器生长表现为

A. 线粒体分布不均、数量减少、形态不规则　　　B. 核糖体增多　　　C. 内质网不发达

D. 溶酶体增多　　　　　　　　　　　　E. 微丝排列不规则

二、名词解释

1. 细胞分化（cell differentiation）　　2. 细胞全能性（totipotency）　　3. 多能细胞　　4. 单能细胞

5. 去分化　　　　　6. 细胞决定　　　　　7. 奢侈基因　　　　　8. 管家基因　　　　9. 基因的差异表达

三、简答题

1. 细胞分化有何特点？

2. 简述激素对分化的作用。

四、论述题

为什么说细胞分化是基因选择性表达的结果？

【参 考 答 案】

一、选择题

（一）单项选择题

1. C　2. A　3. C　4. C　5. D　6. E　7. D　8. D　9. A　10. D　11. D　12. A　13. B　14. B　15. D　16. E

17. A　18. A　19. E　20. B　21. A　22. B　23. B　24. B　25. D　26. A　27. D　28. B　29. C　30. E　31. D

32. D　33. C　34. D　35. B

（二）多项选择题

36. ABCE　37. AD　38. CDE　39. ACD　40. AC　41. AC　42. ACD　43. ABCD　44. ABC　45. ABCE　46. ABCDE

二、名词解释

1. 细胞分化（cell differentiation）：指同一来源的细胞通过细胞分裂，在结构上和功能上产生稳定差异的过程。

2. 细胞全能性（totipotency）：单个细胞在一定条件下分化发育为完整个体的能力，称为细胞全能性。

3. 多能细胞：指原肠胚内的，虽然分化潜力已出现局限，但仍能分化成多种类型细胞的细胞。

4. 单能细胞：经过分化而形成的形态上特化、功能上专一的细胞。

5. 去分化：在一定条件下，分化的细胞又回到未分化状态的，这一变化过程称为去分化。

6. 细胞决定：个体发育过程中，细胞在发生可识别的分化特征之前就已确定了未来的发育命运，并向特定方向分化，细胞预先做出的分化选择，称之为细胞决定（cell determination）。

7. 奢侈基因（luxury gene）：指编码特异性蛋白的基因，与各种分化细胞的特定性状直接相关，对细胞自身生存无直接影响，但却决定着细胞分化的物质基础。

8. 管家基因（housekeeping gene）：指维持细胞最基本生命活动所不可缺少的基因，对分化只起辅助作用的基因。

9. 基因的差异表达：在胚胎发育和细胞分化过程中，有关奢侈基因按一定的顺序相继活化表达的现象。

三、简答题

1. 细胞分化的特点

（1）具有稳定性。

（2）细胞分化中可产生转分化和去分化。

（3）细胞分化具有时间性和空间性。

（4）生物体普遍存在。

2. 激素对分化的作用：激素可看作是远距离细胞间的相互作用，虽然激素分布于整个循环系统，但它只作用于特定的靶细胞，促进其生长和分化。激素对细胞分化的影响通常是在个体发育的晚期。

四、论述题

答案要点：细胞分化是细胞在结构和功能发生稳定性差异的过程，而细胞的结构和功能是由蛋白质所体现出来的，所以细胞分化的实质是细胞发育过程中特异性蛋白质的合成，分化的过程就是产生新的专一的结构蛋白和功能蛋白的过程，如肌细胞和红细胞同是来自中胚层，后来它们在结构和功能上发生分工，红细胞合成血红蛋白，而肌细胞合成肌动蛋白和肌球蛋白；蛋白质又是通过继承 DNA 遗传信息的 mRNA 翻译而来，所以细胞分化的实质在于基因选择性的表达。

（郑立红）

第十五章　细胞衰老与细胞死亡

【重点难点提要】

一、细胞衰老

1. 细胞衰老（cell senescence）　是指细胞在正常环境条件下发生的细胞的生理功能和增殖能力减弱及细胞形态发生改变，并趋向死亡的现象。

2. 衰老的特点

1）体内细胞的衰老随细胞类型不同而不同。

2）体外培养的细胞分裂到一定次数后便出现衰老现象。

3. 永生化细胞　癌细胞在体外培养时可完全失去了接触抑制特性，所以不受 Hayflick 界限规律的支配，能够在体外稳定的生长，因此被称为永生化细胞或细胞株。

二、细胞衰老的特征

1. 形态变化　主要表现在细胞皱缩，膜通透性、脆性增加，核膜内折，细胞器数量特别是线粒体数量减少，胞内出现脂褐素等异常物质沉积，最终出现细胞凋亡或坏死。总体来说老化细胞的各种结构呈退行性变化（表 15-1）。

表 15-1　衰老细胞的形态变化

核	增大、染色深、核内有包含物
染色质	凝聚、固缩、碎裂、溶解
质膜	黏度增加、流动性降低
细胞质	色素积聚、空泡形成
线粒体	数目减少、体积增大、mtDNA 突变或丢失
高尔基复合体	碎裂
尼氏体	消失
包含物	糖原减少、脂肪积聚
核膜	内陷

2. 分子水平的变化　衰老细胞会出现脂类、蛋白质和 DNA 等细胞成分损伤，细胞代谢能力降低，主要表现在以下方面。

（1）DNA：复制与转录受到抑制，但也有个别基因会异常激活，端粒 DNA 丢失，线粒体 DNA 特异性缺失，DNA 氧化、断裂、缺失和交联，甲基化程度降低。

（2）RNA：mRNA 和 tRNA 含量降低。

（3）蛋白质：含量下降，细胞内蛋白质发生糖基化、氨甲酰化、脱氨基等修饰反应，导致蛋白质稳定性、抗原性、可消化性下降，自由基使蛋白质肽断裂、交联而变性。氨基酸由左旋变为右旋。

（4）酶分子：活性中心被氧化，金属离子 Ca^{2+}、Zn^{2+}、Mg^{2+}、Fe^{2+} 等丢失，酶分子的二级结构、溶解度、等电点发生改变，总的效应是酶失活。

（5）脂类：不饱和脂肪酸被氧化，引起膜脂之间或与脂蛋白之间交联，膜的流动性降低。

三、细胞衰老的机制

1. 差错学派　细胞衰老是各种细胞成分在受到内外环境的损伤作用后，因缺乏完善的修复，使"差错"累，导致细胞衰老。根据对导致"差错"的主要因子和主导因子的认识不同，可分为不同的学说，这些学说各有实验证据。

（1）代谢废物积累（waste product accumulation）：细胞代谢产物积累至一定量后会危害细胞，引起衰老，哺乳动物脂褐质的沉积是一个典型的例子，脂褐质是一些长寿命的蛋白质和DNA、脂类共价缩合形成的巨交联物，次级溶酶体是形成脂褐质的场所，由于脂褐质结构致密，不能被彻底水解，又不能排出细胞，结果在细胞内沉积增多，阻碍细胞的物质交流和信号传递，最后导致细胞衰老，如老年性痴呆（AD）就是由β-淀粉样蛋白（β-AD）沉积引起的，因此β-AP可作为AD的鉴定指标。

（2）自由基学说（free radical theories）：自由基是一类瞬时形成的含不成对电子的原子或功能基团，普遍存在于生物系统。主要包括：氧自由基如羟自由基（·OH）、氢自由基（H）、碳自由基、脂自由基等，其中·OH的化学性质最活泼。

自由基含有未配对电子，具有高度反应活性，可引发链式自由基反应，引起DNA、蛋白质和脂类，尤其是多不饱和脂肪酸（polyunsaturated fatty Acids，PUFA）等大分子物质变性和交联，损伤DNA、生物膜、重要的结构蛋白和功能蛋白，从而引起衰老各种现象的发生。

2. 遗传学派　认为衰老是遗传上的程序化过程，其推动力和决定因素是遗传的基因组。

（1）复制性衰老（replicative senescence）：细胞增殖能力和寿命是有限的，决定细胞衰老的因素在细胞内部，而不是外部的环境（巴氏小体实验）。

（2）端粒钟学说：端粒是由250～1500个TTAGGG重复顺序组成，由端粒酶催化合成。端粒随细胞的分裂不断缩短，当端粒长度缩短到一定阈值时，细胞就进入衰老过程。

（3）程序性衰老（programmed senescence）：该理论认为，生物的生长、发育、衰老和死亡都由基因程序控制的，衰老实际上是某些基因依次开启或关闭的结果。例如，在小鼠肝中，胚胎早期表达的胞质丙氨酸转氨酶（cytosolic alanine aminotransferase，cAAT）为A型，随后停止表达，但是在衰老时则表达B型cAAT，其他类似的衰老标志物（senescence markers）也有报道，如肝脏中的衰老标志蛋白2（senescence marker protein 2）也是在老年期表达。

此外程序性学派还认为衰老还与神经内分泌系统退行性变化及免疫系统的程序性衰老有关。

四、细胞死亡

1. 细胞死亡（cell death）　是细胞衰老的结果，是细胞生命现象不可逆的停止及细胞生命的结束。

2. 细胞死亡类型　主动死亡（程序性死亡或细胞凋亡）和被动死亡（细胞坏死）。

1）程序性死亡（programmed cell death）或细胞凋亡（apoptosis）：是指体内细胞发生主动的、有基因控制的自我消亡方式。

2）细胞坏死：是指受到环境因素，如温度、射线、渗透压、化学试剂及细菌和病毒感染等的影响，导致细胞死亡的病理过程。表现为成群细胞的丢失或破坏。

3. 细胞凋亡的特征

（1）细胞凋亡的形态结构改变：①细胞核染色质裂解。②凋亡小体形成。③细胞质浓缩、细胞器改变。④细胞膜表面微绒毛和细胞间连接减少。

（2）细胞凋亡的生物化学变化：①DNA片段形成梯状条带。②RNA和蛋白质合成增加。③Ca^{2+}浓度升高。④多种蛋白酶的参与。⑤线粒体发生一系列改变。

4. 细胞凋亡的分子机制

（1）caspase 家族：caspase 属于半胱氨酸蛋白酶，相当于线虫中的 ced-3，这些蛋白酶是引起细胞凋亡的关键酶，一旦被信号途径激活，能将细胞内的蛋白质降解，使细胞不可逆的走向死亡。它们均有以下特点：①酶活性依赖于半胱氨酸残基的亲核性；②总是在天冬氨酸之后切断底物，所以命名为 caspase（cysteine aspartate-specific protease），称为凋亡酶；③都是由两大、两小亚基组成的异四聚体，大、小亚基由同一基因编码，前体被切割后产生 2 个活性亚基。

（2）Bcl-2 家族：Bcl-2 为凋亡抑制基因，是膜的整合蛋白，其功能相当于线虫中的 ced-9。现已发现至少 19 个同源物，它们在线粒体参与的凋亡途径中起调控作用，能控制线粒体中细胞色素 c 等凋亡因子的释放。

虽然 Bcl-2 蛋白存在于线粒体膜、内质网膜及外核膜上，但主要定位于线粒体外膜，它拮抗促凋亡蛋白的功能。而大多数促凋亡蛋白则主要定位于细胞质，一旦细胞受到凋亡因子的诱导，它们可以向线粒体转位，通过寡聚化在线粒体外膜形成跨膜通道，或者开启线粒体的 PT 孔，从而导致线粒体中的凋亡因子释放，激活 caspase，导致细胞凋亡。

（3）线粒体与细胞凋亡：细胞应激反应或凋亡信号能引起线粒体细胞色素 c 释放，作为凋亡诱导因子，细胞色素 c 能与 Apaf-1、caspase-9 前体、ATP/dATP 形成凋亡体（apoptosome），然后召集并激活 caspase-3，进而引发 caspases 级联反应，导致细胞凋亡。

5. 细胞凋亡和细胞坏死的区别 见表 15-2。

表 15-2 细胞凋亡和细胞坏死的区别

区别点	细胞凋亡	细胞坏死
起因	生理或病理性	病理性变化或剧烈损伤
范围	单个散在细胞	大片组织或成群细胞
细胞膜	保持完整，一直到形成凋亡小体	破损
染色质	凝聚在核膜下呈半月状	呈絮状
细胞器	无明显变化	肿胀、内质网崩解
细胞体积	固缩变小	肿胀变大
凋亡小体	有，被邻近细胞或巨噬细胞吞噬	无，细胞自溶，残余碎片被巨噬细胞吞噬
基因组 DNA	有控降解，电泳图谱呈梯状	随机降解，电泳图谱呈涂抹状
蛋白质合成	有	无
调节过程	受基因调控	被动进行
炎症反应	无，不释放细胞内容物	有，释放内容物

【自 测 题】

一、选择题

（一）单项选择题

1. 以下哪一个又被称为细胞凋亡抑制基因

A. Myc　　　B. Bcl-2　　　C. p53　　　D. Ice　　　E. Fas/APO-1

2. 线虫作为研究发育生物学的材料具有哪些主要特点

A. 细胞数量少　B. 生命周期长　C. 雌雄同体　D. 雌雄异体　E. 细胞数量多

3. 细胞凋亡（cell apoptosis）的特征是

A. 细胞以出芽方式形成凋亡小体　B. DNA 降解，凝胶电泳图谱呈弥散状　C. 细胞器溶解

D. 引起炎症　　　　　　　　　E. 核增大

4. 细胞的衰老死亡与机体的衰老死亡是

A. 一个概念　　　　B. 两个概念　　　　C. 因果关系　　　　D. 主次关系　　　　E. 以上都不是

5. 在衰老细胞中增多的细胞器是

A. 细胞核　　　　　B. 线粒体　　　　　C. 内质网　　　　　D. 中心体　　　　　E. 溶酶体

6. 在衰老细胞中细胞核的

A. DNA 分子质量上升　　　　B. DNA 分子质量下降　　　　　C. DNA 分子质量不变

D. DNA 和组蛋白的结合减少　　E. 核小体上重复排列的碱基对减少

7. 在一般情况下，细胞的程序性死亡是

A. 坏死　　　　　　B. 病理性死亡　　　C. 衰老性死亡　　　D. 凋亡　　　　　　E. 以上都不是

8. Hayflick 界限指

A. 细胞最小分裂次数　　　　B. 细胞最大分裂次数　　　　　C. 细胞最适分裂次数

D. 细胞停止分裂的最后时间　　E. 细胞停止分裂的最佳时间

9. 细胞通常不分裂，但终生保留分裂能力的细胞是

A. 肝细胞　　　　　B. 骨髓细胞　　　　C. 上皮增生细胞　　D. 神经细胞　　　　E. 心肌细胞

10. 下面不属于自由基的分子为

A. O_2　　　　　　B. OH　　　　　　C. OOH　　　　　　D. H　　　　　　　E. H_2O

11. 有机体新陈代谢的普遍规律是

A. 同化和异化作用　　　　　B. 生长和发育　　　　　　C. 遗传和变异

D. 细胞衰老、死亡和增殖　　E. 蛋白质合成和 DNA 复制

12. 有机体中寿命最长的细胞是

A. 红细胞　　　　　B. 表皮细胞　　　　C. 肝细胞　　　　　D. 白细胞　　　　　E. 神经细胞

13. 细胞衰老过程中

A. 染色质中组蛋白和非组蛋白的比值上升　　B. 染色质中组蛋白和非组蛋白的比值下降

C. 类脂双分子层中胆固醇和磷脂的比值下降　　D. 类脂双分子层中胆固醇和磷脂的比值上升

E. DNA 和组蛋白结合减少

14. 细胞内衰老细胞器的消失是

A. 溶酶体中的异噬作用　　　B. 溶酶体的自噬作用　　　　C. 细胞的内吞作用

D. 细胞的外吐作用　　　　　E. 溶酶体的自溶作用

15. 机体衰老过程中，细胞膜类脂双分子层中的

A. 胆固醇和磷脂的比值随年龄增大而增加　　B. 胆固醇和磷脂的比值随年龄增大而减少

C. 胆固醇和磷脂的比值不变　　　　　　　　D. 脂肪酸链运动能力随年龄增大而增强

E. 脂肪酸链运动能力不变

16. 细胞凋亡与细胞坏死最主要的区别是

A. 细胞核肿胀　　　B. 内质网扩张　　　C. 细胞变形　　　D. 炎症反应　　　E. 细胞质变形

17. 下列哪项不属细胞衰老的特征

A. 原生质减少，细胞形状改变　　　　　B. 细胞膜磷脂含量下降，胆固醇含量上升

C. 线粒体数目减少，核膜皱襞　　　　　D. 脂褐素减少，细胞代谢能力下降

E. 核明显变化为核固缩，常染色体减少

18. 下述哪项描述不符合肿瘤细胞的生长特性

A. 接触性抑制的丧失　　　　B. 密度依赖性抑制的丧失　　　C. 着床依赖性生长的丧失

D. 核分裂能力的丧失　　　　E. 对抗体生长调控机制反应性的丧失

19. 细胞凋亡时 DNA 的片段大小的规律是

A. 100bp 的整数倍　　B. 200bp 的整数倍　　C. 300bp 的整数倍　　D. 400bp 的整数倍　　E. 500bp 的整数倍

20. 下列哪种基因功能丧失可能导致细胞凋亡

A. Bax　　　　　B. Bcl-2　　　　　C. Rb　　　　　D. c-Myc　　　　　E. p16

（二）多项选择题

21. 细胞衰老时，生理变化是

A. 物质运输功能降低　B. 内噬功能减弱　C. 复合溶酶体增多　D. 消化能力增强　E. 代谢活动旺盛

22. 细胞衰老时，内膜系统的变化是

A. 粗面内质网排列不规则　B. 滑面内质网减少　C. 高尔基复合体增加　D. 溶酶体增加　E. 线粒体增加

23. 哺乳动物成熟红细胞不能分裂且寿命短的原因是

A. 失去了细胞核　B. 无线粒体和内质网　C. 不能再合成血红蛋白　D. 分化程度不高　E. 无核膜

24. 在细胞凋亡的叙述中正确的是

A. 细胞凋亡是坏死　B. 是病理性死亡　C. 是衰老死亡　D. 是程序性死亡　E. 形成凋谢体

25. 体内衰老细胞的细胞核

A. 缩小　　　　B. 固缩　　　　C. 折光率高　　　　D. 核膜内折　　　　E. 形状规则

26. 凋亡细胞的特点是

A. 细胞膜破裂　B. 细胞膜保持完整　C. 被邻近的细胞吞噬　D. 可引起炎症　E. 不引起炎症

27. 自由基理论认为细胞衰老是

A. 自由基能使脂质发生过氧化作用，产生过氧化脂质　B. 脂质过氧化作用损坏膜各种生理功能

C. 脂质过氧化物与蛋白质结合形成脂褐质沉积细胞中　D. 自由基使 DNA 修复和复制产生差错引起细胞突变

E. 脂质过氧化作用保护膜各种生理功能

28. 哪些细胞的衰老不直接引起机体的衰老

A. 肝细胞　　　B. 肾细胞　　　C. 神经细胞　　　D. 心肌细胞　　　E. 血细胞

29. 正常基因的异常表达可致

A. 异常表型　B. 细胞凋亡　C. 细胞癌变　D. 细胞结构与生物活性改变　E. 蛋白质结构与功能改变

30. 导致细胞癌变的具体原因包括

A. 抑癌基因的丢失、失活　B. 理化致癌因素引起的基因损伤　C. 病毒癌基因渗入细胞并表达

D. 原癌基因的激活　E. 癌基因激活后表达产生异常的癌蛋白

二、名词解释

1. 细胞衰老　2. 细胞死亡　3. Hayflick 界限　4. apoptosis　5. 凋亡小体

三、简答题

1. 细胞衰老有何特征？

2. 细胞凋亡的特征。

四、论述题

1. 细胞凋亡与细胞坏死性死亡有何不同？

2. 论述细胞凋亡的生物学意义。

【参 考 答 案】

一、选择题

（一）单项选择题

1. C　2. A　3. D　4. B　5. E　6. B　7. D　8. B　9. A　10. E　11. D　12. E　13. B　14. B　15. A　16. D

17. D　18. D　19. B　20. B

（二）多项选择题

21. ABCD　22. ABCD　23. ABC　24. DE　25. BD　26. BCD　27. ABCD　28. AB　29. ABCDE　30. ABCDE

二、名词解释

1. 细胞衰老：是指细胞在正常环境条件下发生的细胞的生理功能和增殖能力减弱及细胞形态发生改变，并趋向死亡的现象。

2. 细胞死亡：是细胞衰老的结果，是细胞生命现象不可逆的停止及细胞生命的结束。

3. Hayflick 界限：由 Hayflick 等提出的，其主要内容是：细胞，至少是培养的细胞，不是不死的，而是有一定的寿命；它们的增殖能力不是无限的，而是有一定的界限。

4. apoptosis：是指体内细胞发生主动的、有基因控制的自我消亡方式。

5. 凋亡小体：细胞凋亡过程中产生的一种特殊的结构体，形成过程是核染色质断裂为大小不等的片段，与某些细胞器如线粒体一起聚集，被反折的细胞质膜所包围。从外观上看，细胞表面产生了许多泡状或芽状突起以后逐渐分隔，形成单个的凋亡小体。凋亡小体逐渐为邻近的细胞所吞噬并消化，不会影响周围的细胞，不会引起炎症反应。

三、简答题

1. 细胞衰老特征

（1）形状改变。

（2）原生质减少，细胞内出现非活性物质。

（3）细胞膜的改变，磷脂含量下降，胆固醇/磷脂比值上升，细胞膜黏滞性下降，流动性降低，信息传递和物质运输能力下降。

（4）细胞器的变化：核膜内陷或破裂、核质比减少，染色体畸变率上升；线粒体数减少形态异常，DNA 和蛋白质合成量下降；高尔基扁平囊肿胀、被大小囊泡包围；溶酶体的数量和体积增加；滑面内质网空泡状、粗面内质网数量减少，核糖体脱落。

（5）脂褐质数量增加。

（6）代谢改变，吸收能力下降；脂肪的吸收能力下降，合成大于分解；蛋白质的吸收能力下降；DNA 结构或构象改变，功能改变。

2. 细胞凋亡的特征：见重点难点提要。

四、论述题

1. 细胞凋亡与细胞坏死性死亡不同之处

（1）细胞凋亡是个体正常发育不可缺少的正常生理过程，而坏死性细胞死亡是由某些外界因素造成的非正常死亡。

（2）细胞凋亡是在细胞内基因控制下的一个渐进有序的过程，而坏死性细胞死亡是在细胞外的理化损伤、微生物侵袭等不良外界因素的作用下的细胞急速死亡的一个无序的过程。

（3）细胞凋亡后细胞膜不破裂，溶酶体酶不外泄，内涵物不释放；而坏死性细胞死亡细胞膜破裂，溶酶体酶外泄，细胞解体。

（4）细胞凋亡以凋谢体的形式被邻近细胞吞噬，不会引起炎症，而坏死性细胞死亡往往引起炎症。

2. 答案要点：①清除无用的细胞；②清除多余的细胞；③清除发育不正常的细胞；④清除已完成任务的、衰老的细胞；⑤清除有害的、被感染的细胞。

　　通过以上几方面的作用，保证器官的正常发生与构建、组织及细胞数目的相对平衡。

（郑立红）

第十六章 干 细 胞

【重点难点提要】

在个体发育过程中,通常将那些具有自我复制能力并能在一定条件下分化形成一种以上类型细胞的多潜能细胞称为干细胞(stem cell)。

根据分化潜能,将干细胞分为全能干细胞、多能干细胞和单能干细胞。根据细胞来源,将干细胞分成胚胎干细胞(embryonic stem cell, ESC)和成体干细胞(adult stem cell)。

1. 干细胞的基本特征

(1)干细胞通常呈圆形且具有不同的生化标志。

(2)干细胞的增殖速度通常很慢。

(3)不同干细胞具有不同的分化潜能。

(4)干细胞的增殖与分化主要受其微环境的调控。

2. 胚胎干细胞
主要是指来自囊胚内细胞团的细胞,有自我更新和多向分化潜能,可以分化为内、中、外三个胚层的各类细胞。

(1)胚胎干细胞系的建立

1)最初从小鼠囊胚内细胞团中分离到胚胎干细胞建立鼠胚胎肝细胞系。

2)近年可从体外授精形成的囊胚内细胞团获得人胚胎干细胞。

3)利用克隆技术获得胚胎干细胞。

(2)胚胎干细胞的生物学特性:胚胎干细胞具有原始细胞的形态和生化特征。

1)形态特征:细胞体积小,核大,胞质少,有一个或多个核仁,核质比高。胚胎干细胞在体外培养时呈松散、扁平的集落状生长,集落内细胞界限不清。

2)标志物:胚胎干细胞表面可检测到阶段特异性胚胎抗原(SSEA),在胚胎发育早期表达,常作为胚胎干细胞的标志之一,具有种属特异性。另外还表达其他一些标志分子,如 Oct-4、碱性磷酸酶(AKP)、CD30 等。

3)端粒酶活性:胚胎干表达高度端粒酶活性,与人细胞的永生化高度相关。

(3)胚胎干细胞的增殖特征

1)胚胎干细胞增殖速度快。

2)细胞大多数处于 S 期。没有 G_1 期检测点,不需要外部信号来启动 DNA 的复制。

(4)胚胎干细胞的定向分化:胚胎干细胞是多能性干细胞,可分化为体内任何类型的细胞。
胚胎干细胞定向分化的常用策略:①改变细胞培养条件;②导入外源性基因;③体内定向分化。

3. 成体干细胞

(1)概念:成体干细胞是存在于成年和未成年动物组织中的各种未分化细胞,因此又称为组织干细胞(tissue stem cell),它们具有不断增殖和自我更新能力、又具有多向分化潜能,如神经干细胞、造血干细胞、骨髓间质干细胞、上皮干细胞、肝干细胞、胰腺干细胞等。

(2)成体干细胞的功能

1)自然条件下成体干细胞倾向于分化成所在组织的细胞,参与组织更新和损伤修复。

2)外界条件诱导下成体干细胞可横向分化成其他组织的细胞,参与这些组织的损伤修复。

4. 干细胞的应用前景

（1）干细胞用于细胞移植治疗。

（2）干细胞是发育生物学研究的理想体外模型。

（3）干细胞用于药理研究与新药开发。

（4）干细胞可用于基因治疗。

【自 测 题】

一、选择题

（一）单项选择题

1. 下列哪一条关于干细胞的叙述是正确的

A. 干细胞具有明确的形态学特征，可以进行直接分离和纯化

B. 干细胞具有明确的特异的生化特征，可以进行直接分离和纯化

C. 干细胞具有明确的存在部位，可以进行直接分离和纯化

D. 干细胞具有较高的端粒酶活性，可以用来进行分离和纯化

E. 分离和纯化干细胞，必须观察细胞是否具有增殖能力和自我更新能力，并在适当条件下表现出一定的分化潜能

2. 下列哪一种现象是干细胞的去分化

A. 神经干细胞分化形成神经元　B. 神经干细胞分化形成神经胶质细胞　C. 神经干细胞分化成为造血细胞

D. 造血干细胞分化成为肌细胞　E. 造血干细胞逆转成为胚胎干细胞

3. 受精卵细胞属于

A. 胚胎干细胞　　　　B. 全能干细胞　　　　C. 多能干细胞　　　　D. 专能干细胞　　　　E. 成体干细胞

4. 干细胞的不对称分裂是指

A. 干细胞分裂时产生的子细胞一大一小

B. 干细胞分裂时产生的子细胞1个是干细胞，另1个是特定分化细胞

C. 干细胞分裂时产生的子细胞均是特定分化细胞，或均是干细胞

D. 干细胞分裂时产生1个干细胞，3个特定分化细胞

E. 干细胞分裂时产生3个干细胞，1个特定分化细胞

5. 干细胞的对称分裂是指

A. 干细胞分裂时产生的子细胞一大一小

B. 胞分裂时产生的子细胞1个是干细胞，另1个是特定分化细胞

C. 干细胞分裂时产生的子细胞均是特定分化细胞，或均是干细胞

D. 干细胞分裂时产生1个干细胞，3个特定分化细胞

E. 干细胞分裂时产生3个干细胞，1个特定分化细胞

6. 胚胎干细胞是

A. 未分化的多能性细胞，可分化为外、中、内三种胚层

B. 不表达畸胎瘤细胞的表面抗原

C. 具有分化成为内胚层的潜能，但不具有分化为中胚层的潜能

D. 具有分化成为中胚层的潜能，但不具有分化为内胚层的潜能

E. 具有分化成为外胚层的潜能，但不具有分化为中胚层的潜能

7. 下列关于胚胎干细胞的叙述，哪项是错误的

A. 具有多分化潜能的细胞　　　　　　　　B. 可以在体外无限扩增并保持未分化状态的细胞

C. 通常是从囊胚期胚胎的内细胞团获得的　　D. 端粒酶活性较低

E. 端粒酶活性较高

8. 下面哪项不是人造血干细胞的表面标志

A. CD34$^+$　　　　B. CD38$^-$　　　　C. HLA-DR$^+$　　　　D. CD71　　　　E. K5

9. 下面哪项不是获得多能干细胞的途径

A. 受精卵发育形成的囊胚期的内细胞团细胞　　B. 卵黄囊细胞　　　C. 三胚层细胞

D. 原始生殖细胞　　　　　　E. 体细胞核移植技术产生的杂合细胞发育而来的囊胚期内细胞团细胞

10. 关于过度放大细胞的叙述，哪项是错误的

A. 是介于干细胞和分化细胞之间的过渡细胞　　B. 过度放大细胞分裂速度比干细胞要快

C. 过度放大细胞分裂速度比干细胞要慢　　　D. 过度放大细胞可经多次分裂之后，产生分化细胞

E. 作用是可以通过较少的干细胞产生较多的分化细胞

（二）多项选择题

11. 胚胎干细胞的特征有

A. 细胞体积小，核大，有一个或多个核仁

B. 克隆紧密堆积，无明显的细胞界限

C. 表达早期胚胎细胞的 SSEA-1、SSEA-3、SSEA-4 等抗原，以及碱性磷酸酶（AKP）等未分化细胞的标志

D. 端粒酶活性高

E. 细胞体积大，核小

12. 干细胞增殖特性是

A. 高效性　　　　B. 缓慢性　　　　C. 自稳定性　　　　D. 周期性　　　　E. 以上都对

13. 成体干细胞是

A. 成体组织内具有自我更新能力及能分化产生一种或一种以上子代组织的未成熟细胞　B. 全能干细胞

C. 多能干细胞　　　　　　D. 专能干细胞　　　　　　E. 以上都对

14. 下列有关干细胞的叙述，哪些是正确的

A. 具有多分化潜能的细胞　　　　　　　　　　B. 能分化产生一种以上的"专业"细胞

C. 根据其存在的部位及分化潜能的大小，将其分为胚胎干细胞和成体干细胞　D. 干细胞具有增殖分裂能力

E. 干细胞是生物个体发育和组织再生的基础

15. 细胞的微环境，包括下列哪方面

A. 分泌因子　　B. 受体介导的细胞间相互作用　　C. 整合素　　D. 胞间基质　　E. 以上都不对

16. 干细胞分化特征

A. 分化潜能　　　B. 转分化　　　C. 去分化　　　D. 不稳定性　　　E. 周期性

17. 间充质干细胞特异性表面抗原有

A. SH$_2$　　　　B. SH$_3$　　　　C. CD41　　　　D. CD44　　　　E. K5

18. 角化细胞最具特征性的生化标志是

A. CD71　　　　B. K14　　　　C. CD44　　　　D. K5　　　　E. SH$_2$

19. 1998 年，Gearhart 利用哪些细胞获得人胚胎干细胞

A. 人受精卵发育形成的囊胚期的内细胞团细胞　B. 流产胎儿的性腺嵴细胞　C. 流产胎儿的肠系膜细胞

D. 流产胎儿的卵黄囊细胞　　　　　　E. 内胚层细胞

20. 多能干细胞可进一步分化为

A. 肠干细胞　　　B. 造血干细胞　　　C. 肝干细胞　　　D. 神经干细胞　　　E. 表皮细胞

二、名词解释

1. 干细胞　　　　2. 胚胎干细胞　　　　3. 过度放大干细胞

三、简答题

1. 人胚胎干细胞有何特点?

2. 简述目前获得胚胎干细胞的主要 3 种方法。

四、论述题

试述目前胚胎干细胞有哪些应用?

【参 考 答 案】

一、选择题

(一) 单项选择题

1. E　2. E　3. B　4. B　5. C　6. A　7. D　8. E　9. C　10. C

(二) 多项选择题

11. ABCD　12. AC　13. BD　14. BCDE　15. ABCD　16. ABC　17. ABD　18. BD　19. BC　20. ABCDE

二、名词解释

1. 干细胞,指在个体发育过程中,具有自我复制能力并能在一定条件下分化形成一种以上类型细胞的多潜能细胞。

2. 胚胎干细胞主要是指来自囊胚内细胞团的细胞,有自我更新和多向分化潜能,可以分化为内、中、外三个胚层的各类细胞。

3. 过度放大干细胞,是介于干细胞和分化细胞之间的中间态细胞。它可以起到通过较少的干细胞产生较多的分化细胞的作用。

三、简答题

1. 人胚胎干细胞的特点:见重点难点提要。

2. 获得胚胎干细胞的主要 3 种方法:见重点难点提要。

四、论述题

胚胎干细胞应用前景很广,目前主要作为生产克隆动物的高效材料。胚胎干细胞可以无限传代和增殖而不失去其基因型和表现型,以其作为核供体进行核移植后在短期内可获得大量基因型和表现型完全相同的个体。胚胎干细胞与胚胎嵌合生产克隆动物可解决哺乳动物远缘杂交的困难。另外,由于体细胞克隆动物存在成功率低、早衰、易缺陷、易突变等问题,使胚胎干细胞的克隆研究显得十分重要。

生产转基因动物的高效载体。利用胚胎干细胞作载体使外源基因的整合筛选等工作能在细胞水平上进行,使操作简便、可靠。

发育生物学研究的理想体外模型。通过比较胚胎干细胞不同发育阶段基因转录和表达,可确定胚胎发育及细胞分化的分子机制,并发现新基因。

新型药物的发现筛选。利用胚胎干细胞体外分化的细胞组织检验筛选新药,可大大减少实验动物及人群数量。

加快组织工程发展。组织工程(histological engineering)是生物学和工程学相结合的一项技术,人工培育供移植用的人类或动物细胞、组织或器官,即将种子细胞人工培养生长在支架(生物降解聚合物)上,培育出一定的组织或器官,这些组织或器官可移植给患者,达到临床治疗的目的(克隆治疗)。

(郑立红)

第十七章　细胞工程

【重点难点提要】

细胞工程（cell engineering）是应用细胞生物学和分子生物学方法，在细胞水平上进行遗传操作，改变细胞的遗传特性和生物学特性，以获得具有特定生物学特性的细胞和生物个体的一门综合科学技术。

一、细胞工程的主要相关技术

1. 大规模细胞培养（bulk culture）　是指细胞的高密度或高浓度生长，培养基量在 2L 以上。

（1）悬浮培养：细胞在培养液中呈悬浮状态的生长和增殖的培养方法。

（2）固定化培养：使细胞限制或定位于特定空间位置的培养技术。

（3）微载体培养：也称微珠培养，即让细胞吸附于微载体表面进行生长与增殖的技术。

2. 细胞融合（cell fusion）　也称细胞杂交（cell hybridization），是指两个或多个细胞结合形成一个细胞的过程。

杂交细胞：融合后形成的具有原来两个或多个细胞遗传信息的单核细胞。

3. 细胞核移植（nuclear transfer）　是指通过显微操作讲一个细胞的细胞核移植到一个去核的卵母细胞内的技术过程。

4. 基因转移（nuclear transfer）　指将外源基因导入受体细胞并整合至受体细胞的基因组中，使之遗传性状及表型发生一定改变的技术。

基因转移的方法：

（1）物理学方法：电穿孔法、显微注射法、裸 DNA 直接注射法等。

（2）化学方法：EDAE-葡聚糖法、磷酸钙共沉淀法、脂质体包埋法等。

（3）生物学方法：病毒介导法、体细胞核移植法、精子载体法及干细胞转染法等。

二、细胞工程的应用

1. 单克隆抗体的制备　单克隆抗体由单个杂交瘤细胞进行无性繁殖，也就是通过克隆，形成细胞群，这一细胞群所产生的化学性质单一、特异性强的抗体称为单克隆抗体。

特点：特异性强、灵敏度高、可大量制备。

2. 药用蛋白的生产　如病毒疫苗、干扰素、单克隆抗体。

三、疾病的细胞治疗

1. 干细胞工程　详见第十六章。

2. 工程化细胞的运用　通过基因工程技术，将不同的目的基因片段成功构建于脂质体或病毒载体上，之后再将其成功导入目的干细胞，用于基因治疗。

3. 组织工程　指应用细胞生物学和工程科学的原理和方法，研究和开发能修复或改善损伤组织的形态和功能的生物替代物，将其置于机体，以恢复、维持或改善组织、器官的功能。

【自 测 题】

一、选择题

（一）单项选择题

1. 细胞融合又称

A. 基因工程　　　　B. 遗传工程　　　　C. 重组 DNA 技术　　　　D. 体细胞杂交　　　　E. 细胞质工程

2. 下列有关细胞工程的叙述，不正确的是

A. 在细胞整体水平上定向改变遗传物质　　　　B. 在细胞器水平上定向改变遗传物质

C. 在细胞器水平上定向改变细胞核的遗传物质　　　　D. 在细胞整体水平上获得细胞产品

E. 在染色体水平上定向改变遗传物质

3. 下列关于动物细胞培养的叙述，正确的是

A. 培养中的效应 T 细胞能产生单克隆抗体　　　　B. 培养中的 B 细胞能够无限地增殖

C. 人的成熟红细胞经过培养能形成细胞株　　　　D. 用胰蛋白酶处理肝组织可获得单个肝细胞

E. 培养中的 T 细胞能够无限地增殖

4. 制备单克隆抗体所采用的细胞工程技术包括

①细胞培养；②细胞融合；③胚胎移植；④细胞核移植

A. ①②　　　　B. ①③　　　　C. ②③　　　　D. ③④　　　　E. ①④

5. 下列关于细胞工程的叙述，错误的是

A. 电刺激可诱导植物原生质体融合或动物细胞融合

B. 去除植物细胞的细胞壁和将动物组织分散成单个细胞均需酶处理

C. 小鼠骨髓瘤细胞和经抗原免疫小鼠的 B 淋巴细胞融合可制备单克隆抗体

D. 某种植物甲乙两品种的体细胞杂种与甲乙两品种杂交后代的染色体数目相同

E. 小鼠骨髓瘤细胞和经抗原免疫小鼠的 T 淋巴细胞融合可制备单克隆抗体

6. 下列不属于动物细胞工程应用的是

A. 大规模生产干扰素，用于抵抗病毒引起的感染　　　　B. 为大面积烧伤的患者提供移植的皮肤细胞

C. 大规模生产食品添加剂、香料等　　　　D. 利用胚胎移植技术，加快优良种畜的繁殖

E. 从转基因羊的羊奶中提取出治疗心脏病的药物

7. 用于核移植的供体细胞一般都选用

A. 受精卵　　　　B. 传代 10 代以内的细胞　　　　C. 传代 10～50 代以内的细胞

D. 处于减数分裂第一次分裂中期的次级卵母细胞　　　　E. 处于减数分裂第二次分裂中期的次级卵母细胞

8. 动物细胞工程常用的技术手段中，最基础的是

A. 动物细胞培养　　　　B. 细胞融合　　　　C. 单克隆抗体　　　　D. 胚胎、核移植　　　　E. 克隆技术

9. "生物导弹"是指

A. 单克隆抗体　　　　B. 杂交瘤细胞　　　　C. 产生特定抗体的 B 细胞

D. 在单克隆抗体上连接抗癌药物　　　　E. 产生特定抗体的 T 细胞

10. 不能作为组织培养、细胞培养或克隆的生物材料的是

A. 花粉　　　　B. 幼叶　　　　C. 卵细胞　　　　D. 人血中的红细胞　　　　E. 以上都可以

11. 动物细胞融合技术最重要的用途是制备单克隆抗体。米尔斯坦和柯勒选用 B 淋巴细胞与骨髓瘤细胞融合形成杂交瘤细胞从而得到单克隆抗体。杂交瘤细胞的主要特点是

A. 效应 B 淋巴细胞具有分泌特异性抗体的能力，但不能无限增殖

B. 小鼠骨髓瘤细胞带有癌变特点，可在培养条件下无限增殖，但不能分泌特异性抗体

C. 同时具有上述 A、B 特性

D. 具有能在体外大量增殖的本领，同时又能分泌特异性抗体

E. 特异性强、灵敏度低

12. 下列关于细胞工程的叙述中，错误的是

A. 植物细胞融合必须先制备原生质体　　　　　　　　B. 试管婴儿技术包括人工授精和胚胎移植两方面

C. 经细胞核移植培育出新个体只具有一个亲本的遗传性状　D. 用于培养的植物器官或属于外植体

E. 动物细胞工程常用的技术手段中，最基础的是动物细胞培养

（二）多项选择题

13. 基因操作必不可少的是

A. 工具酶　　　　　B. 目的基因　　　　　C. 运载体　　　　　D. 产物　　　　　E. 细菌

14. 基因工程的运载体主要有

A. 质粒　　　　　B. 噬菌体　　　　　C. 大肠杆菌组 DNA　　　　　D. 黏粒　　　　　E. 病毒

15. 下列哪些是大量生产单克隆抗体的方法

A. 利用淋巴细胞产生抗体

B. 利用肿瘤细胞无限增殖的特性

C. 利用细胞融合的技术将两种细胞融合获得具有淋巴细胞和肿瘤细胞特性的杂交瘤细胞

D. 利用动物细胞培养技术大量培养杂交瘤细胞

E. 利用小鼠骨髓瘤细胞与 B 细胞融合

16. 下面哪些是组织工程支架材料

A. 骨组织　　　　　B. 神经组织　　　　　C. 血管组织　　　　　D. 皮肤组织　　　　　E. 角膜组织

17. 下面哪些为转染方法

A. 脂质体介导的转染　　　B. 电穿孔法　　　C. 显微注射　　　　D. 病毒感染　　　　E. 磷酸钙转染法

18. 下列有关动物细胞培养的叙述中正确的是

A. 用于培养的细胞大都取自胚胎或幼龄动物的器官或组织

B. 将所取的组织先用胰蛋白酶等进行处理使其分散成单个细胞

C. 在培养瓶中要定期用胰蛋白酶使细胞从瓶壁上脱离，制成悬浮液

D. 动物细胞培养只能传 50 代左右，所培养的细胞会衰老死亡

E. 动物细胞培养可用于检测有毒物质和获得大量自身健康细胞

二、名词解释

1. 细胞工程　　　　　　　　2. 细胞融合　　　　　　　　3. 细胞治疗

三、简答题

1. 简述基因转移技术的应用。

2. 如何大量生产单克隆抗体？

3. 如何进行杂交瘤细胞的抗体检测及克隆化培养？

四、论述题

试述单克隆抗体的应用。

【参 考 答 案】

一、选择题

（一）单项选择题

1. D　2. C　3. D　4. A　5. D　6. C　7. B　8. A　9. D　10. D　11. B　12. C

（二）多项选择题

13. ABC　14. ABD　15. ABCD　16. ABCDE　17. ABCDE　18. ABC

二、名词解释

1. 细胞工程：是应用细胞生物学和分子生物学方法，在细胞水平上进行遗传操作，改变细胞的遗传特性和生物学特性，以获得具有特定生物学特性的细胞和生物个体的一门综合科学技术。

2. 细胞融合：在细胞自然生长情况下，或在外界促融因素作用下，使同样细胞之间或不同种类细胞之间相互融合的过程，结果产生一个细胞内含有两个或几个不同的细胞 核的异核体。

3. 细胞治疗：是指用遗传改造过的人体细胞直接移植或输入患者体内，达到控制和治愈疾病为目的的治疗手段。

三、简答题

1. 基因转移技术的应用

（1）DNA 介导的基因转移技术是分离基因的有效手段之一。

（2）DNA 介导的基因转移结合荧光激活细胞分类分析是分离编码细胞表面抗原基因的有效途径。

（3）利用显微注射技术，将外源基因导入受精卵或胚泡内，再转移到假孕动物子宫内继续发育，是发育生物学研究中探讨基因整合，表达和功能的独特的途径。

（4）是防治遗传性疾病和恶性肿瘤的理想而又有希望的途径。

（5）也是细胞工程的一项重要技术。

2. ①利用 B 淋巴细胞产生抗体的功能。②利用肿瘤细胞无限增殖的特性。③利用细胞融合的技术将两种细胞融合获得具有 B 淋巴细胞和肿瘤细胞特性的杂交瘤细胞。④利用动物细胞培养技术大量培养杂交瘤细胞。

3. 融合后的细胞经选择性培养基培养后，能存活的细胞就是杂交瘤细胞。但这些杂交瘤细胞并非都是能分泌所需抗体的细胞，通常用"有限稀释法"来选择。将杂交瘤细胞稀释，用多孔细胞培养板培养，使每孔细胞不超过一个，通过培养让其增殖。然后检测各孔上清液中细胞分泌的抗体（常用酶联免疫吸附试验法），那些上清液可与特定抗原结合的培养孔为阳性孔。阳性孔中的细胞还不能保证是来自单个细胞，挑选阳性孔的细胞继续进行有限稀释，一般需进行 3～4 次，直至确信每个孔中增殖的细胞为单克隆细胞。该过程即为杂交瘤细胞的克隆化培养。

四、论述题

单克隆抗体的应用：单克隆抗体是高度特异性针对单一抗原决定簇的均质抗体。基于单克隆抗体的高度特异性，它在生物医学研究中及临床医学的应用中显示了其重要的意义和价值。

（1）单克隆抗体在临床诊断中的应用：单克隆抗体的最广泛的应用在于体内外诊断试剂的制造。目前利用单克隆抗体制成的免疫诊断试剂已成功地应用于传染病及肿瘤的诊断上；也应用于类风湿因子及其他自身免疫性疾病，激素、维生素、免疫球蛋白异常的临床诊断。用同位素标记的单克隆抗体作定显像是包括肿瘤、心血管疾病等体内诊断的有效手段之一，使用特异性单抗对肿瘤进行鉴定诊断和定位，是临床提高诊断正确率和设计治疗方案中的重要辅助手段。

（2）单克隆抗体在治疗中的应用：特异性单克隆抗体和肿瘤细胞表面相应抗原的结合，可能诱发抗体依赖性细胞毒而杀死肿瘤细胞，因此，抗肿瘤单克隆抗体也是肿瘤治疗的有效手段之一。单克隆抗体与药物、核素和毒素蛋白结合的分子才称作免疫毒素，已被广泛应用于抗肿瘤、抗感染、抗多种病变的治疗研究。

（郑立红）

第二篇　医学遗传学

第十八章　遗传学与医学

【重点难点提要】

一、医学遗传学的概念与研究内容

医学遗传学（medical genetics）：用人类遗传学的理论和方法来研究遗传病从亲代传至子代的特点和规律、起源和发生、病理机制、病变过程及其与临床关系（包括诊断、治疗和预防）的一门综合性学科，主要是研究人类疾病与遗传关系的科学。研究对象是人类。

临床医学遗传学（clinical genetics）：侧重研究临床各种遗传病的诊断、产前诊断、预防、遗传咨询和治疗的学科。

医学遗传学主要任务是从细胞、亚细胞和分子水平研究遗传病的发病机制，从个体及群体水平探索遗传病的诊断、治疗与预防策略。

二、遗传病概述

1. 遗传病特点　遗传病（genetics disease）是由遗传物质改变引起的疾病，能在上下代之间垂直传递，后代中常常表现出一定的发病比例。

遗传病的特征：

（1）在有血缘关系的个体间，由遗传继承，有一定的发病比例；在无血缘关系的个体间，尽管属于同一家庭，但无发病者。

（2）有特定的发病年龄和病程。

（3）同卵双生发病一致率远高于异卵双生。

2. 遗传病与下列疾病的关系　遗传病往往有先天性和家族性特点。

（1）先天性疾病（congenital disease）指出生时就有的疾病。大多数先天性疾病是遗传病。

（2）家族性疾病（familial disease）指表现出家族聚集现象的疾病，即家系中有 2 个或 2 个以上的成员患同一种病。

3. 遗传病的分类　根据遗传病遗传方式的不同，可将遗传病分为：

（1）单基因遗传病（single gene disease）：由单个基因突变所引起的疾病。

（2）多基因遗传病（polygenic disease）：由多个微效基因与环境因素共同作用所引起的疾病。

（3）染色体病：由染色体数目或结构异常所引起的疾病，如 21 三体综合征。

（4）体细胞遗传病：由体细胞遗传物质改变所引起的疾病。

（5）线粒体遗传病：由线粒体基因突变所引起的疾病，呈母系传递。

三、疾病发生与遗传及环境因素的关系

（1）完全由遗传因素决定发病，如白化病、血友病 A。

（2）基本由遗传因素决定发病，但需要环境中一定诱因的作用，如葡萄糖-6-磷酸脱氢酶缺乏症（俗称"蚕豆病"）。

（3）遗传和环境双重影响发病，如高血压、糖尿病、精神分裂症等。

（4）基本由环境因素决定，如烧伤、烫伤等外伤。

【自　测　题】

一、选择题

（一）单项选择题

1. 遗传病特指

A. 先天性疾病　　　　　B. 家族性疾病　　　　　C. 遗传物质改变引起的疾病

D. 不可医治的疾病　　　　　E. 既是先天的，也是家族性的疾病

2. 单基因病分析中，常采用的方法是

A. 系谱分析法　　　　B. 双生子法　　　　C. 群体筛查法　　　　D. 染色体分析法　　　　E. 关联分析法

3. 由遗传因素和环境因素共同作用的疾病是

A. 单基因病　　　　B. 多基因病　　　　C. 传染病　　　　D. 先天性疾病　　　　E. 家族性疾病

4. 发病完全取决于环境因素，与遗传因素基本无关的是

A. 单基因病　　　　B. 多基因病　　　　C. 外伤　　　　D. 先天性疾病　　　　E. 家族性疾病

5. 染色体病分析中，常采用的方法是

A. 系谱分析法　　　　B. 双生子法　　　　C. 群体筛查法　　　　D. 核型分析法　　　　E. 关联分析法

6. 下列哪种病不属于遗传病

A. 21三体综合征　　　　B. 高血压　　　　C. 糖尿病　　　　D. 精神分裂症　　　　E. 烧伤

7. 苯丙酮尿症的发生

A. 完全由遗传因素决定发病　　　　　　　B. 遗传因素和环境因素对发病都有作用

C. 大部分遗传因素和小部分环境因素决定发病　　　　D. 基本上由遗传因素决定发病

E. 发病完全取决于环境因素

8. 环境因素诱导发病的单基因病为

A. Huntington舞蹈病　　B. 蚕豆病　　C. 白化病　　D. 血友病A　　E. 镰状细胞贫血

9.（　　）最早揭示了生物遗传性状的分离和向由组合规律

A. Morgan TH　　B. Watson JD　　C. Mendel G　　D. Landstiner K　　E. Monad

10. 多数恶性肿瘤的发生机制都是在（　　）的基础上发生的

A. 微生物感染　　B. 放射线照射　C. 化学物质中毒　　D. 遗传物质改变　　E. 大量吸烟

11.（　　）于1985年创建了聚合酶链反应（PCR）方法，在体外迅速扩增DNA分子。

A. Arber W　　B. Adrian　　C. Mullis K　　D. Monad J　　E. Watson JD

12. 建立低渗制片技术的科学家是

A. Painter TS　　B. Tatum EL　　C. 蒋有兴　　D. 简悦威　　E. 徐道觉

（二）多项选择题

13. 遗传病的特征多表现为

A. 家族性　　B. 先天性　　C. 传染性　　D. 不累及非血缘关系者　　E. 遗传物质的改变

14. 下列哪种病属于遗传病，并没有家族性

A. 白化病　　　　B. 食物中毒　　　　C. 上呼吸道感染　　D. 苯丙酮尿症　　E. 阑尾炎

15. 关于遗传病的描述，下列叙述正确的是

A. 遗传物质发生改变所引起的疾病　　B. 遗传病一定是先天性疾病　　C. 遗传病往往有家族聚集情况

D. 遗传病呈垂直传递　　　　　　　E. 遗传病有传染性

16. 遗传病发病完全由遗传因素决定，它们有

A. 白化病　　　B. 蚕豆病　　　C. 坏血病　　　　D. 唇裂　　　　　E. 血友病

17. 遗传病常表现出家族性，但某些遗传病却不表现出家族性，如下列

A. 染色体病　　　　B. 白化病　　　C. 营养性夜盲症　　　　D. 麻风病　　　E. 结核病

二、名词解释

1. 遗传病　　　　　　　　　　2. 先天性疾病　　　　　　　　3. 家族性疾病

三、问答题

1. 根据遗传病的遗传方式可将遗传病分为哪几类?

2. 简述医学遗传学研究的主要任务。

【参 考 答 案】

一、选择题

（一）单项选择题

1. C　2. A　3. B　4. C　5. D　6. E　7. A　8. B　9. C　10. D　11. C　12. E

（二）多项选择题

13. ABDE　14. AD　15. ACD　16. AE　17. AB

二、名词解释

1. 遗传病是指由于遗传物质改变引起的疾病。

2. 先天性疾病指出生时就有的疾病，大多数先天性疾病是遗传病。

3. 家族性疾病是指表现出家族聚集现象的疾病，即家系中有 2 个或 2 个以上的成员患同一种疾病。

三、问答题

1. 根据遗传病遗传方式的不同，可将遗传病分为单基因遗传病、多基因遗传病、染色体病、体细胞遗传病和线粒体遗传病。

2. 医学遗传学主要任务是从细胞、亚细胞和分子水平研究遗传病的发病机制，从个体及群体水平探索遗传病的诊断、治疗与预防策略。

（郑立红）

第十九章 单基因疾病的遗传

【重点难点提要】

单基因遗传病简称单基因病，是指单一基因突变引起的疾病，符合孟德尔遗传方式，又称为孟德尔式遗传病。

研究人类形状的遗传规律常用系谱分析方法。

一、系谱与系谱分析

1. 系谱（pedigree） 是从先证者（proband）或索引病例（index case），追溯调查其家族各个成员的亲缘关系和某种遗传病的发病（或某种性状的分布）情况等资料，用特定的系谱符号按一定方式绘制而成的图解。

2. 先证者 系谱中首先确认的患者，也是家系调查的线索人员。

二、单基因病的传递方式

1. 常染色体显性遗传 致病基因位于常染色体上，在与正常的等位基因形成杂合子时可导致个体发病，即致病基因决定的是显性性状。所引起的疾病称为常染色体显性（autosomal dominant，AD）遗传病。

常染色体显性的系谱特征：

（1）患者的双亲之一常常是患者，致病基因是由患病的亲代向后代传递而来。因此，如果双亲无病，子女一般也不会发病。如果出现双亲无病而子女发病的情况，则可能是由新的基因突变引起。

（2）杂合子患者的子女有 1/2 的发病机会，即患者每生育一次，都有 1/2 生育患者的风险。

（3）致病基因位于常染色体上，其传递与性别无关，所以儿子女儿患病概率相等。

（4）连续遗传的现象，代代有患者。

2. 常染色体隐性遗传 致病基因位于常染色体上，只有致病基因的纯合子才发病，称为常染色体隐性（autosomal recessive，AR）遗传病。

常染色体隐性遗传病的系谱特征：

（1）由于基因位于常染色体上，所以它的发生与性别无关，男女发病机会相等。

（2）系谱中患者的分布往往是发散的，通常看不到连续传递现象，甚至只有先证者一个患者。

（3）患者的双亲表型往往正常，但都是致病基因的携带者，后代患病可能性约 1/4，患者的正常同胞中有 2/3 的可能性为携带者。

（4）近亲婚配时，子女中隐性遗传病的发病率远高于随即婚配。这是由于他们来自共同的祖先，往往具有某种共同的基因。

3. X 连锁显性遗传 致病基因位于 X 染色体上，带有致病基因的杂合子个体发病，由此引起的疾病叫 X 连锁显性（X-linked dominant，XD）遗传病。

X 连锁显性遗传的系谱特征：

（1）群体中女性患者的人数多于男性，但女性患者的病情较男性轻。

（2）男性患者的母亲是患者，父亲一般正常；而女性患者的父母之一是患者。

（3）男性患者的女儿都是患者，儿子都正常；而女性患者的儿子和女儿患病的概率各为 1/2。

（4）系谱中可见连续遗传的现象。

4. X 连锁隐性遗传　如果致病基因位于 X 染色体上，控制的性状是隐性的，这种基因的遗传方式称为 X 连锁隐性（X-linked recessive，XR）遗传病。

X 连锁隐性遗传的系谱特征：

（1）男性发病的可能性远高于女性，系谱中常只见男性患者。

（2）男性患者的致病基因来自是携带者的母亲。

（3）在系谱中表现出女性传递、男性发病的交叉遗传的特点，因此在系谱中可出现隔代遗传的现象在患者父亲和母亲的两个家系中，只有母亲家系中的男性个体可能是同病的患者，如患者的外祖父、舅舅、外甥、姨表兄弟等可能出现患者，而叔叔、堂兄弟、侄子等父系男性亲属中不会出现患者。

（4）女性患者的父亲一定是患者。

5. Y 连锁隐性遗传　如果决定某种性状或疾病的基因位于 Y 染色体，那么这种性状（基因）的传递方式称为 Y 连锁遗传（Y-linked inheritance）。Y 连锁遗传的传递规律比较简单，具有 Y 连锁基因者均为男性，这些基因将随 Y 染色体进行遗传，父传子、子传孙，因此成为全男性遗传。

6. 影响单基因病的问题

（1）表现度（expressivity）：是指在环境因素和遗传背景的影响下具有同一基因型的不同个体在性状或疾病的表现程度上产生的差异。

（2）外显率（penetrance）：是某一显性基因（在杂合状态下）或纯合隐性基因在一个群体中得以表现的百分比，一般用百分率（%）表示。

（3）拟表型（phenocopy）：由于环境因素的作用使个体的表型恰好与某一特定基因所产生的表型相同或相似，这种由环境因素引起的表现称为拟表型，或表现型模拟。

（4）基因多效性（pleiotropy）：是一个基因可有多种生物学效应。在生物个体的发育过程中，许多生理、生化过程都是互相联系、互相依赖的。基因的作用使通过控制新陈代谢的一系列生化反应而影响到个体发育的方式，从而决定性状的形成。这些生化反应按照特点的步骤进行，每一个基因控制一个生化反应。因此，一个基因的改变直接影响其他生化过程的正常进行，从而引起其他性状的相应改变。

（5）遗传异质性（genetic heterogeneity）：与基因多效性相反，从遗传学的角度来讲，特定的表型都是由一定的基因型所决定的，但有时几种基因型可以表现为同一种或相似的表型，这种表型相似而基因型不同的现象称为遗传异质性。

（6）遗传早现（anticipation）：是指一些遗传病（通常为显性遗传病）在连续几代的遗传中，发病年龄提前而且病情严重程度增加。

（7）从性遗传（sex-conditioned inheritance）：是位于常染色体上的基因在不同的性别有不同的表达程度和表达方式，从而造成男女性状分布上的差异。

（8）限性遗传（sex-lirnited inheritance）：是指常染色体上的基因只在一种性别中表达，而在另一种性别完全不表达。

【自　测　题】

一、选择题

（一）单项选择题

1. Marfan 综合征是

A. 多基因病　　B. 线粒体病　　C. 染色体病　　D. 单基因病　　E. 体细胞遗传病

2. 父亲是 A 血型，母亲是 B 血型，已经生育 1 个 O 血型的孩子，如果再生育，孩子的血型可能为

A. AB 和 B　　B. A 和 B　　C. A、B、AB 和 O　　D. A 和 AB　　E. A、B 和 AB

3. Huntington 舞蹈病属于

A. 体细胞遗传病　　B. 多基因病　　C. 线粒体病　　D. 染色体病　　E. 单基因病

4. 属于常染色体完全显性的遗传病为

A. 软骨发育不全　　B. 短指症　　　　C. Huntington 舞蹈病　　D. 多指症　　E. 早秃

5. 人群中男性患者远较女性患者多，系谱中往往只有男性患者，该遗传特征属于

A. AD　　　　B. AR　　　　C. XD　　　　D. XR　　　　E. Y 连锁遗传

6. 在世代间间断传代并且男性发病率高于女性的遗传病为

A. AD　　　　B. AR　　　　C. XD　　　　D. XR　　　　E. Y 连锁遗传

7. 如果一女性是患者，其父亲也是患者，则母亲一定是携带者，该遗传特征属于

A. AD　　　　B. AR　　　　C. XD　　　　D. XR　　　　E. Y 连锁遗传

8. 红绿色盲遗传属于

A. AD　　　　B. AR　　　　C. XR　　　　D. XD　　　　E. Y 连锁遗传

9. 双亲无病时，儿子可能发病，女儿则不会发病的遗传病为

A. AR　　　　B. AD　　　　C. XR　　　　D. XD　　　　E. Y 连锁遗传

10. 男性患者所有女儿都患病的遗传病为

A. AD　　　　B. AR　　　　C. XD　　　　D. XR　　　　E. Y 连锁遗传

11. 已知父亲患并指症（AD 遗传），母亲手指正常，婚后生育了一个先天性聋哑的女儿，他们再次生育时，生育一个完全正常的儿子的概率为

A. 1/2　　　　B. 3/16　　　　C. 1/8　　　　D. 1/4　　　　E. 3/8

12. 患者的正常同胞中有 2/3 为携带者的遗传病为

A. AD　　　　B. AR　　　　C. XD　　　　D. XR　　　　E. Y 连锁遗传

13. 母亲为红绿色盲，父亲正常，其四个儿子是色盲的可能为

A. 1 个　　　　B. 2 个　　　　C. 3 个　　　　D. 4 个　　　　E. 0 个

14. 属于 X 连锁隐性遗传的遗传病为

A. 短指症　　B. 白化病　　　　C. 红绿色盲　　　D. 软骨发育不全　　E. 早秃

15. 属于 X 连锁隐性的遗传病为

A. 软骨发育不全　　B. 血友病 A　　C. Huntington 舞蹈病　　D. 短指症　　E. 多指症

16. 一红绿色盲的男子与一完全正常的女性结婚，他们所生的后代中

A. 女儿全部是红绿色盲患者　　B. 无论男女都是红绿色盲携带者　　C. 儿子全部是红绿色盲患者

D. 儿子全部是红绿色盲携带者　　E. 女儿全部是红绿色盲携带者

17. 一对夫妇表型正常，1 个儿子为白化病患者，再次生出白化病患儿的可能性为

A. 1/3　　　　B. 1/2　　　　C. 1/4　　　　D. 3/4　　　　E. 2/3

18. 丈夫为红绿色盲，妻子正常且其家族中无患者，如生育，子女患红绿色盲的概率为

A. 0　　　　B. 1/4　　　　C. 2/3　　　　D. 1/2　　　　E. 3/4

19. 睾丸决定因子基因的遗传是

A. X 染色体失活　　B. 从性显性　　C. 延迟显性　　D. 限性遗传　　E. Y 连锁遗传

20. 父亲为 A 血型，生育了 1 个 B 血型的儿子和 1 个 O 血型的儿子，母亲可能的血型为

A. O 和 B　　　　B. 只可能为 B　　C. 只可能为 O　　　D. A 和 AB　　E. B 和 AB

21. 短指和白化病分别为 AD 和 AR，并且基因不在同一条染色体上。现有一个家庭，父亲为短指，母亲正常，而儿子为白化病。该家庭再生育，其子女为短指的概率为

A. 1/2　　　　B. 1/4　　　　C. 3/4　　　　D. 1/8　　　　E. 3/8

22. 丈夫为红绿色盲，妻子正常，但其父亲为红绿色盲，他们生育色盲患儿的概率为

A. 0　　　　B. 1/4　　　　C. 2/3　　　　D. 1/2　　　　E. 3/4

23. 一对夫妇表型正常，生出了 1 个先天性聋哑的儿子，如果再次生育，子女仍为先天性聋哑患者的可能性为

A. 1/2　　　　　B. 0　　　　　C. 3/4　　　　　D. 2/3　　　　　E. 1/4

24. 一男性抗维生素 D 佝偻病患者的女儿是患者的可能性为

A. 2/3　　　　　B. 1/2　　　　　C. 1/4　　　　　D. 1/3　　　　　E. 全部

25. 家族中所有有血缘关系的男性都发病的遗传病为

A. 软骨发育不全　　B. BMD　　　C. 白化病　　　D. 外耳道多毛症　　　E. 色素失调症

26. 常染色体隐性遗传患者的正常同胞中为携带者的可能性

A. 1/2　　　　　B. 3/4　　　　　C. 1/4　　　　　D. 2/3　　　　　E. 1/3

27. 某男性为血友病 A 患者，其父母和祖父母都正常，其亲属中可能患血友病 A 的人是

A. 姨表姐妹　　B. 同胞姐妹　　　C. 同胞兄弟　　　D. 外甥女　　　E. 伯伯

28. 人类钟摆形眼球震颤是由 X 染色体上的显性基因控制，半乳糖血症是由常染色体上的隐性基因控制。一个患摆形眼球震颤的女性和一个正常男性结婚，生了一个患半乳糖血症但眼球正常的男孩，那他们再生一个患两种疾病的女儿的概率是

A. 1/16　　　　　B. 1/4　　　　　C. 1/8　　　　　D. 1/2　　　　　E. 0

29. 父母为 A 血型，生育了一个 O 血型的孩子，如再生育，孩子的可能的血型为

A. 仅为 A 型　B. 仅为 O 型　C. 1/4 为 O 型，3/4 为 A 型　D. 1/2 为 O 型，1/2 为 B 型　E. 3/4 为 O 型，1/4 为 B 型

30. 家族中所有有血缘关系的男性都发病的遗传病为

A. AD　　　　　B. AR　　　　　C. XD　　　　　D. XR　　　　　E. Y 连锁遗传

31. 父母正常，其 1 个儿子为白化病，再生患者的可能为

A. 0　　　　　B. 25%　　　　　C. 50%　　　　　D. 75%　　　　　E. 100%

32. 一对表现正常的夫妇，生了一个高度近视（AR）的男孩和一个正常的女孩，这对夫妇是携带者的可能性是

A. 1/4　　　　　B. 1　　　　　C. 1/2　　　　　D. 3/4　　　　　E. 2/3

33. 一对夫妇表型正常，妻子的弟弟为白化病（AR）患者。假设白化病基因在人群中为携带者的概率为 1/60，这对夫妇生育白化病患儿的概率为

A. 1/4　　　　　B. 1/120　　　　　C. 1/240　　　　　D. 1/360　　　　　E. 1/480

34. 血友病 A（用 Hh 表示）和红绿色盲（用 Bb 表示）都是 XR。现有一家庭，父亲为红绿色盲，母亲正常，1 个儿子为血友病 A，另 1 男 1 女为红绿色盲。母亲的基因型是

A. X（HB）X（Hb）　B. X（HB）X（hb）　C. X（Hb）X（hB）　D. X（HB）X（hB）　E. X（HB）X（HB）

35. 多指症为常染色体显性遗传病，如果其外显率为 60%，两个杂合型患者婚后生育患儿的概率为

A. 15%　　　　　B. 20%　　　　　C. 30%　　　　　D. 55%　　　　　E. 75%

36. 属于不完全显性的遗传病为

A. Huntington 舞蹈病　　B. 短指症　　C. 多指症　　D. 软骨发育不全　　　E. 早秃

37. 子女发病率为 1/4 的遗传病为

A. 常染色体显性遗传　B. 常染色体隐性遗传　C. X 连锁显性遗传　D. X 连锁隐性遗传　E. Y 连锁遗传

38. 近亲婚配时，子女中遗传病的发病率要比非近亲婚配者高得多，其遗传为

A. 不规则显性　　B. 染色体　　　C. 常染色体隐性　　　D. 常染色体显性　　　E. 共显性

39. 在世代间连续传代且患者的同胞中约 1/2 可能也为患者的遗传病为

A. 染色体显性遗传　B. 常染色体隐性遗传　　C. X 连锁显性遗传　D. X 连锁隐性遗传　E. Y 连锁遗传

40. 人类 ABO 血型系统的遗传为

A. 完全显性　　　B. 不规则显性　　　C. 延迟显性　　　D. 共显性　　　E. 不完全显性

41. 属于常染色体显性遗传病是

A. 短指症　　　B. 红绿色盲　　　C. 镰状细胞贫血　　D. 先天性聋哑　　　E. 血友病 A

42. 属于共显性的遗传病为

A. 苯丙酮尿症　　　　B. Marfan 综合征　　　　C. 并指症　　　　D. MN 血型　　　E. 肌强直性营养不良

43. 人类对苯硫脲（PTC）的尝味能力的遗传具有的特点是

A. 完全显性　　　　B. 不完全显性　　　　C. 延迟显性　　　　D. 不规则显性　　　E. 从性显性

44. 如果母亲为 N 和 A 血型，父亲为 MN 和 O 血型，则子女可能的血型是

A. MN 和 A 型、N 和 A 型　　B. MN 和 A 型、MN 和 O 型、N 和 O 型、N 和 A 型　　C. MN 和 A 型、MN 和 O 型

D. MN 和 O 型、N 和 A 型　　E. N 和 A 型、N 和 O 型、MN 和 O 型

45. 从性显性致病基因位于

A. 常染色体　　　　B. X 染色体　　　　C. Y 染色体　　　D. 常染色体或 Y 染色体　　E. 常染色体或 X 染色体

46. 下列不符合常染色体隐性遗传特征的是

A. 双亲无病时，子女可能发病　　　B. 男女发病机会均等　　　　C. 近亲结婚发病率明显增高

D. 系谱中呈连续传递　　　　E. 患者都是隐性纯合，杂合体是携带者

47. 一对夫妇表型正常，婚后生了一个白化病的女儿（AR）。这对夫妇的基因型是

A. Aa 和 Aa　　　　B. AA 和 AA　　　　C. AA 和 Aa　　　　D. aa 和 aa　　　　E. aa 和 Aa

48. 杂合体中的显性致病基因由于某种原因未能表现出相应性状，但它可把该显性基因传给后代，这种现象称为

A. 完全显性　　　　B. 不完全显性　　　　C. 共显性　　　　D. 不规则显性　　　　E. 延迟显性

49. 下列不符合 X 连锁隐性遗传的特征的是

A. 患者的双亲往往没有患病　　　B. 系谱看不到连续传播　　　　C. 男女发病机会均等

D. 存在交叉遗传的现象　　　　E. 女儿患病，其父亲一定是患者

50. 一个白化病（AR）患者与一个基因型及表现型均正常的人结婚，后代是携带者的概率是

A. 1/4　　　　B. 1　　　　C. 1/2　　　　D. 3/4　　　　E. 1/8

51. 在 X 连锁显性遗传中，女性患者的基因型常为

A. $X^A X^A$　　　　B. $X^a Y$　　　　C. $X^a X^a$　　　　D. $X^A Y$　　　　E. $X^A X^a$

52. 一对夫妇生了一个甲型血友病的女儿，这对夫妇的基因型是

A. $X^h Y \times X^H X^h$　　　B. $X^h Y \times X^H X^H$　　　C. $X^H Y \times X^H X^H$　　　D. $X^H Y \times X^h X^h$　　　E. $X^H Y \times X^H X^h$

53. 不规则显性是指

A. 杂合子的表现介于显性纯合和隐性纯合之间　　　　B. 隐性致病基因在杂合状态时不表现出来

C. 致病基因突变成为正常基因　　　D. 由于环境因素和遗传背景的作用，杂合体中的显性基因未能表现出来

E. 显性致病基因要到一定年龄才表现出作用来

54. 由于人类的红绿色盲位于 X 染色体上，因此正常情况下不可能进行的遗传方式是

A. 母亲把色盲基因传给儿子　　　B. 母亲把色盲基因传给女儿　　　C. 父亲把色盲基因传给女儿

D. 外祖父把色盲基因传给孙子　　　E. 父亲把色盲基因传给儿子

（二）多项选择题

55. 一对夫妇血型分别为 A 型和 AB 型，他们如果生育，孩子的血型可能为

A. A 型　　　　B. B 型　　　　C. O 型　　　　D. AB 型　　　　E. 都可以

56. X 连锁显性遗传的系谱特征的正确说法是

A. 系谱中常呈隔代遗传的现象　　　B. 系谱中可见交叉遗传的现象　　C. 患者的双亲之一是患者

D. 系谱中女性患者多于男性患者　　　E. 男性患者所生的女儿全部为患者

57. 致病基因位于 X 染色体上，在正常情况下可能进行的遗传是

A. 母亲传递给儿子　　B. 母亲传递给女儿　　C. 父亲传递给儿子　　D. 父亲传递给女儿　　E. 父亲不能传递给女儿

58. 常见的常染色体隐性遗传病是

A. 白化病　　　　B. 多指症　　　　C. 镰状红细胞贫血症　　　D. 先天性聋哑　　　　E. 苯丙酮尿症

59. 致病基因位于 X 染色体上的遗传病

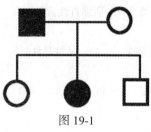

图 19-1

A. 血友病A　B. 苯丙酮尿症　C. 白化病　D. 红绿色盲　E. 软骨发育不全症

60. 下列系谱（图 19-1）是一种单基因遗传病的系谱，试根据系谱判断可能的遗传方式

A. AD　　　B. AR　　C. XD　　D. XR　　　　E. Y 连锁遗传

二、名词解释

1. 单基因疾病　　2. 等位基因　　3. 系谱　　4. 先证者

5. 携带者　　　6. 亲缘系数　　7. 不完全显性　8. 遗传异质性

三、问答题

1. 先天性聋哑是一种 AR 遗传病，一对夫妇都是聋哑，婚后生出了一个正常的女儿，并不聋哑，①这是什么原因？②如果再次生育，生出先天性聋哑儿的风险有多大？

2. 一个 Turner 综合征的女性有血友病（XR），她的双亲表型正常，该如何解释？

3. 假肥大性肌营养不良（DMD）是一种 XR 遗传病。一个女性的弟弟和舅父都患此病。试问她将来婚后所生儿子中，患该病的风险如何？

【参 考 答 案】

一、选择题

（一）单项选择题

1. D　2. C　3. E　4. B　5. D　6. D　7. D　8. C　9. C　10. C　11. B　12. B　13. D　14. C　15. B　16. E　17. C

18. A　19. E　20. B　21. E　22. C　23. E　24. E　25. C　26. D　27. C　28. A　29. C　30. E　31. B　32. B　33. D

34. C　35. C　36. D　37. B　38. C　39. A　40. D　41. A　42. C　43. B　44. B　45. A　46. D　47. A　48. D

49. C　50. B　51. E　52. A　53. C　54. E

（二）多项选择题

55. ABD　56. CDE　57. ABD　58. ADE　59. AD　60. AC

二、名词解释

1. 单基因疾病：由单一基因突变而引起的一类疾病。

2. 等位基因：在同源染色体的特定基因座位上的不同形式的基因，它们影响同一类表型，但产生不同的表型效应。

3. 系谱：是从先证者或索引病例，追溯调查其家族各个成员的亲缘关系和某种遗传病的发病（或某种性状的分布）情况等资料，用特定的系谱符号按一定方式绘制而成的图解。

4. 先证者：系谱中首先确认的患者，也是家系调查的线索人员。

5. 携带者：隐性致病基因的杂合子本身不发病，但可将隐性致病基因遗传给后代，称为携带者。

6. 亲缘系数：拥有共同祖先的两个人，在某一位点上具有同一基因的概率。

7. 不完全显性：也叫半显性，杂合子的表型介于显性纯合子和正常隐性纯合子之间。

8. 遗传异质性：几种基因型可以表现为同一种或相似的型，这种表型相似而基因型不同的现象称为遗传异质性。

三、问答题

1. ①遗传异质性，即 aaBB×AAbb→AaBb；②生出聋哑患儿风险为零。

2. Turner 综合征的性染色体为 XO，因此其母亲表型正常，但为血友病基因的携带者，基因型为 X^HX^h，可形成 X^H 和 X^h 两种卵子；患儿的染色体必定来自母方，其基因型为 X^hO；患儿（X^hO）的产生是由于父亲精子形成时性染色体不分离（或遗失）形成 O 型精子，X^h 型卵被 O 型精子受精后形成，结果女性表现为血友病。

3. 因该家系中舅甥同患此病，所以此致病基因是由上代（该女性的外祖母）传递下来，而不是由新发生的基因突变而来；该女有 1/2 可能是携带者，所以婚后所生儿子中有 1/2×1/2=1/4 的可能也发此病。

（吕艳欣）

第二十章　多基因遗传病

【重点难点提要】

一、多基因遗传及特点

人类的一些性状或疾病，是由多对基因共同决定的，这些性状称为多基因性状，又称为数量性状，其遗传方式为多基因遗传（polygenic inheritance），不符合孟德尔遗传规律，所影响的疾病称为多基因遗传病。控制多基因遗传性状的每对基因之间没有显、隐性区分，而是共显性，每对控制基因对该性状形成的作用是微小的，称为微效基因。但多对微效基因累加起来，可以形成一个明显的表型效应，称为累加效应（additive effect）。多基因性状和疾病，除了受微效基因的影响外，还受到环境因素的影响，因此这种遗传方式又称为多因子遗传。

多基因遗传性状的变异在群体中的分布是连续的，可以用正态分布曲线表示，不同个体间只有量的差异，而无质的不同，因此这类性状又称为数量性状（quantitative trait）。例如，人的身高、智商、血压等。而单基因遗传性状，其变异在一个群体中的分布是不连续的，可以把变异的个体明显地区分为2～3群，这2～3群之间差异显著，具有质的不同，常表现为有或无的差异，所以这类性状称为质量性状（qualitative trait）。多基因遗传的特点：①两个极端变异（纯种）个体杂交后，子1代都是中间类型，但也有一定变异范围，这是环境影响的结果。②两个中间类型子1代杂交后，子2代大部分仍是中间类型，但其变异范围比子1代广泛，也可出现极端个体。除环境影响外，基因的分离和自由组合对变异也有影响。③在一个随机杂交的群体中，变异范围很广，然而大多数个体接近中间类型，极端个体很少，环境与遗传因素都有作用。

二、易患性、发病阈值、遗传率

在多基因遗传病中，多对微效基因构成了个体发病的遗传基础，这种由遗传基础决定一个个体患病的风险称为易感性（susceptibility）。而遗传基础和环境因素共同作用决定个体患病的风险称为易患性（liability）。群体中的易患性变异也呈正态分布，大部分个体都接近平均值。当一个个体的易患性高到一定限度时，这个个体就可能发病，这个易患性的限度即称为阈值（threshold）。阈值代表在一定条件下患病所必需的、最低的、易患基因的数量。多基因遗传病的易患性阈值与平均值距离越近，其群体易患性的平均值越高，阈值越低，则群体发病率也越高。反之，两者距离越远，其群体易患性平均值越低，阈值越高，则群体发病率越低。

在多基因遗传病中，易患性高低受遗传因素和环境因素的双重影响。其中，遗传因素所起作用的大小称为遗传率（heritability），也叫遗传度。

三、多基因遗传病的遗传特点

（1）包括一些常见病及先天畸形，其发病率一般都高于0.1%。

（2）发病有家族聚集倾向，但无明显的孟德尔遗传方式。同胞中发病率远低于25%或50%，只有1%～10%。

（3）发病率有种族（或民族）差异。

（4）近亲婚配时，子女发病率也增高，但不如常染色体隐性遗传病明显。

（5）患者的双亲与患者同胞、子女的亲缘系数相同，有相同的发病风险。

（6）随着亲属级别的降低，患者亲属发病风险迅速下降。

四、影响多基因遗传病再发风险估计的因素

（1）患病率与亲属级别有关：当某种多基因遗传病的一般群体发病率为0.1%～1%，遗传率为70%～80%，可应用Edward公式：$f=\sqrt{p}$ 求出患者一级亲属的发病率。f代表一级亲属发病率，p代表一般群体发病率。

（2）患者亲属再发风险与亲属中受累人数有关：一个家庭中患病人数越多时，意味着再发风险率越高。

（3）患者亲属再发风险率与患者畸形或疾病严重程度有关：一对夫妇所生患儿的病情越重，其同胞中发病风险就越高。

（4）多基因遗传病的群体患病率存在性别差异时，亲属再发风险率与性别有关：发病率高的性别其阈值低，子女的发病风险低。相反，发病率低的性别其阈值高，子女发病风险高。

【自　测　题】

一、选择题

（一）单项选择题

1. 在多基因遗传中起作用的基因是

A. 显性基因　　　　　B. 隐性基因　　　　　C. 外源基因　　　　　D. 微效基因　　　　　E. mtDNA基因

2. 多基因遗传中微效基因的性质是

A. 显性　　　　　　　B. 隐性　　　　　　　C. 共显性　　　　　　D. 不完全显性　　　　E. 外显不全

3. 两个身高为中等类型的个体婚配，其生育的子女身高大部分为

A. 极高　　　　　　　B. 极矮　　　　　　　C. 偏高　　　　　　　D. 偏矮　　　　　　　E. 中等高度

4. 遗传率是指

A. 遗传性状的表现程度　　　　B. 致病基因危害的程度　　　　C. 遗传因素对性状影响程度

D. 遗传病发病率的高低　　　　E. 遗传性状的异质性

5. 癫痫是一种多基因遗传病，在我国该病的发病率为0.36%，遗传率约为70%。一对表型正常夫妇结婚后，头胎因患有癫痫而夭折。如果他们再次生育，患癫痫的风险是

A. 70%　　　　　　　B. 60%　　　　　　　C. 6%　　　　　　　　D. 0.6%　　　　　　　E. 0.36%

6. 多基因遗传病的遗传率愈高，则表示该多基因病

A. 由单一的遗传因素起作用　　　　B. 环境因素不起作用　　　　C. 遗传因素起主要作用，而环境因素作用小

D. 环境其主要作用，而遗传因素较小　　　　E. 遗传和环境因素起同等作用

7. 多基因遗传病的再发风险估计中与下列哪个因素无关

A. 群体发病率　　B. 亲属等级　　C. 病情严重程度　　D. 家庭中患病成员多少　　E. 群体平均发病年龄

8. 多基因遗传病中阈值是指造成发病的

A. 最低的易患性基因数量　　　　B. 最高的复等位基因数量　　　　C. 最低的共显性基因数量

D. 最高的易患性基因数量　　　　E. 最高的共显性基因数量

9. 下列哪种患者的后代发病风险高

A. 单侧唇裂　　　　B. 单侧腭裂　　　　C. 双侧唇裂　　　D. 单侧唇裂+腭裂　　　　E. 双侧唇裂+腭裂

10. 易患性正态分布曲线中，代表发病率的面积是

A. 平均值左面的面积　　　　B. 平均值右面的面积　　　　C. 阈值与平均值之间的面积

D. 阈值右侧尾部的面积　　　　E. 阈值左侧尾部的面积

11. 下列不属于多基因病特点的是

A. 群体发病率>0.1%　　　　　B. 环境因素起一定作用　　　　　C. 有家族聚集倾向

D. 患者同胞发病风险为 25%或 50%　　E. 系谱分析不符合孟德尔遗传方式

12. 多基因病的群体易患性阈值与平均值距离越近，则

A. 阈值越低，群体发病率越高　　　　B. 阈值越低，群体发病率越低　　　　C. 阈值越高，群体发病率越低

D. 阈值越高，群体发病率越高　　　　E. 阈值不变，群体发病率不变

13. 下列不属于多基因遗传病的是

A. 哮喘　　　　　B. 原发性高血压　　　　C. 糖尿病　　　　D. 21 三体综合征　　　　E. 精神分裂症

14. 在多基因遗传病中，利用 Edward 公式估算患者一级亲属发病风险的条件是

A. 群体发病率 0.1%～1%，遗传率为 70%～80%　　　　B. 群体发病率 70%～80%，遗传率为 0.1%～1%

C. 群体发病率 1%～10%，遗传率为 70%～80%　　　　D. 群体发病率 70%～80%，遗传率为 1%～10%

E. 遗传率为 80%以上，群体发病率 0.1%～1%

15. 某多基因遗传病，其男性群体发病率高于女性，下列哪种情况发病风险最高

A. 男性患者的女儿　　B. 男性患者的儿子　　C. 女性患者的女儿　　D. 女性患者的儿子　　E. 男性患者的子女

16. 关于多基因遗传性状的遗传基础说法正确的是

A. 一对染色体上的多个基因　　B. 几对染色体上的主基因　　　　C. 两对以上的显性或隐性基因

D. 两对以上的微效基因　　　　E. 两对以上的紧密连锁的主基因

17. 人类的身高属多基因遗传，如果将某人群身高变异的分布绘成曲线，可以看到

A. 曲线存在两个峰　　　　B. 曲线存在三个峰　　　　C. 可能出现两个或三个峰

D. 曲线是连续的一个峰　　E. 曲线存在一个或两个峰

18. 多基因遗传病患者亲属的发病风险随着亲缘系数降低而骤降，下列患者的亲属中发 18. 多基因遗传病患者亲属的发病风险随着亲缘系数降低而骤降，下列患者的亲属中发病率最低的是

A. 儿女　　　　B. 侄儿、侄女　　　　C. 孙子、孙女　　　　D. 外甥、外甥女　　　　E. 表兄妹

19. 下列哪项不是微效基因所具备的特点

A. 是 2 对或 2　　　　　　　　B. 彼此之间有累加效应　　　　　C. 基因之间是共显性

D. 基因之间是显性　　　　　　E. 每对基因的作用是微小的

20. 多基因遗传病的遗传学病因是

A. 染色体结构改变　　B. 染色体数目异常　　C. 一对等位基因突变　　D. 易患性基因的累积作用　　E. 体细胞 DNA 突变

（二）多项选择题

21. 有些多基因遗传病的群体发病率有性别差异，患者的后代发病风险有以下特点

A. 发病率低的性别，则患病阈值低，其子女的复发风险相对较低

B. 发病率低的性别，则患病阈值高，其子女的复发风险相对较高

C. 发病率高的性别，则患病阈值高，其子女的复发风险相对较高

D. 发病率高的性别，则患病阈值低，其子女的复发风险相对较低

E. 发病率高的性别，则患病阈值低，其子女的复发风险相对较高

22. 一种多基因遗传病的复发风险与以下哪些因素有关

A. 群体发病率　　B. 亲属等级　　C. 病情严重程度　　D. 亲属中患病人数　　E. 遗传率

23. 下列哪些是多基因遗传病的特点

A. 发病率有种族差异　　　　B. 有家族聚集倾向　　C. 发病率一般高于 0.1%

D. 患者同胞的发病风险为 25%或 50%　　　　　　E. 随着亲属级别的降低，患者亲属发病风险迅速下降。

24. 多基因遗传的微效基因所具备的特点是

A. 显性　　　　B. 共显性　　　　C. 作用是微小的　　　D. 有累加作用　　E. 基因间的相互作用可以相互抵消

25. 在多基因遗传病中, 下列哪些条件下患者一级亲属的发病率可以用 Edward 公式计算

A. 遗传率为 70%～80%　　　　　B. 群体发病率 0.1%～1%　　　　　C. 遗传率为 70% 以下

D. 遗传率为 80% 以上　　　　　E. 群体发病率 1% 以上

二、名词解释

1. 数量性状　　　　2. 易患性　　　　3. 易感性　　　　4. 阈值　　　　5. 遗传率

三、问答题

1. 多基因遗传病具有哪些遗传特点?

2. 影响多基因遗传病再发风险估计的因素有哪些?

【参 考 答 案】

一、选择题

（一）单项选择题

1. D　2. C　3. E　4. C　5. C　6. C　7. E　8. A　9. E　10. D　11. D　12. A　13. D　14. A　15. D　16. D　17. D

18. E　19. D　20. D

（二）多项选择题

21. BD　22. ABCDE　23. ABCE　24. BCD　25. AB

二、名词解释

1. 数量性状: 在多基因遗传中, 性状的变异在群体中的分布是连续的, 可以用正态分布曲线表示, 不同个体间只有量的差异, 而无质的不同, 这类性状称为数量性状。

2. 易患性: 遗传基础和环境因素共同作用决定个体患病的风险称为易患性。

3. 易感性: 在多基因遗传病中, 多对微效基因构成了个体发病的遗传基础, 这种由遗传基础决定一个个体患病的风险称为易感性。

4. 阈值: 当一个个体的易患性高到一定限度时, 这个个体就可能发病, 这个易患性的限度即称为阈值。

5. 遗传率: 在多基因遗传病中, 易患性高低受遗传因素和环境因素的双重影响。其中, 遗传因素所起作用的大小称为遗传率（heritability）, 也称遗传度。

三、问答题

1. 多基因遗传病具有哪些遗传特点?

（1）包括一些常见病及先天畸形, 其发病率一般都高于 0.1%。

（2）发病有家族聚集倾向, 但无明显的孟德尔遗传方式。同胞中发病率远低于 25% 或 50%, 只有 1%～10%。

（3）发病率有种族（或民族）差异。

（4）近亲婚配时, 子女发病率也增高, 但不如常染色体隐性遗传病明显。

（5）患者的双亲与患者同胞、子女的亲缘系数相同, 有相同的发病风险。

（6）随着亲属级别的降低, 患者亲属发病风险迅速下降。

2. 影响多基因遗传病再发风险估计的因素有哪些?

（1）患病率与亲属级别有关: 当某种多基因遗传病的一般群体发病率为 0.1%～1%, 遗传率为 70%～80%, 可应用 Edward 公式: $f=\sqrt{p}$ 求出患者一级亲属的发病率。f 代表一级亲属发病率, p 代表一般群体发病率。

（2）患者亲属再发风险与亲属中受累人数有关: 一个家庭中患病人数越多时, 意味着再发风险率越高。

（3）患者亲属再发风险率与患者畸形或疾病严重程度有关: 一对夫妇所生患儿的病情越重, 其同胞中发病风险就越高。

（4）多基因遗传的群体患病率存在性别差异时, 亲属再发风险率与性别有关: 发病率高的性别其阈值低, 子女的发病风险低。相反, 发病率低的性别其阈值高, 子女发病风险高。

（梅庆步）

第二十一章 染色体病

【重点难点提要】

一、人类染色体

染色质（chromatin）和染色体（chromosome）是同一物质在不同细胞周期的不同存在形式，它们的化学组成是 DNA 和蛋白质。染色质是细胞间期时核内伸展状态的 DNA 蛋白纤维，进入细胞分裂期后染色质螺旋压缩成为染色体，染色体又可以解旋舒展成为染色质，表示细胞由分裂期进入间期。

1. 染色质

（1）常染色质：多位于间期细胞核的中央，螺旋化程度低，结构松散，染色浅，具有转录活性。

（2）异染色质：多分布于核膜内表面，螺旋化程度高，结构紧密，染色深，很少进行转录或无转录活性。分为 2 种：①结构异染色质，在各种细胞的各个时期中总是处于凝缩状态，无转录活性，是异染色质的主要类型；②兼性异染色质（功能异染色质），在特定细胞或在一定发育阶段由常染色质凝缩转变而成，凝缩时无转录活性，松散时恢复转录活性，如 X 染色质。

（3）性染色质：包括 X 染色质和 Y 染色质。

1）X 染色质：在雌性哺乳动物的间期细胞核内缘有一个深染的结构，称为 X 染色质或 X 小体。正常女性的间期细胞核中可检测到一个 X 染色质。正常男性无 X 染色质。1961 年，Lyon 提出在间期细胞中，女性的两条 X 染色体只有一条具备转录活性，另一条无转录活性，异固缩为 X 染色质。X 染色质的数目等于 X 染色体的数目减去 1。Lyon 假说的要点：失活发生在人胚的第 16 天左右；失活是随机的，即失活的 X 染色体可以是母源的也可以是父源的；失活是恒定的，即一旦某一细胞中的 X 染色体失活，那么由该细胞所增殖的所有子代细胞均为这一 X 染色体失活。

2）Y 染色质：正常男性间期细胞核内出现一个强荧光小体，称为 Y 染色质或 Y 小体。正常男性体细胞中只有一条 Y 染色体，而 Y 染色体长臂远端部分为异染色质，可形成一个 Y 染色质，所以 Y 染色体的数目与 Y 染色质的数目相等。

2. 人类正常染色体数目、结构和形态

（1）数目：人类正常体细胞为二倍体，含有 46 条（23 对）染色体，即 $2n=46$，其中 44 条（22 对）为常染色体，另 2 条（1 对）为性染色体，女性性染色体为 XX，男性性染色体为 XY。正常生殖细胞（精子或卵子）为单倍体，含有 23 条染色体，即 $n=23$，其中 22 条为常染色体，另 1 条为性染色体。

（2）结构和形态：每一条中期染色体都具备的结构：①两条染色单体；②着丝粒（主缢痕）；③短臂（p）和长臂（q）；④端粒。染色体的特殊结构：①次缢痕（副缢痕）；②随体。根据着丝粒位置的不同将染色体分为 4 种类型：①中着丝粒染色体；②亚中着丝粒染色体；③近端着丝粒染色体；④端着丝粒染色体。人类只有以上前 3 种类型的染色体。

3. 染色体的核型、分组及显带 将一个体细胞内的全部染色体，按其大小和形态特征顺序排列所构成的图像称为染色体核型。

非显带染色体的分组标准：将 23 对染色体根据大小递减的顺序和着丝粒位置的不同分为 A、B、C、D、E、F、G 7 个组，A 组染色体最大，G 组染色体最小，X 染色体列入 C 组，Y 染色体列入 G 组。

人类染色体显带方法有 G 显带、R 显带、C 显带、T 显带、Q 显带和 N 显带等，临床上应用最广泛的是 G 显带。

4. 人类染色体的命名 染色体带型描述标准：①染色体序号；②臂的符号；③区号；④带号，各部分之间无分隔符号。如 2q12 表示 2 号染色体长臂 1 区 2 带。

二、染色体畸变

染色体畸变（chromosome aberration）是指体细胞或生殖细胞内染色体发生数目和结构的异常改变。

1. 染色体数目畸变及产生机制 以二倍体为标准，把细胞内整个染色体组或整条染色体数目的增减称为染色体数目畸变。包括整倍体和非整倍体。

（1）整倍体：指染色体数目以一个染色体组（n）为基数的增加或减少。主要包括三倍体（$3n$）和四倍体（$4n$）。双雄受精和双雌受精是形成三倍体的主要原因，核内复制和核内有丝分裂是形成四倍体的主要原因。

（2）非整倍体：指染色体数目以整条染色体（一条或数条）为基数的增加或减少。主要包括单体型（如 45，X）、三体型（如 47，XXY）、多体型（如 48，XXXX）、嵌合体（46，XY/47，XY，+21）和假二倍体（如 46，XX，+18，−21）。非整倍体的产生机制主要是在生殖细胞成熟过程中或受精卵早期卵裂时，发生染色体的不分离或丢失。

2. 染色体结构畸变及产生机制 染色体结构畸变是指染色体断裂后，断裂片段发生异常重接。主要包括 7 种类型：①缺失（del）；②重复（dup）；③倒位（inv）；④易位（t）：包括相互易位和罗伯逊易位（rob）；⑤环状染色体（r）；⑥双着丝粒染色体（dic）；⑦等臂染色体（i）。

3. 异常核型的描述 染色体数目畸变核型的描述：①染色体总数；②性染色体组成；③ "+" 号（表示增加）或 "–" 号（表示减少）；④畸变的染色体组号或序号。

染色体结构畸变核型的描述：①简式：依次写明染色体总数，性染色体组成，染色体结构畸变缩写符号，第一个括弧内写明发生畸变的染色体序号，第二个括弧内写明断裂点的臂的符号、区号、带号；②详式（繁式）：前 4 部分内容与简式相同，与简式不同的是在最后一个括弧中要描述重排染色体带的组成。

三、染色体病

染色体病（autosomal disease）是指因染色体数目畸变或结构畸变而引起的疾病。染色体病的一般特征：①多发畸形、智力低下、发育迟缓、不孕、不育、流产、畸胎等；②多呈散发；③少数由表型正常但携带异常染色体的双亲遗传而来。

1. 常染色体病 是由于 1～22 号常染色体发生数目畸变或结构畸变而引起的疾病。

（1）Down 综合征（DS）：又称 21 三体综合征或先天愚型，是最常见、发现最早、最重要的一种常染色体病。①发生率：新生儿中 1/1000～2/1000。②此征的发病率随母亲生育年龄（尤其超过 35 岁）的增高而升高。③表型特征：智力低下是 DS 最突出、最严重的表现；生长发育迟缓；枕骨扁平、后发际低、颈部皮肤松弛、眼距过宽、眼裂狭小、外眼角上斜、内眦赘皮、虹膜发育不全、常伴斜视；鼻根低平、外耳小、耳位低或畸形、颌小、腭弓窄小、舌大张口、流涎（伸舌样痴呆）；四肢短小、手短而宽、小指短而内弯且只有一条指褶纹、通贯手、三叉点 t 高位、第 1 和 2 趾间距宽、拇指球区胫侧弓形纹、肌张力低下（软白痴）；男性患者常有隐睾，无生育能力，女性患者通常无月经，偶有生育能力；约 50% 患者患先天性心脏病，白血病的发病风险是正常人的 15～20 倍，患者免疫功能低下，易并发上呼吸道感染，预期寿命短。④遗传分型：游离型[如 47，XX（XY），+21]、易位型[如 46，XX（XY），−14，+t（14q；21q）]和嵌合型[如 46，XX（XY）/47，XX（XY），+21]。⑤预防与诊断：预防为主，普及医学遗传学知识，避免接触不良因素的影响。临床上重视高危孕产妇的胎儿的染色体筛查，确诊方法为染色体核型的检测。

（2）18 三体综合征：又称为 Edward 综合征，新生儿中的发生率为 1/3500～1/8000，女婴多见，表型特征较 21 三体综合征严重，比较特殊的表现是手呈特殊的握拳方式和摇椅样畸形足，本病患者核型多为游离型 47, XX（XY），+18。

（3）13 三体综合征：新生儿中的发生率约为 1/25 000，女性明显多于男性。患儿畸形更为严重，表型特征为中枢神经系统严重发育缺陷和多发畸形。患者核型多为游离型，即 47, XX（XY），+13，其发生与母亲年龄增大有关。

（4）5p‾综合征：又称猫叫综合征，新生儿中发生率大约是 1/50 000，女孩多于男孩。本病最主要的表型特征是患儿在婴幼儿时期的哭声尖细，似猫的叫声，随年龄的增长而消失。其他的主要临床表现包括智力低下、生长发育迟缓、小头、小额、满月脸、眼距宽、外眼角下斜、斜视、内眦赘皮、耳低位、腭弓高、50%有先天性心脏病等。患者的核型为 46, XX（XY），del（5）（p15）。

2. 性染色体病　是指 X 染色体或 Y 染色体在数目或结构上发生异常所引起的疾病。

（1）Klinefelter 综合征：又称先天性睾丸发育不全综合征。①发生率：相当高，在男性新生儿中占 1/1000～2/1000，在男性不育患者中占 1/10，在精神病患者或刑事收容所中占 1/100，在身高 180cm 以上的男性中占 1/260。②表型特征：以身材高、睾丸小、男性第二性征发育不良及不育为主要特征。患者体征呈女性化倾向，身材高（一般在 180cm 以上）、四肢修长、体力较弱、胡须稀少、音调高、喉结不明显、体毛稀少、阴毛稀少、体表脂肪堆积如女性、皮肤细腻、约 25%的患者可见乳房发育；阴茎发育不良、睾丸小而硬、精曲小管萎缩并呈玻璃样变性、无精子，因而不育；患者的睾酮水平低、雌激素水平增高。少数患者可伴轻度智力障碍、精神异常或精神分裂症倾向。X 染色体数目增加得越多，第二性征和伴发症状就越严重。③核型：主要为 47, XXY，占 80%～90%，嵌合型占 10%～15%，常见的有 46, XY/47, XXY、46, XY/48, XXXY 等。④治疗：本病一旦被确诊，应根据患者的核型、性腺发育情况、乳房发育情况及行为举止等方面给予对症干预。

（2）Turner 综合征：又称先天性卵巢发育不全综合征或女性先天性性腺发育不全。①发生率：在新生女婴中的发生率约为 1/5000。②表型特征：以身材矮小、性发育幼稚、肘外翻、不孕为主要特征。身材发育缓慢，身材矮小（120～140cm）、后发际低、约 50%患者有蹼颈、女性第二性征发育不良、两乳间距宽、成年后乳房发育幼稚、外生殖器幼稚、色素沉着不明显、阴毛稀少、子宫发育不良、卵巢呈纤维条索状、无滤泡、原发性闭经。多数患者智力正常，少数患者智力轻度低下。③核型：单体型（45, X），嵌合型（如 45, X/46, XX、45, X/46, XX/47, XXX），X 染色体结构畸变[如 46, X, i（Xq）、46, X, i（Xp）、46, XXq‾、46, XXp‾和 46, X, r（X）]。④治疗：以对症治疗为主，青春期后给予女性激素治疗可以促进女性第二性征和生殖器官的发育，人工模拟月经周期，改善患者的不良心态，但无法解决身高和生育的问题。

3. 染色体异常携带者　是指携带有结构畸变的染色体，但染色体物质的总量无明显的增减且表型正常的个体，包括平衡易位携带者和平衡倒位携带者两类。相互易位染色体在减数分裂中期 I 形成四射体，倒位染色体在减数分裂中期 I 形成倒位圈。这类患者的共同临床表现为不孕、不育、反复流产、死产、新生儿死亡或生育畸胎儿等。因此，检出携带者，进行产前诊断和遗传咨询，可有效降低染色体病患儿的出生率。

【自　测　题】

一、选择题

（一）单项选择题

1. 按照 ISCN 的标准命名，1 号染色体，短臂，3 区，1 带第 3 亚带应表示为

A. 1p31.3　　　　B. 1q31.3　　　C. 1p3.13　　　D. 1q3.13　　　E. 1p313

2. 染色质和染色体是

A. 同一物质在细胞的不同时期的两种不同的存在形式　　B. 不同物质在细胞的不同时期的两种不同的存在形式

C. 同一物质在细胞的同一时期的不同表现　　　D. 不同物质在细胞的同一时期的不同表现

E. 两者的组成和结构完全不同

3. 以下是游离型 Down 综合征患者核型的为

A. 46，XY，−13，+t（13q21q）　　　B. 45，XY，−13，−21，+t（13q21q）　　　C. 47，XY，+21

D. 46，XY/47，XY，+21　　　E. 46，XY，−21，+t（21q21q）

4. 经检查，某患者的核型为 46，XY，del（6）（p11），说明其为（　　　）患者

A. 染色体丢失　　　B. 染色体部分丢失　　　C. 环状染色体　　　D. 染色体倒位　　　E. 嵌合体

5. 根据国际命名系统，人类染色体分为

A. 4 组　　　B. 5 组　　　C. 6 组　　　D. 7 组　　　E. 8 组

6. 一个体细胞中的全部染色体，按其大小、形态特征顺序排列所构成的图像称为

A. 二倍体　　　B. 基因组　　　C. 核型　　　D. 染色体组　　　E. 联会

7. 高龄孕妇必须进行产前诊断的原因是

A. 卵细胞老化　　B. 染色体易发生分离　　C. 染色体易丢失　　D. 易发生染色体不分离　　E. 染色体易发生断裂

8. 下列哪种核型的 X 染色质和 Y 染色质均呈阳性的是

A. 46，XX　　　B. 46，XY　　　C. 47，XYY　　　D. 47，XXY　　　E. 46，XY/45，X

9. 易位型 21 三体综合征最常见的核型是

A. 46，XY，−13，+t（13q21q）　　　B. 46，XY，−21，+t（21q21q）　　　C. 46，XY，−22，+t（21q22q）

D. 46，XY，−14，+t（14q21q）　　　E. 46，XY，−15，+t（15q21q）

10. 2 岁男孩，因智能低下查染色体核型为 46，XY，−14，+t（14q21q），查其母为平衡易位染色体携带者，核型应为

A. 45，XX，−14，−21，+t（14q21q）　　　B. 45，XX，−15，−21，+t（15q22q）　　　C. 46，XX

D. 46，XX，−14，+t（14q21q）　　　E. 46，XX，−21，+t（14q21q）

11. 男性，5 岁。眼距宽、眼裂小、鼻梁低平、舌常伸出口外、流涎多、有通贯掌、合并先天性心脏病，最有确诊意义的检查为

A. 听力测定　　　B. 胸部 X 线检查　　　C. 肝功能测定　　　D. 染色体检查　　　E. 腹部 B 型超声检查

12. 先天愚型染色体检查绝大部分核型为

A. 47，XX（或 XY），+21　　　　　　B. 46，XX（或 XY），−14，+t（14q21q）

C. 45，XX（或 XY），−14，−21，+t（14q21q）　　　D. 46，XX（或 XY），−21，+t21q

E. 46，XX（或 XY），−22，+t（21q22q）

13. 先天愚型最具有诊断价值是

A. 骨骼 X 线检查　　B. 染色体检查　　C. 血清 T_3、T_4 检查　　　D. 智力低下　　　E. 特殊面容，通贯手

14. 平衡易位染色体在减数分裂时，倒位片段与之同源的对应片段联会形成的结构是

A. 倒位圈　　　B. 环状染色体　　C. 等臂染色体　　　D. 四射体　　　E. 双着丝粒染色体

15. 常染色体病在临床上的最常见表现是

A. 染色体结构改变　　B. 反复流产　　C. 智力低下、多发畸形　　D. 染色体数目改变　　E. 不孕不育

16. 某患者核型为 45，XY，−14，−21，+t（14q，21q），其表现型正常，染色体畸变类型是

A. 等臂染色体　　　B. 染色体易位　　C. 染色体倒位　　　D. 染色体缺失　　　E. 染色体重复

17. 47，XX，+18 核型的个体染色体数目异常属于下列哪种类型

A. 多倍体　　　B. 单倍体　　　C. 三体型　　　D. 单体型　　　E. 嵌合体

18. 5p⁻综合征又称为"猫叫综合征"，其发病机制属于下列哪种

A. 基因突变　　B. 染色体数目畸变　　C. 染色体易位　　　D. 染色体缺失　　　E. 染色体重复

19. 47，XY，+21 核型的个体患下列哪种疾病
A. 嵌合型先天愚型　　　　　B. 三体型先天愚型　　　　　C. 易位型先天愚型
D. 先天性睾丸发育不全　　　E. 性染色体病

20. 46，XX/45，X 核型的患者属于下列哪种异常
A. 常染色体数目异常的嵌合体　　　B. 性染色体数目异常的嵌合体　C. 常染色体结构异常的嵌合体
D. 性染色体结构异常的嵌合体　　　E. 单基因病

21. 常染色体平衡易位的女性携带者最常见的临床表现是
A. 多次流产　　　B. 不育　　　C. 多发畸形　　　D. 智力低下　　　E. 出生体重低

22. 染色体不分离若发生在受精卵的第二次分裂以后可导致以下哪种结果
A. 三倍体　　　B. 单倍体　　　C. 三体型　　　D. 单体型　　　E. 嵌合体

23. 关于染色体病的描述，下列叙述正确的是
A. 染色体缺失或重复引起的疾病　B. 染色体倒位或易位引起的疾病　C. 染色体数目增加或减少引起的疾病
D. 染色体结构异常引起的疾病　　E. 染色体数目和结构异常引起的疾病

24. 人类三倍体染色体数目是
A. 20　　　B. 40　　　C. 46　　　D. 23　　　E. 69

25. 2p26 表示的含义是
A. 2 号染色体短臂上有 26 条带　　B. 2 号染色体长臂上有 26 条带　　C. 2 号染色体短臂 2 区 6 带
D. 2 号染色体长臂 2 区 6 带　　　E. 2 号染色体短臂上有 2 个区、6 条带

26. 人类染色体中，具有随体结构的是下面哪个染色体组
A. A 组　　　B. B 组　　　C. C 组　　　D. D 组　　　E. E 组

27. 染色体命名体制规定，X 染色体属于下列哪个组
A. A 组　　　B. B 组　　　C. C 组　　　D. D 组　　　E. E 组

28. 正常男性体细胞染色体数目为
A. 20　　　B. 40　　　C. 46　　　D. 23　　　E. 69

29. 正常女性体细胞染色体数目为
A. 20　　　B. 40　　　C. 46　　　D. 23　　　E. 69

30. 正常男性精子的染色体数目为
A. 20　　　B. 40　　　C. 46　　　D. 23　　　E. 69

31. 正常女性卵子的染色体数目为
A. 20　　　B. 40　　　C. 46　　　D. 23　　　E. 69

32. 下列属于亚二倍体的是
A. 45　　　B. 47　　　C. 46　　　D. 48　　　E. 69

33. 人类四倍体染色体数目是
A. 20　　　B. 40　　　C. 46　　　D. 92　　　E. 69

34. 下列哪种疾病是由于染色体数目异常引起的
A. 红绿色盲　　　B. 先天性聋哑　C. 猫叫综合征　D. 家族性结肠息肉　E. 先天性卵巢发育不全

35. 下列哪项是先天性卵巢发育不全（Turner 综合征）患者的核型
A. 47，XXX　　　B. 47，XXY　　　C. 45，X　　　D. 46，XX/47，XXX　　　E. 46，XY/47，XXY

36. 先天性睾丸发育不全（Klinefelter 综合征）患者的临床表现，除了下列哪项之外
A. 身材高大　　　B. 皮下脂肪丰富　　　C. 乳房发育　　　D. 睾丸小　　　E. 能产生正常的精子

37. 先天性卵巢发育不全（Turner 综合征）患者的临床表现，除了下列哪项之外
A. 身材高大　　　B. 身材矮小　　　C. 蹼颈　　　D. 原发性闭经　E. 不孕

38. 先天性睾丸发育不全（Klinefelter 综合征）患者的核型

A. 47，XXX　　B. 47，XXY　C. 45，X　D. 47，XYY　E. 45，XY，−14，−21，+t（14q，21q）

39. 下列核型中，除了哪项外均为先天愚型患者的核型

A. 47，XXY　　　　　　　　B. 47，XX，+21　　　　　　　　C. 47，XY，+21

D. 46，XX/47，XX，+21　　E. 46，XY，−14，+t（14q，21q）

40. 21 三体综合征最典型的临床表现是

A. 生长发育迟缓　　　　B. 智力低下　　　　C. 通贯手　　　D. 眼距宽　　　E. 肌张力低下

41. 临床上最常见的常染色体病是

A. Turner 综合征　　　　　B. Klinefelter 综合征　C. 5p⁻综合征　　D. 21 三体综合征　　　E. 18 三体综合征

42. 下列哪项为 45，X 患者的主要临床表现

A. 卵巢发育不全　　B. 智力低下　　C. 血液中有过量的苯丙酮酸　D. 镰状红细胞贫血　E. 皮肤毛发黑色素缺乏

43. 正常女性体细胞中一条 X 染色体异固缩为 X 染色质是下列哪个时期

A. 从受精卵开始至整个生命期　　　　　B. 出生以后　　　　C. 从受精卵开始至胚胎的第 16 天

D. 只发生在胚胎的第 16 天　　　　　　E. 胚胎第 16 天至整个生命期

44. 人类 X 染色质数目和 X 染色体数目的关系是

A. 相等　B. X 染色质数目比 X 染色体数目少 1 个　C. X 染色质数目比 X 染色体数目多 1 个

D. 不确定　　　　　　　　　　　　　　E. X 染色质数目比 X 染色体数目少 2 个

45. 人类 Y 染色质数目和 Y 染色体数目的关系是

A. 相等　　　　B. Y 染色质数目比 Y 染色体数目少 1 个　C. Y 染色质数目比 Y 染色体数目多 1 个

D. 不确定　　E. Y 染色质数目比 Y 染色体数目少 2 个

46. 超二倍体的染色体数目是

A. 45　　　　　　B. 47　　　　　C. 46　　　　　　D. 23　　　　　　E. 69

47. 先天愚型属于

A. 常染色体畸变　　　　　　　B. 常染色体显性遗传　　　　　C. 常染色体隐性遗传

D. X 连锁显性遗传　　　　　　E. X 连锁隐性遗传

48. 两条近端着丝粒染色体在着丝粒处断裂后两个长臂重接称为

A. 缺失　　　　B. 重复　　　C. 易位　　　　D. 倒位　　　　E. 罗伯逊易位

49. 染色体某片段丢失称为

A. 缺失　　　　B. 重复　　　C. 易位　　　　D. 倒位　　　　E. 罗伯逊易位

50. 某一条染色体发生两次断裂后，两断点之间的片段旋转 180°后重接称为

A. 缺失　　　　B. 重复　　　C. 易位　　　　D. 倒位　　　　E. 罗伯逊易位

51. 先天愚型患者发生异常的染色体是

A. 1 号染色体　　B. 5 号染色体　　C. 8 号染色体　　D. 21 号染色体　E. X 染色体

52. 每一条中期染色体由两条染色单体组成，两条染色单体通过下列哪种结构彼此相连

A. 端粒　　　　B. 随体　　　C. 着丝粒　　　D. 副缢痕　　　E. 长臂和短臂

53. 染色体短臂和长臂末端的特化结构为

A. 端粒　　　　B. 随体　　　C. 着丝粒　　　D. 副缢痕　　　E. 长臂和短臂

54. 人类属于近端着丝粒染色体的是

A. A 组和 D 组　　B. B 组和 D 组　　C. D 组和 G 组　D. D 组和 E 组　E. D 组和 F 组

55. 平衡倒位染色体在减数分裂时，倒位片段与之同源的对应片段联会形成的结构是

A. 倒位圈　　　B. 环状染色体　　C. 等臂染色体　D. 四射体　　　E. 双着丝粒染色体

56. 下列哪项为 47，XY，+21 患者的主要临床表现

A. 卵巢发育不全   B. 智力低下   C. 血液中有过量的苯丙酮酸

D. 镰状红细胞贫血   E. 皮肤毛发黑色素缺乏

57. 临床上最常用的染色体显带技术是

A. G 显带   B. R 显带   C. T 显带   D. C 显带   E. Q 显带

58. 下列哪种染色体结构畸变是不平衡的

A. 中间缺失   B. 罗伯逊易位   C. 相互易位   D. 臂间倒位   E. 臂内倒位

59. 核型 46，X，+21 属于

A. 二倍体   B. 假二倍体   C. 亚二倍体   D. 超二倍体   E. 三体型

（二）多项选择题

60. 先天愚型临床表现，可以具有下列哪些特征

A. 智力低下   B. 身材矮小   C. 韧带松弛   D. 皮肤粗糙、发干   E. 通贯手

61. 下列核型中哪些项书写是错误的

A. 46，XX，t（4；6）（q35；q21）   B. 46，XX，inv（2）（pter→p21∷q31→qter）

C. 46，XX，del（5）（qter→q21：）   D. 46，XY，t（4，6）（q35，q21）

E. 46，XY/47，XXY

62. 染色体不分离可以发生在

A. 姐妹染色单体之间   B. 同源染色体之间   C. 有丝分裂过程中

D. 减数分裂过程中   E. 受精卵的卵裂过程

63. 下列选项中，属于人类 23 对染色体共有结构的是

A. 端粒   B. 随体   C. 着丝粒   D. 副缢痕   E. 长臂和短臂

64. 三倍体的形成机制是

A. 双雌受精   B. 双雄受精   C. 核内复制   D. 核内有丝分裂   E. 染色体不分离

65. 染色体结构畸变有

A. 环状染色体   B. 等臂染色体   C. 易位   D. 整倍体   E. 双着丝粒染色体

66. 正常人具有

A. 体细胞中 46 条染色体   B. 生殖细胞中 23 条染色体   C. 体细胞中 44 条常染色体

D. 体细胞中 2 条性染色体   E. X、Y 归为 D 组染色体

67. 属于三体综合征的疾病有

A. 先天愚型   B. 13 三体综合征   C. 18 三体综合征

D. 猫叫综合征   E. 先天性卵巢发育不全

68. 正常人体细胞核型的表示方法正确的是

A. Aa   B. AA   C. aa   D. 46，XX   E. 46，XY

69. 组内染色体均属于亚中着丝粒染色体的是

A. A 组   B. B 组   C. C 组   D. D 组   E. E 组

70. 染色体畸变的发生原因有

A. 物理因素   B. 化学因素   C. 生物因素   D. 年龄因素   E. 遗传因素

71. 下列哪些染色体结构畸变是相对平衡的

A. 中间缺失   B. 罗伯逊易位   C. 相互易位   D. 臂间倒位   E. 臂内倒位

72. 四倍体的形成机制是

A. 双雌受精   B. 双雄受精   C. 核内复制   D. 核内有丝分裂   E. 染色体不分离

73. 整倍体改变包括

A. 二倍体   B. 单倍体   C. 三倍体   D. 四倍体   E. 多倍体

74. 非整倍体的形成机制包括

A. 第一次减数分裂染色体不分离   B. 第二次减数分裂染色体不分离   C. 受精卵卵裂染色体不分离

D. 有丝分裂染色体不分离   E. 染色体丢失

75. 18 三体综合征的临床表现为

A. 智力低下   B. 发育迟缓   C. 手呈特殊的握拳姿势   D. 摇椅样畸形足   E. 哭声像猫叫

二、名词解释

1. 核型   2. 染色体畸变   3. 三倍体   4. 整倍体

5. 非整倍体   6. 嵌合体   7. 假二倍体   8. 染色体病

9. 平衡易位携带者   10. 三体型

三、问答题

1. 常染色质和异染色质的区别。

2. Lyon 假说的主要内容。

3. 染色体病的一般临床表现。

4. 一对表型正常的夫妇婚后连续流产 2 次，第三胎是表型正常的女孩，但染色体总数为 45 条，第四胎是先天愚型男孩，染色体总数为 46 条，请问是什么原因造成的？试写出 2 个孩子的核型。

5. Down 综合征的临床表现及核型。

6. Klinefelter 综合征的临床表现及核型。

7. Turner 综合征的临床表现及核型。

【参 考 答 案】

一、选择题

（一）单项选择题

1. A   2. A   3. C   4. B   5. D   6. C   7. D   8. D   9. D   10. A   11. D   12. A   13. B   14. D   15. C   16. B

17. C   18. D   19. B   20. B   21. A   22. E   23. E   24. E   25. C   26. D   27. C   28. C   29. C   30. D   31. D   32. A

33. D   34. E   35. C   36. E   37. A   38. B   39. A   40. B   41. D   42. A   43. E   44. B   45. A   46. B   47. A   48. E

49. A   50. D   51. D   52. C   53. A   54. C   55. A   56. B   57. A   58. A   59. B

（二）多项选择题

60. ABCE   61. BCD   62. ABCDE   63. ACE   64. AB   65. ABCE   66. ABCD   67. ABC   68. DE   69. BC

70. ABCDE   71. BCDE   72. CD   73. BCDE   74. ABCDE   75. ABCD

二、名词解释

1. 核型：指一个体细胞内的全部染色体，按其大小和形态特征顺序排列所构成的图像。

2. 染色体畸变：指体细胞或生殖细胞内染色体发生数目和结构的异常改变。

3. 三倍体：以正常二倍体（2n）为标准，增加 1 个染色体组（n），称为三倍体（3n）。

4. 整倍体：染色体数目是以一个染色体组（n）为基数的增加或减少，称为整倍体。

5. 非整倍体：染色体数目增加或减少了一条或数条，称为非整倍体。

6. 嵌合体：同时存在两种或两种以上核型的细胞系的个体，称为嵌合体。

7. 假二倍体：染色体总数虽然是 46 条，但并非是 23 对同源染色体，存在某染色体的增加及其他染色体的减少，且增加和减少的数目一样，结果染色体总数不变，这类改变称为假二倍体。

8. 染色体病：由染色体数目或结构异常所引起的疾病，称为染色体病。

9. 平衡易位携带者：是指携带有易位的染色体，但遗传物质无明显的增加或减少，且表型正常的个体，称为平衡易位携带者。

10. 三体型：指某号同源染色体由 2 条畸变为 3 条，称为三体型。

三、问答题

1. 常染色质多位于间期细胞核的中央，螺旋化程度低，结构松散，染色浅，具有转录活性。异染色质多分布于核膜内表面，螺旋化程度高，结构紧密，染色深，很少进行转录或无转录活性。

2. ①失活发生在胚胎发育早期（约人胚的第 16 天）；②失活是随机的，即失活的 X 染色体可以来自于母亲也可以来自于父亲；③失活是恒定的，即一个细胞中的某条 X 染色体一旦失活，由该细胞所增殖而来的所有子代细胞均为这一 X 染色体失活。

3. ①多发畸形、智力低下、发育迟缓、不孕、不育、流产、畸胎等；②多呈散发；③少数由表型正常但携带异常染色体的双亲遗传而来。

4. 双亲之一为平衡易位携带者，第三胎女孩的核型为 45，XX，–14，–21，+t（14q21q），第四胎男孩的核型为 46，XY，–14，+t（14q21q）。

5. ①临床表现：智力低下；生长发育迟缓；枕骨扁平、后发际低、颈部皮肤松弛、眼距过宽、眼裂狭小、外眼角上斜、内眦赘皮；鼻根低平、外耳小、耳位低或畸形、颌小、腭弓窄小、舌大张口、流涎（伸舌样痴呆）、四肢短小、手短而宽、小指短而内弯且只有一条指褶纹、通贯手、三叉点 t 高位、第 1 和 2 趾间距宽、肌张力低下（软白痴）；男性患者无生育能力，女性患者偶有生育能力；约 50%患者患先天性心脏病，白血病的发病风险增加，患者免疫功能低下，易并发上呼吸道感染，预期寿命短。②核型：游离型、易位型和嵌合型。

6. ①临床表现：以身材高、睾丸小、男性第二性征发育不良及不育为主要特征。患者体征呈女性化倾向，身材高、四肢修长、体力较弱、胡须稀少、音调高、喉结不明显、体毛稀少、阴毛稀少、体表脂肪堆积如女性、皮肤细腻、约25%的患者可见乳房发育；阴茎发育不良、睾丸小而硬、精曲小管萎缩并呈玻璃样变性、无精子，因而不育；患者的睾酮水平低，雌激素水平增高。少数患者可伴轻度智力障碍、精神异常或精神分裂症倾向。X 染色体数目增加得越多，第二性征和伴发症状就越严重。②核型：主要为 47，XXY，占 80%～90%，嵌合型约占 10%～15%，常见的有 46，XY/47，XXY、46，XY/48，XXXY 等。

7. ①表型特征：以身材矮小、性发育幼稚、肘外翻、不孕为主要特征。身材发育缓慢、身材矮小（120～140cm）、后发际低、约 50%患者有蹼颈、女性第二性征发育不良、两乳间距宽、成年后乳房发育幼稚、外生殖器幼稚、色素沉着不明显、阴毛稀少、子宫发育不良、卵巢呈纤维索条状、无滤泡、原发性闭经。②核型：单体型（45，X）、嵌合型（如 45，X/46，XX、45，X/46，XX/47，XXX）、X 染色体结构畸变[如 46，X，i（Xq）、46，X，i（Xp）、46，XXq⁻、46，XXp⁻和 46，X，r（X）]。

（刘　丹）

第二十二章　群体遗传学

【重点难点提要】

一、群体的遗传平衡

（一）基本概念

群体（population）是指生活在同一地区相互能够杂交并能生育后代的同一物种的个体群。

群体遗传学（population genetics）的研究对象是遗传变异，主要对群体中遗传变异的分布及基因频率和基因型频率如何在群体中维持和变化进行定量分析，通过数学手段研究基因频率和相对应的表型在群体中的分布特征和变化规律。

基因库（gene pool）是指整个群体中某一特定基因座位上所有等位基因的总和。

基因频率（gene frequency）是指群体中某个特定基因座位上某一等位基因的相对频率。

基因型频率（genotype frequency）是指群体中具有某一基因型的个体数占总个体数的百分比。

（二）遗传平衡定律

Hardy-Weinberg 平衡定律是 1908 年由英国数学家 Hardy GH 和德国内科医生 Weinberg W 分别提出的，它是遗传学中最基本的原理之一，奠定了现代群体遗传学最重要的理论基础；即在一个大群体中，如果是随机婚配，没有突变，没有自然选择，没有大规模迁移所致的基因流，群体中的基因频率和基因型频率一代代保持不变。

维持遗传平衡的条件：①群体很大；②随机婚配；③没有自然选择；④没有突变或突变与选择达到平衡；⑤没有大规模迁移。

可以从数学的角度对遗传平衡定律进行阐述，假设群体中有一对等位基因 A 和 a，其基因频率分别为 p 和 q，则群体中：$p+q=1$，根据数学原理 $(p+q)^2=1$，展开二项式 $p^2+2pq+q^2=1$，p^2 代表显性纯合基因型 AA 的频率，$2pq$ 代表杂合基因型 Aa 的频率，q^2 代表隐性纯合基因型 aa 的频率。

如果一个群体基因频率世代间传递保持不变，则其基因型频率保持不变，即 AA：Aa：aa= p^2：$2pq$：q^2，这样的群体是一个遗传平衡的群体。

二、遗传平衡定律的应用

（一）遗传平衡群体的判定

可根据遗传平衡定律判定一个群体是否为遗传平衡群体，原则：先计算群体的基因频率，再根据公式计算虚拟下一代的基因型频率，然后将获得的期望值和实际群体的基因型频率进行比较以判断其是否为遗传平衡群体。

在实际应用中，如果观察值与期望值不符，不能妄下定论认为该群体为遗传不平衡群体，而要对差异进行统计学分析，如果差异无统计学意义，则该群体为遗传平衡群体，反之，则该群体为遗传不平衡群体。

（二）计算基因频率

1. 常染色体隐性（AR）遗传病致病基因频率计算　对于 AR 遗传病，群体中的患者全部为隐性纯合的基因型 aa，也就是说群体中该病的发病率等于 aa 的基因型频率即 q^2。因此，常染色体隐性遗传病致病基因频率 q=群体发病率的平方根。

2. 常染色体显性（AD）遗传病致病基因频率计算　对于 AD 遗传病，群体中 AA 基因型和 Aa 基因型的个体都是患者，但为了计算方便往往忽略掉显性纯合子的患者，因为 p 很小，纯合子的患者很少见可忽略不计，越罕见的 AD 遗传病，这种现象越明显。所以 AD 遗传病，群体中杂合基因型频率（H）近似等于发病率，即 2pq=群体发病率，由于 p 很小，$q\approx1$，因此 p=1/2×群体发病率（H）。

3. X 连锁基因频率计算　X 连锁基因频率的计算与常染色体不同，女性群体基因频率的计算参照常染色体基因频率的计算方法。男性由于是半合子，只有一条 X 染色体，男性发病率等于致病基因频率。

三、影响遗传平衡的因素

（一）近亲婚配和近婚系数

近亲婚配（consanguinous mating）是指 3~4 代内具有共同祖先的个体之间婚配。近婚系数inbreeding coefficient，F）近亲婚配后，其子女从婚配双方得到祖先同一基因的概率。

（二）选择

1. 适合度和选择系数　适合度（fitness，f）是指在一定的环境条件下，某基因型的个体能够生存并将其基因传给下一代的相对能力，可用相同环境中不同个体的相对生育率来衡量，一般用 f 表示。选择系数（selection coefficient，s）是指在选择作用下降低的适合度，s=1-f。

2. 选择对遗传平衡的影响　选择对常染色体显性基因的作用：在常染色体显性遗传情况下，带有显性基因的个体（AA 或 Aa）都受到选择的作用，当选择系数=1 时，则选择一代后，显性基因将从群体中消失。群体中显性基因由突变产生。

选择对常染色体隐性基因的作用：在常染色体隐性遗传情况下，只有隐性纯合子 aa 受到选择，杂合个体不受到选择，而且群体中隐性基因主要存在于杂合子中，所以选择对常染色体隐性基因的作用是相当缓慢的。

选择对 X 连锁隐性基因的作用：对于 X 连锁基因而言，男性都受到选择，女性纯合子患者受到选择，杂合子不受到选择，因此，选择对 X 连锁隐性基因的作用界于常染色体显性基因和常染色体隐性基因之间。

（三）突变

当更多的等位基因 A 突变成等位基因 a 时，群体中 a 基因频率增高；相反，当更多的 a 等位基因突变为 A 时，群体中 A 基因频率增高。只有当由 A 突变为 a 与由 a 突变为 A 的频率相等时，突变对遗传平衡无影响。

常染色体显性疾病 $\mu=sp$ 或 $\mu=1/2I(1-f)$

常染色体隐性疾病 $\mu=sq^2$ 或 $\mu=I(1-f)$（不适合杂合子优势）

X 连锁隐性疾病 $\mu=1/3sq$ 或 $\mu=1/3I(1-f)$

μ：每代每个基因的突变率；p 和 q：基因频率；s：选择系数；f：适合度=1-s；I：人群中该性状的频率（发生率）。

（四）遗传漂变、迁移对遗传平衡的影响

迁移（migration）是指一个群体中的个体迁入另一个群体并与后一群体中个体婚配。如果迁入的群体和接受群体的基因频率不，迁移将影响基因频率，这种影响称为迁移压力（migration pressure）。迁移压力的增强可导致某些基因有效的扩散到另一个群体中，所以迁移又称为基因流（gene flow）。

遗传漂变（genetic drift）是指在小群体中，等位基因频率由于抽样误差引起的随机变化称为遗传漂变。

建立者效应（founder effect）如果一个数目有限的新群体原是由少数几个迁移个体——奠基者繁殖起来的，在这个群体中由于遗传漂变使某个等位基因频率达到很高，这种现象称为建立者效应。

四、遗传负荷

遗传负荷（genetic load）是指由于致死或有害基因的存在，导致群体适合度下降的现象。一般以群体中每个个体携带的平均有害基因的数量来表示，包括突变负荷和分离负荷两种。突变负荷（mutation load）是指由于基因的致死或有害突变而导致群体的适合度下降，给群体带来负荷的现象。分离负荷（segregation load）是指适合度较高的杂合子之间的婚配，由于基因的分离会产生适合度较低的隐性纯合子后代，从何导致群体适合度下降，给群体带来负荷的现象。

【自　测　题】

一、选择题

（一）单项选择题

1. 遗传平衡定律，即在一定条件下，在一代代的繁殖传代中，一群体中的（　　）保持不变
A. 基因频率和基因型频率　B. 基因频率　C. 基因型频率　D. 表现型频率　E. 表现型频率和基因型频率

2. 群体中具有某一基因型的个体数占总个体数的百分比称为
A. 基因频率　　　　B. 表型频率　　C. 外显率　　D. 基因型频率　E. 以上都不对

3. 群体中某一基因在所有等位基因中所占的比例称为
A. 基因频率　　　　　B. 表型频率　　C. 外显率　　　D. 基因型频率　E. 以上都不对

4. PTC 味盲为常染色体隐性性状，我国汉族人群中 PTC 味盲者占9%，相对味盲基因的显性基因频率是
A. 0.7　　　　　　　B. 0.49　　　　C. 0.42　　　　D. 0.3　　　　E. 0.09

5. 某 AR 病的群体发病率为 4/10 000，该群体中致病基因携带者的频率为
A. 0.001　　　　　　B. 0.002　　　C. 0.004　　　D. 0.0002　　E. 0.0004

6. 同一基因座位所有基因型频率之和等于
A. 0　　　　　　　　B. 1　　　　　C. 0.5　　　　D. 0.25　　　E. 0.15

7. 近亲婚配可导致
A. 显性遗传病发病率增高　　　B. 分离负荷降低　　　　　C. 遗传负荷降低
D. 遗传负荷不受影响　　　　　E. 分离负荷增高

8. 在一个遗传平衡的群体中，白化病（AR）的群体发病率为 1/1000，适合度为 0.40，则白化病基因的突变率为
A. $60×10^{-6}$/（基因·代）　　　B. $40×10^{-6}$/（基因·代）　　C. $20×10^{-6}$/（基因·代）
D. $10×10^{-6}$/（基因·代）　　　E. $30×10^{-6}$/（基因·代）

9. 下列不影响遗传平衡的因素是
A. 群体的大小　　　　B. 突变　　　C. 选择　　　D. 大规模迁移　E. 群体中个体的寿命

10. 选择系数 s 是指在选择作用下降低的适合度 f，二者的关系是
A. $s+f=1$　　　　　B. $s=1+f$　　C. $f=1+s$　　D. $s-f=1$　　E. $f-s=1$

11. 罕见的常染色体隐性遗传病
A. 杂合携带者的数量远远高于患者　　　　　B. 患者的数量远远高于杂合携带者

C. 男性患者比女性患者高   D. 男性患者是女性患者的 1/2

E. 女性患者是男性患者的 1/2

12. 一遗传平衡群体中，显性基因的频率为 0.1，隐性基因的频率为 0.9，杂合显性性 12. 一遗传平衡群体中，显性基因的频率为 0.1，隐性基因的频率为 0.9，杂合显性性状个体的数量占

A. 0.01   B. 0.03   C. 0.09   D. 0.18   E. 0.36

13. 遗传漂变一般指发生在（   ）群体中的等位基因的随机变化。

A. 小   B. 大   C. 1 个   D. 2 个   E. 相同

14. 通常表示遗传负荷的方式是

A. 群体中有害基因的多少   B. 群体中有害基因的总数

C. 群体中有害基因的平均频率   D. 一个个体携带的有害基因的数目

E. 群体中每个个体携带的有害基因的平均数目

15. 下列不会改变群体基因频率的是

A. 选 择放松   B. 选择系数增加   C. 突变率降低

D. 群体内随机婚配   E. 群体变为很小

16. 对于 X 连锁显性遗传病，男性的患病率一般总是比女性

A. 低   B. 高   C. 相等   D. 不一定   E. 以上均不对

17. 最终决定一个个体适合度的是

A. 性别   B. 健康状况   C. 寿命   D. 生存能力   E. 生殖能力

18. AR 基因一级亲属间的近婚系数是

A. 1/64   B. 1/16   C. 1/8   D. 1/4   E. 1/2

19. AR 基因表/堂兄妹间的近婚系数是

A. 1/64   B. 1/16   C. 1/8   D. 1/4   E. 1/2

20. AR 基因二级亲属的近婚系数是

A. 1/64   B. 1/16   C. 1/8   D. 1/4   E. 1/2

21. 对于一种相对罕见的 X 连锁隐性遗传病，其男性发病率为 q

A. 人群中杂合子频率为 $2pq$ B. 女性发病率是 p^2

C. 男性患者是女性患者的 2 倍   D. 女性患者是男性患者的 2 倍

E. 女性发病率为 q^2

22. 有害基因突变可

A. 降低突变负荷   B. 增高突变负荷   C. 增高分离负荷

D. 降低遗传负荷者   E. 不影响遗传负荷

23. 由于至死或有害基因的存在，导致群体适合度下降的现象称为

A. 适合度   B. 遗传负荷   C. 选择系数   D. 迁移压力   E. 选择压力

24. 下列哪个是遗传平衡的群体

A. AA 0.75，Aa 0.25，aa 0   B. AA 0.30，Aa 0.50 aa，0.20   C. AA 0.25，Aa 0.50 aa，0.25

D. AA 0.50，Aa 0 aa，0.50   E. AA 0.20，Aa 0.60 aa，0.20

25. 一个孟德尔式群体的全部遗传信息称为

A. 基因库   B. 信息库   C. 基因量   D. 基因频率   E. 基因型频率

（二）多项选择题

26. Hardy-Weinberg 平衡定律提出

A. 在一个大群体中   B. 选型婚配   C. 没有突变发生

D. 没有大规模迁移   E. 群体中基因率和基因型频率在世代传递中保持不变

27. 能影响遗传负荷的因素是

A. 随机婚配　　　　B. 近亲婚配　　　　C. 电离辐射　　　　D. 化学诱变剂　　　E. 迁移

28. 某 AR 病的群体发病率为 1/10 000，则

A. 致病基因 a 的频率为 1/100　　　B. 携带者的频率为 1/50　　　C. 致病基因 a 的频率为 1/10

D. 正常基因 A 的频率为 99/100　　E. 正常基因 A 的频率为 9/10

29. 近亲婚配率高

A. AR 遗传病发病率增高　　　　B. AD 遗传病发病率增高　　　C. 平均近婚系数高

D. 遗传负荷增高　　　　　　　　E. 遗传负荷不变

30. 在一个遗传平衡的群体中，aa 的频率是 0.49，则

A. AA 的频率为 0.09　　　　　　B. Aa 的频率为 0.28　　　　　C. Aa 的频率为 0.42

D. 基因 a 的频率为 0.7　　　　　E. 基因 A 的频率为 0.3

二、名词解释

1. 群体遗传学　　2. 遗传平衡定律　　　3. 选择系数　　4. 近婚系数　　　5. 遗传负荷

三、问答题

1. 一个遗传平衡的群体必须具备哪些条件？

2. 苯丙酮尿症在我国人群中的发病率为 1/16 500，这种病患者的适合度为 0.20，试问致病基因的突变率如何？

【参考答案】

一、选择题

（一）单项选择题

1. A　2. D　3. A　4. A　5. C　6. B　7. E　8. A　9. E　10. A　11. A　12. D　13. A　14. E　15.D　16. A　17. E
18. D　19. B　20. C　21.E　22. B　23. B　24. C　25. A

（二）多项选择题

26. ABCDE　27. BCD　28. ABD　29. ACD　30. ACDE

二、名词解释

1. 群体遗传学：是对群体中遗传变异的分布及基因频率和基因型频率如何在群体中维持和变化进行定量分析，通过数学手段研究基因频率和相对应的表型在群体中的分布特征和变化规律。

2. 遗传平衡定律：在一个大群体中，如果是随机婚配，没有突变，没有自然选择，没有大规模迁移所致的基因流，群体中的基因频率和基因型频率一代代保持不变。

3. 选择系数：是指在选择作用下降低的适合度，$s=1-f$。

4. 近婚系数：近亲婚配后，其子女从婚配双方得到祖先同一基因的概率。

5. 遗传负荷：是指由于致死或有害基因的存在，导致群体适合度下降的现象。

三、问答题

1. 维持遗传平衡的条件：①群体很大；②随机婚配；③没有自然选择；④没有突变或突变与选择达到平衡；⑤没有大规模迁移。

2. $\mu=sq^2=(1-f)q^2=(1-0.2)\times1/16\,500=48\times10^{-6}/$（基因·代）。

（梅庆步）

第二十三章　单基因遗传病

【重点难点提要】

一、分子病

分子病（molecular disease）是指由于基因突变导致蛋白质分子质和量异常，所引起机体功能障碍的一类疾病。

分子病种类：根据各种蛋白质的功能可将分子病分为运输性蛋白病、凝血及抗凝血因子缺乏病、免疫蛋白缺陷病、膜蛋白病、受体蛋白病等。

（一）血红蛋白病

血红蛋白病是指由于珠蛋白分子结构或合成量异常所引起的疾病。

1. 正常血红蛋白的组成、结构及遗传控制

（1）组成、发育：血红蛋白是一种复合蛋白，由珠蛋白和血红素结合而成。每个血红蛋白分子由 2 对（4 条）珠蛋白链构成四聚体，其中 1 对是 α 链（或类 α 链，即 ζ 链），由 141 个氨基酸组成；另 1 对是 β 链（或类 β 链，即 ε、γ 和 δ 链），由 146 个氨基酸组成。这 6 种不同的珠蛋白链组合成人类的 6 种不同的血红蛋白，HbGower 1、HbGower 2、HbPortland、HbF、HbA、HbA2。成年人有 3 种血红蛋白，HbA 95%以上，HbA2 2%～3.5%，HbF＜1.5%。

（2）人类珠蛋白基因：人类珠蛋白基因分为 2 类：一类是类 α 珠蛋白基因簇，包括：ζ 和 α 基因；另一类是类 β 珠蛋白基因簇，包括 ε、γ（Gγ 和 Aγ）、δ 和 β 基因。珠蛋白基因的结构：类 α 与类 β 珠蛋白的基因结构类似，都含有 3 个外显子和 2 个内含子。

2. 血红蛋白病的分类和分子基础　血红蛋白病分为异常血红蛋白病和地中海贫血两大类。

（1）异常血红蛋白病：是指由于珠蛋白基因突变导致珠蛋白肽链结构异常。

异常血红蛋白病的类型：主要有镰状细胞贫血、血红蛋白 M 病。

异常血红蛋白病的分子基础：异常血红蛋白病的发生涉及基因突变的各种类型有单个碱基置换、移码突变、整码突变和融合基因等，其中单个碱基置换涉及错义突变、无义突变、终止密码突变。

（2）地中海贫血：由于珠蛋白基因缺失或突变导致某种珠蛋白链合成障碍，造成 α 链和 β 链合成失去平衡所导致的溶血性贫血称为地中海贫血。根据合成障碍的肽链不同分为 α 中海贫血和 β 地中海贫血。

α 地中海贫血：是由于 α 珠蛋白基因的缺失和缺陷使 α 珠蛋白链（α 链）的合成受到抑制而引起的溶血性贫血。

1）α 地中海贫血的临床分类：根据受累的 α 基因数量不同和临床表现程度分为 4 种类型。分别为 HbBart' s 胎儿水肿综合征，血红蛋白 H 病、轻型地中海贫血、静止型 α 地中海贫血。

2）α 地中海贫血的分子基础：依据基因缺陷程度来区分，把 α 地贫分为缺失型和非缺失型（点突变）。

β 地中海贫血：是由于 β 珠蛋白基因的缺失或缺陷使 β 珠蛋白链（β 链）的合成受到抑制而引起的溶血性贫血。完全不能合成 β 链者称 β^0 地中海贫血；能部分合成 β 链者称 β^+ 地中海贫血；此外还有 $\delta\beta^0$ 地中海贫血。

1）β 地中海贫血临床分类：主要分为重型 β 地中海贫血、轻型 β 地中海贫血、中间型地中海贫血、遗传性胎儿血红蛋白持续增多症等 4 种。

2）β 地中海贫血的分子基础：多数 β 地中海贫血是由于 β 基因发生点突变所致，突变涉及基因内及旁侧表达顺序的各个环节，少数为缺失型。

（二）胶原蛋白病

由原胶原基因转录和翻译过程的缺陷或翻译后各种修饰酶缺陷引起的疾病。成骨不全Ⅰ型（AD）又称蓝色巩膜综合征：胶原基因各种点突变导致胶原成熟缺陷。青春期后发病，骨质疏松致脆性增加而易反复发生骨折而引起多处骨折，蓝色巩膜，传导性耳聋，牙生长不良、畸形。成骨不全Ⅱ型（AD）又称先天性致死性成骨不全。宫内即可因骨质疏松、发脆引起四肢、肋骨骨折，而导致四肢弯曲、缩短和胸廓狭窄、变形

（三）凝血及抗凝血因子缺乏症

是一类常见的遗传性出血性疾病，其致病因素主要是各种凝血因子缺乏所致。甲型（A型）：凝血因子Ⅷ缺乏（Xq^{28}，XR），又叫抗血友病球蛋白缺乏症。乙型（B型）：凝血因子Ⅸ缺乏（Xq^{27}，XR），又叫血浆凝血活酶成分缺乏症。丙型（C型）：凝血因子Ⅺ缺乏（15q^{11}，AR），罕见。血管性假性血友病：血浆中 vWF 因子缺乏（12p^{ter}–p^{12}）

（四）受体蛋白病

如果控制受体蛋白合成的基因发生突变，可导致受体蛋白的质和量发生改变，影响代谢过程而引起的疾病，称为受体蛋白病。如：家庭性高胆固醇血症。

二、遗传性酶病

因基因突变所致酶活性降低或增高所引起的疾病为遗传性酶病。遗传性酶病与分子病的区别在于前者因合成酶蛋白结构异常或调控系统突变导致酶蛋白合成数量减少，通过酶的催化间接导致代谢紊乱所引起的机体功能障碍；而后者引起机体功能障碍是蛋白质分子变异的直接结果。多数遗传性酶病是因酶活性降低引起，仅少数表现酶活性增高。已知的酶病仅 200 多种，遗传方式以常染色体隐性遗传多见。杂合产生的酶量往往为正常纯合子和突变基因纯合子所含酶的半量，这种现象称为基因的剂量效应。

酶活性降低引起的遗传性酶病

1. 酶活性降低的原因　基因突变引起酶活性降低的原因：①结构基因突变：使酶动力学特性改变和酶的稳定性降低；②调节基因突变：酶合成速率减慢；③影响翻译后修饰和加工。

2. 酶活性降低发病机制　酶活性降低往往会引起酶缺乏致代谢中间产物堆积和排出的疾病、代谢底物堆积引起的疾病、代谢终产物缺乏引起的疾病、旁路产物增多引起的疾病 4 种主要类型。

（1）酶缺乏致代谢中间产物堆积和排出引起的疾病：半乳糖血症可为实例。典型的半乳糖血症是由于半乳糖-1-磷酸尿苷酰转移酶缺乏，致使半乳糖-1-磷酸在肝的积聚可引起肝功能损害，甚至肝硬化；在脑的积聚引起智力障碍；血中半乳糖升高可使葡萄糖释出减少，出现低血糖症。半乳糖在醛糖还原酶作用下产生半乳糖醇，从而改变晶状体的渗透压，使水进入，影响晶状体代谢出现白内障。此病为常染色体隐性遗传，基因定位于 9pl3。

（2）酶缺乏致代谢底物堆积引起的疾病：糖原贮积症可为实例。是一组由糖原合成和降解酶缺陷引起的疾病，至少 12 种类型。常见的是 Von Gierke 病，本病是因肝内葡萄糖-6-磷酸酶缺乏引起的，由于此酶缺乏，葡萄糖-6-磷酸不能转变为葡萄糖供组织利用，通过可逆反应而合成

过多的肝糖原，引起患儿肝肿大。不进食时极易发生低血糖。因动用脂肪可出现酮血症。葡萄糖-6-磷酸无氧酵解，生成大量乳酸，导致酸中毒。因此患者肝大伴低血糖、发育不良、消瘦、身材矮小，常有出血倾向。肝活检糖原含量增加。本病为常染色体隐性遗传。

（3）酶缺乏致代谢终产物缺乏引起的疾病：白化病可为实例。白化病患者有黑色素细胞，但酪氨酸酶缺乏，不能形成黑色素，患者因缺黑色素而白化。白化病分全型和局部型。前者常见，患者皮肤呈白色，毛发银白或淡黄色，虹膜及瞳孔淡红色，视网膜无色素、羞明、眼球震颤，为常染色体隐性遗传。白化病存在遗传异质性、酪氨酸基因定位于 llq14–q22。

（4）酶缺乏致旁路产物增多引起的疾病：苯丙酮尿症可为实例。由苯丙氨酸羟化酶遗传性缺乏引起。临床表现：出生时外貌正常，3～4 个月时，渐出现智能发育不全，患儿步伐小、姿似猿猴、肌张力增高、易激动、甚至惊厥、毛发发黄、肤白、虹膜呈黄色。尿和汗有一种特殊的腐臭味。苯丙氨酸羟化酶基因定位于 12q24.1，90kb，含 13 个外显子。

此外还有酶缺乏致反馈抑制减弱引起的疾病、维生素依赖性遗传病和多种酶缺陷引起的疾病。

【自　测　题】

一、选择题

（一）单项选择题

1. 白化病发病机制是缺乏

A. 苯丙氨酸羟化酶　B. 酪氨酸酶　　C. 溶酶体酶　　D. 黑尿酸氧化酶　　E. 半乳糖激酶

2. 由于溶酶体酶缺陷而引起的疾病是

A. 白化病　　　　　B. 半乳糖血症　C. 苯丙酮尿症　D. 黏多糖累积病　　E. 着色性干皮病

3. 标准型地中海贫血的基因型是

A. -- / --　　　　　B. -- / -α　　　C. --/αα 或-α/-α D. -α / αα　　　　E. αα/αα

4. 属于凝血障碍的分子病为

A. 镰状细胞贫血　　　　　　　　　B. Hb Lepore　　　　　　　C. 血友病 A

D. 家族性高胆固醇血症　　　　　　E. α 地中海贫血

5. 导致镰状细胞贫血的 β 珠蛋白基因突变类型是

A. 单个碱基替代　B. 移码突变　　C. 无义突变　　D. 终止密码突变　　E. 融合突变

6. 由于半乳糖-1-磷酸尿苷酸转移酶缺陷而引起的疾病是

A. 白化病　　　　　B. 半乳糖血症　C. 黏多糖沉积病　　D. 苯丙酮尿症　E. 着色性干皮病

7. 由于受体蛋白的遗传缺陷而导致的疾病为

A. 家族性高胆固醇血症　B. Hb Lepore　　C. Ehlers-Danlos　　D. DMD　E. 成骨不全

8. DMD 基因的突变类型多为

A. 单个碱基替代　B. 移码突变　　C. 无义突变　　D. 缺失突变　　　E. 错配引起不等交换

9. 因缺乏苯丙氨酸羟化酶而引起的疾病是

A. 苯丙酮尿症　　B. 着色性干皮病　　C. 黏多糖沉积病　　D. 白化病　　　E. 半乳糖血症

10. 具有缓慢渗血症状的遗传病为

A. 苯丙酮尿症　　B. 白化病　　C. 自毁容貌综合征　D. 血友病　　E. 血红蛋白病

11. Hb Bart's 胎儿水肿症为缺失（　　　）α 个珠蛋白基因

A. 1　　　　　　　B. 2　　　　　　C. 3　　　　　　D. 4　　　　　E. 0

12. 静止型 α 地中海贫血的基因型是

A. -- / --　　　　　B. -- / -α　　　C. --/αα 或-α/-α　　　D. -α / αα　　E. αα/αα

13. β珠蛋白基因位于（　　　）号染色体上。

A. 22　　　　　B. 11　　　　　C. 16　　　　　　　D. 14　　　　　　　　　E. 6

14. α珠蛋白基因位于（　）号染色体上

A. 22　　　　　B. 11　　　　　C. 16　　　　　　　D. 14　　　　　　　　　E. 6

15. 属于胶原蛋白病的疾病是

A. DMD　　　　B. Hb Lepore　　　C. 成骨不全　　　D. 家族性高胆固醇血症　　　E. α地中海贫血

16. 属于珠蛋白肽链合成速度异常的疾病是

A. 高铁血红蛋白症　B. 镰状细胞贫血　　C. α地中海贫血　　D. 家族性高胆固醇血症　E. 白化病

17. 黑尿酸尿症患者缺乏

A. 苯丙氨酸羟化酶　B. 酪氨酸酶　　　C. 溶酶体酶　　　D. 黑尿酸氧化酶　　　E. 半乳糖激酶

18. 葡萄糖-6-磷酸脱氢酶缺乏症属于（　　　）代谢缺陷病。

A. 糖　　　　　　B. 氨基酸　　　C. 溶酶体　　　D. 核酸　　　　　E. 脂类

19. 静止型α地中海贫血患者之间婚配，生出轻型α地中海贫血患者的可能性是

A. 0　　　　　　B. 1/8　　　　　C. 1/4　　　　　D. 1/2　　　　　　　E. 1

20. 镰状细胞贫血患者血红蛋白β链上的第6位氨基酸是

A. 谷氨酸　　　　B. 赖氨酸　　　C. 缬氨酸　　　D. 亮氨酸　　　　E. 苏氨酸

（二）多项选择题

21. 血红蛋白病产生的突变方式包括

A. 移码突变　　　B. 密码子插入　C. 密码子缺失　　D. 基因重排　　　　E. 碱基替换

22. 人类胚胎期的血红蛋白是

A. Hb Gower Ⅰ　　B. Hb Gower Ⅱ　C. Hb Portland　　D. HbF　　　　　　E. HbA

23. 下列哪些疾病是分子病

A. 血友病　　　　B. 受体病　　　C. 结构蛋白缺陷病　D. 糖原贮积症　　E. 血红蛋白病

24. 下列哪些是单基因遗传病

A. 高血压　　　　B. 血友病A　　　C. 苯丙酮尿症　　D. 21三体综合征　　E. 白化病

25. 与溶酶体酶缺陷有关的先天性代谢病有

A. 糖原贮积症　　B. 黏多糖贮积症　C. 半乳糖血症　D. 肝豆状核变性　　　E. 自毁容貌综合征

二、名词解释

1. 分子病　　2. 先天性代谢缺陷　　3. 血红蛋白病　　4. 地中海贫血　　5. 融合基因

三、问答题

1. 什么是血红蛋白病？其可分为几种类型？

2. 阐述镰状细胞贫血的发病机制。

【参 考 答 案】

一、选择题

（一）单项选择题

1. B　2. D　3. C　4. C　5. A　6. B　7. A　8. D　9. A　10. D　11. D　12. D　13. B　14. C　15. C　16. C　17. D
18. A　19. C　20. C

（二）多项选择题

21. ABCDE　22. ABC　23. ABCE　24. BCE　25. AB

二、名词解释

1. 分子病：是指基因突变造成蛋白质结构或合成量异常引起机体功能障碍的一类疾病。

2. 先天性代谢缺陷：是指由于基因突变导致酶蛋白分子结构或数量的异常所引起的疾病，又称酶蛋白病。

3. 血红蛋白病：是指珠蛋白分子结构或合成量异常所引起的疾病。

4. 地中海贫血：是指由于某种珠蛋白链的合成量降低或缺失，造成一些肽链缺乏，另一些肽链相对过多，出现肽链数量的不平衡，导致溶血性贫血，称为地中海贫血。

5. 融合基因：是指由两种不同基因的局部片段拼接而成的 DNA 片段。

三、问答题

1. 血红蛋白病是指珠蛋白分子结构或合成量异常所引起的疾病。血红蛋白病分为两大类型：①异常血红蛋白病，它是一类由于珠蛋白基因突变导致珠蛋白结构发生异常的血红蛋白病。②是由于某种珠蛋白链的合成量降低或缺失，造成一些肽链缺乏，另一些肽链相对过多，出现肽链数量的不平衡，导致溶血性贫血，称为地中海贫血，分为 α 地中海贫血和 β 地中海贫血。

2. 患者 β 基因的第 6 位密码子由正常的 GAG 变成了 GTG（A→T），使其编码的 β 珠蛋白 N 端第 6 位氨基酸由正常的谷氨酸变成了缬氨酸，形成 HbS。这种血红蛋白分子表面电荷改变，出现一个疏水区域，导致溶解度下降。在氧分压低的毛细血管，HbS 会聚合成凝胶化的棒状结构，使红细胞发生镰变，导致其变形能力降低。当它们通过狭窄的毛细血管时，易挤压破裂，引起溶血性贫血。此外，镰变细胞引起血黏性增加，易引起微细血管栓塞，致使组织局部缺血缺氧，甚至坏死，产生肌肉、骨骼疼痛等痛性危象。

（梅庆步）

第二十四章 线粒体遗传病

【重点难点提要】

线粒体病是以线粒体功能异常为主要病因的一大类疾病。

一、mtDNA 的结构特点

mtDNA 是一个长为 16 569bp 的双链闭合环状分子，外环含 G 较多，称重链（H 链），内环含 C 较多，称轻链（L 链）。mtDNA 结构紧凑，没有启动子和内含子，缺少终止密码子，仅以 U 或 UA 结尾。

二、线粒体基因的突变率

mtDNA 突变率比 nDNA 高 10～20 倍。原因有以下几点：①mtDNA 中基因排列非常紧凑，任何 mtDNA 的突变都可能会影响到其基因组内的某一重要功能区域；②mtDNA 是裸露的分子，不与组蛋白结合，缺乏组蛋白的保护；③mtDNA 位于线粒体内膜附近，直接暴露于呼吸链代谢产生的超氧粒子和电子传递产生的羟自由基中，极易受氧化损伤；④mtDNA 复制频率较高，复制时不对称，亲代 H 链被替换下来后，长时间处于单链状态，直至子代 L 链合成，而单链 DNA 可自发脱氨基，导致点突变；⑤缺乏有效的 DNA 损伤修复能力。

三、突变类型

mtDNA 突变类型主要包括点突变、大片段重组和 mtDNA 数量减少。大片段重组包括缺失和重复，最常见的缺失是 8483～13 459 位碱基之间 5.0kb 片段的缺失，该缺失约占全部缺失患者的 1/3，称为"常见缺失"。

四、线粒体疾病的遗传特性

1. 母系遗传 精子中只有很少的线粒体，受精时几乎不进入受精卵，因此受精卵中的线粒体 DNA 几乎全都来自于卵子，来源于精子的 mtDNA 对表型无明显作用。线粒体遗传病的传递方式不符合孟德尔遗传，而是表现为母系遗传，即母亲将 mtDNA 传递给她的儿子和女儿，但只有女儿能将其 mtDNA 传递给下一代。

虽然一个人的卵母细胞中大约有 10 万个线粒体，但当卵母细胞成熟时，绝大多数线粒体会丧失，数目可能会少于 10 个，最多不会超过 100 个，这种线粒体数目从 10 万个锐减到少于 100 个的过程，称为遗传瓶颈。对于具有 mtDNA 杂质的女性，瓶颈效应限制了其下传 mtDNA 的数量及种类，一个线粒体疾病的女患者或女性携带者可将不定量的突变 mtDNA 传递给子代，子代个体之间异质的 mtDNA 的种类、水平可以不同。由于阈值效应，子女中得到较多突变 mtDNA 者将发病，得到较少突变 mtDNA 者不发病或病情较轻。

2. 异质性 如果同一组织或细胞中的 mtDNA 分子都是一致的称为纯质。在克隆和测序的研究中发现一些个体同时存在两种或两种以上类型的 mtDNA，称为杂质。mtDNA 发生突变可导致一个细胞内同时存在野生型 mtDNA 和突变型 mtDNA，受精卵中存在的异质 mtDNA 在卵裂过程中被随机分配到子细胞中，由此分化而成的不同组织中也会存在 mtDNA 杂质差异。

3. 阈值效应 mtDNA 突变可以影响线粒体 OXPHOS 的功能，引起 ATP 合成障碍，导致疾病发生。杂质细胞的表现型依赖于细胞内突变型和野生型 mtDNA 的相对比例，能引起特定组织器官功能障碍的突变 mtDNA 的最少数量称阈值。特定组织和器官能量的缺损程度与突变型 mtDNA 所占的比例大致相当。不同的组织器官对能量的依赖程度不同，对能量依赖程度较高的组织比其他组织更易受到 OXPHOS 损伤的影响，较低的突变型 mtDNA 水平就会引起临床症状。中枢神经系统对 ATP 依赖程度最高，对 OXPHOS 缺陷敏感，易受阈值效应的影响而受累，其他依次为骨骼肌、心脏、胰腺、肾脏、肝脏。突变 mtDNA 随年龄增加在细胞中逐渐积累，因而线粒体疾病常表现为与年龄相关的渐进性加重。

4. 不均等的有丝分裂分离 细胞分裂时，突变型和野生型 mtDNA 发生分离，随机地分配到子细胞中，使子细胞拥有不同比例的突变型 mtDNA 分子，这种随机分配导致 mtDNA 杂质变化的过程称为复制分离。分裂旺盛的细胞有排斥突变 mtDNA 的趋势，无数次分裂后，细胞逐渐成为只有野生型 mtDNA 的纯质细胞。突变 mtDNA 具有复制优势，在分裂不旺盛的细胞中逐渐积累，形成只有突变型 mtDNA 的纯质细胞。漂变的结果，表型也随之发生改变。

五、mtDNA 突变引起的疾病

线粒体疾病可分为 3 种类型：核 DNA 缺陷、mtDNA 缺陷、核 DNA 和 mtDNA 联合缺陷。

1. Leber 遗传性视神经病（LHON） 1871 年 Leber 医生首次报道。患者多于 18~20 岁发病，主要症状为视神经退行性变。首发症状为视物模糊，接着在几个月内出现无痛性、完全或接近完全的失明。LHON 的主要病理特征：视神经和视网膜神经元的变性。个体细胞中突变 mtDNA 超过 96% 时发病，少于 80% 时男性患者症状不明显。

诱发 LHON 的 mtDNA 突变均为点突变，包括：①G11778A（ND4）称 Wallace 突变；②G14459A（ND6）症状最严重；③G3460A（ND1）；④T14484C（ND6）；⑤G15257A（cyt b）。利用 LHON 患者的特异性 mtDNA 突变，可对本病进行基因诊断。

2. 肌阵挛性癫痫和粗糙纤维病（MERRF） 是一种罕见的、杂质性的母系遗传病。主要临床表现有阵发性癫痫、进行性神经系统障碍和肌纤维紊乱、粗糙。线粒体形态异常并在骨骼肌细胞中积累，用 Gomori Trichrome 染色显示红色，称破碎红纤维。

最常见的突变型是 mtDNA 第 8344 位点 A→G，影响氧化磷酸化复合体 I 和复合体 IV 的合成。

3. 线粒体脑肌病合并乳酸血症及卒中样发作（MELAS） 主要临床表现为阵发性头痛和呕吐、肌阵挛性癫痫和卒中样发作、血乳酸中毒、近心端四肢乏力等。本病的分子特征是线粒体 tRNA 的点突变，约 80% 患者为 mtDNA 第 3243 位点 A→G 的碱基置换，突变使转录终止因子不能结合。

4. Kearns-Sayre 综合征（KSS） 以眼肌麻痹、视网膜色素变性、心肌病为主要症状，还具有眼睑下垂、四肢无力、心脏传导功能障碍、听力丧失、共济失调、痴呆等症状。KSS 主要由于 mtDNA 的缺失引起。缺失类型多样，最常见的类型是 4.9kb 的"普遍缺失"。KSS 患者病情的严重程度取决于缺失型 mtDNA 的杂质水平和组织分布。杂质程度低时，仅表现为眼外肌麻痹，肌细胞中缺失型 mtDNA>85% 时，表现为严重的 KSS。

与线粒体有关的病变还包括 Leigh 综合征、帕金森病、衰老、肿瘤、糖尿病等。

【自 测 题】

一、选择题

（一）单项选择题

1. 线粒体基因组全长

A. 344bp　　B. 15 257bp　　C. 16 569bp　　D. 16 147bp　　E. 16 172bp

2. mtDNA 是指

A. 核 DNA   B. 中度重复序列   C. 高度重复序列   D. 线粒体 DNA   E. 突变的 DNA

3. mtDNA 中编码蛋白质的基因有

A. 22 个   B. 2 个   C. 24 个   D. 13 个   E. 37 个

4. 受精卵中的线粒体

A. 精子提供 1/2 卵子提供 1/2   B. 精子提供 2/3 卵子提供 1/3   C. 精子提供 1/3 卵子提供 2/3

D. 几乎全部来自精子   E. 几乎全部来自卵子

5. 遗传瓶颈效应指的是

A. 卵细胞形成期 mtDNA 数量增加的过程   B. 受精过程中 mtDNA 数量剧减的过程

C. 卵细胞形成期 mtDNA 数量剧减的过程   D. 受精过程中 nDNA 数量剧减的过程

E. 卵细胞形成期 nDNA 数量剧减的过程

6. 以下哪个组织器官对 ATP 依赖程度最高，较低的突变型 mtDNA 水平就会引起临床症状。

A. 中枢神经系统   B. 肝脏   C. 脾脏   D. 呼吸系统   E. 骨骼肌

7. 最早发现与 mtDNA 突变有关的疾病是

A. 糖尿病   B. 帕金森病   C. 衰老   D. Leber 遗传性视神经病   E. Leigh 综合征

8. 诱发 Leber 遗传性视神经病的 mtDNA 突变均为

A. 缺失   B. 点突变   C. 重复   D. 大片段重组   E. mtDNA 数量减少

9. 与线粒体功能障碍有关的疾病是

A. 多指   B. 先天性聋哑   C. 帕金森病   D. 白化病   E. 苯丙酮尿症

10. 线粒体脑肌病是指

A. 病变同时侵犯中枢神经系统和胰腺   B. 病变同时侵犯中枢神经系统和肝脏   C. 病变侵犯骨骼肌

D. 病变同时侵犯中枢神经系统和骨骼肌   E. 病变侵犯中枢神经系统

11. Leber 遗传性视神经病患者最常见的 mtDNA 突变类型是

A. G14459A   B. G3460A   C. T14484C   D. G11778A   E. G15257A

12. 符合母系遗传的疾病为

A. 甲型血友病   B. 抗维生素 D 性佝偻病   C. 子宫阴道积水

D. Leber 遗传性视神经病   E. 家族性高胆固醇血症

13. 衰老时与增龄有关的 mtDNA 突变类型主要是

A. 点突变   B. 缺失   C. 重复   D. nDNA 突变   E. 基因组间交流缺陷

14. 线粒体病常表现为与年龄相关的渐进性加重，原因是

A. mtDNA 突变的积累   B. mtDNA 突变率增高   C. mtDNA 突变率降低

D. 对能量需求增加   E. mtDNA 损伤修复能力减弱

15. 线粒体脑肌病合并乳酸血症及卒中样发作（MELAS）的分子特征是

A. 线粒体 tRNA 的点突变   B. 线粒体 mRNA 的点突变   C. 缺失

D. 重复   E. 线粒体 rRNA 的点突变

16. 肌阵挛性癫痫和粗糙纤维病最常见的突变型是

A. A3243G   B. A8344G   C. C8344T   D. A14484G   E. C14484T

（二）多项选择题

17. mtDNA 的修复机制主要有

A. 切除修复   B. 光复活修复   C. 突变后修复   D. 翻译后修复   E. 转移修复

18. KSS 患者病情严重程度取决于缺失型 mtDNA 的

A. 缺失长度   B. 缺失部位   C. 杂质水平   D. 转录活性   E. 组织分布

19. 线粒体疾病的遗传特点包括

A. 母系遗传　　　　B. 杂质　　　　C. 阈值效应　　　　D. 不均等的有丝分裂分离 E. 以上都不是

20. mtDNA 突变类型主要包括

A. 缺失　　　　B. 点突变　　　　C. 重复　　　　D. 大片段重组　　　　E. mtDNA 数量减少

21. mtDNA 的分子特点包括

A. 双链闭合环状分子　　B. 不与组蛋白结合　C. 突变率高　D. 无内含子　　E. 无启动子

22. mtDNA 中含有的基因包括

A. 22 个 rRNA 基因　　　　B. 22 个 tRNA 基因　　　　C. 2 个 tRNA 基因

D. 13 个 mRNA 基因　　　　E. 2 个 rRNA 基因

23. 一些个体同时存在两种或两种以上类型的 mtDNA，称为杂质。杂质发生率较高的是

A. 肝脏　　　　B. 肾脏　　　　C. 肌肉　　　　D. 胰腺　　　　E. 中枢神经系统

24. mtDNA 突变率比 nDNA 高的原因是

A. 缺乏组蛋白的保护　　　　　　　　B. mtDNA 中基因排列非常紧凑

C. 缺乏有效的 DNA 损伤修复能力　　　D. mtDNA 位于线粒体内膜附近，易受氧化损伤

E. mtDNA 复制频率较高，复制时不对称

二、名词解释

1. 母系遗传　　　　　　2. 线粒体脑肌病　　　　　　3. 遗传瓶颈效应

4. 杂质　　　　　　　　5. 复制分离

三、问答题

1. 试述 mtDNA 的突变类型和突变后果。

2. 什么是阈值？阈值可受到哪些因素的影响？

3. 异质性细胞如何进行漂变？

4. Leber 遗传性视神经病的发病机制和临床表现。

【参 考 答 案】

一、选择题

（一）单项选择题

1. C　2. D　3. D　4. E　5. C　6. A　7. D　8. B　9. C　10. D　11. D　12. D　13. B　14. A　15. A　16. B

（二）多项选择题

17. AE　18. CE　19. ABCD　20. ABCDE　21. ABCDE　22. BDE　23. CE　24. ABCDE

二、名词解释

1. 母系遗传：精子中只有很少的线粒体，受精时几乎不进入受精卵，因此受精卵中的线粒体 DNA 几乎全都来自于卵子，来源于精子的 mtDNA 对表型无明显作用。线粒体遗传病的传递方式不符合孟德尔遗传，而是表现为母系遗传，即母亲将 mtDNA 传递给她的儿子和女儿，但只有女儿能将其 mtDNA 传递给下一代。

2. 线粒体脑肌病：线粒体病是一组多系统疾病，如果病变同时侵犯中枢神经系统和骨骼肌，则称为线粒体脑肌病。

3. 遗传瓶颈效应：人类的卵母细胞中大约有 10 万个 mtDNA，但仅有随机的一小部分可以进入成熟的卵细胞中传递给后代，这种卵细胞形成期 mtDNA 数量剧烈减少的过程称为遗传瓶颈效应。

4. 杂质：一些个体同时存在两种或两种以上类型的 mtDNA，称为杂质。

5. 复制分离：细胞分裂时，突变型和野生型 mtDNA 发生分离，随机地分配到子细胞中，使子细胞拥有不同比例的突变型 mtDNA 分子，这种随机分配导致 mtDNA 杂质变化的过程称为复制分离。

三、问答题

1. mtDNA 的突变类型主要包括点突变、大片段重组和 mtDNA 数量减少。大片段重组包括缺失和重复。

mtDNA 突变可影响 OXPHOS 功能使 ATP 合成减少，线粒体提供能量不足则可引起细胞褪变甚至坏死，导致一些组织器官功能减退，出现相应的临床症状。

2. 杂质细胞的表现型依赖于细胞内突变型和野生型 mtDNA 的相对比例，能引起特定组织器官功能障碍的突变 mtDNA 的最少数量称阈值。

阈值是一个相对概念，易受突变类型、组织、老化程度变化的影响，个体差异很大。

（1）缺失 5kb 变异的 mtDNA 比率达 60%，就急剧地丧失产生能量的能力。MEIAS 患者 tRNA 点突变的 mtDNA 达到 90% 以上，能量代谢急剧下降。

（2）中枢神经系统对 ATP 依赖程度最高，其他依次为骨骼肌、心脏、胰腺、肾脏、肝脏。对能量依赖程度较高的组织比其他组织更易受到 OXPHOS 损伤的影响，较低的突变型 mtDNA 水平就会引起临床症状。如肝脏中突变 mtDNA 达 80% 时，尚不表现出病理症状，而肌组织或脑组织中突变 mtDNA 达同样比例时就表现为疾病。

（3）突变 mtDNA 随年龄增加在细胞中逐渐积累，因而线粒体疾病常表现为与年龄相关的渐进性加重。在一个 MERRF 家系中，有 85% 突变 mtDNA 的个体在 20 岁时症状很轻微，但在 60 岁时临床症状却相当严重。

3. 分裂旺盛的细胞有排斥突变 mtDNA 的趋势，无数次分裂后，细胞逐渐成为只有野生型 mtDNA 的纯质细胞。突变 mtDNA 具有复制优势，在分裂不旺盛的细胞中逐渐积累，形成只有突变型 mtDNA 的纯质细胞。漂变的结果，表型也随之发生改变。

4. Leber 遗传性视神经病的临床表现：患者多于 18～20 岁发病，首发症状为视物模糊，接着在几个月内出现无痛性、完全或接近完全的失明。个体细胞中突变 mtDNA 超过 96% 时发病，少于 80% 时男性患者症状不明显。临床表现为双侧视神经严重萎缩引起的急性或亚急性双侧中心视力丧失，可伴有神经、心血管、骨骼肌等系统异常，如头痛、癫痫和心律失常等。

诱发 LHON 的 mtDNA 突变均为点突变，包括：①G11778A 称 Wallace 突变；②G14459A 症状最严重；③G3460A；④T14484C；⑤G15257A。LHON 患者 NADH 脱氢酶 ND4 亚单位基因 G11778A，使 ND4 第 340 位高度保守的精氨酸被组氨酸取代，ND4 空间构型发生改变，NADH 脱氢酶活性降低和线粒体产能效率下降，视神经细胞能量供给不能长期维持视神经的完整结构，导致神经细胞退行性变、死亡。

（陈　萍）

第二十五章　出生缺陷

【重点难点提要】

出生缺陷也称为先天畸形,是指患儿在出生时即在外形或体内所形成的(非分娩损失所引起的)可识别的结构和功能缺陷。出生缺陷一般不包含代谢缺陷的患者。

一、出生缺陷的类型

出生缺陷包括:①整胚发育畸形;②胚胎局部发育畸形;③器官和器官局部畸形;④组织分化不良性畸形;⑤发育过度性畸形;⑥吸收不全性畸形;⑦超数和异位发生性畸形;⑧发育滞留性畸形;⑨重复畸形。

二、出生缺陷的诊断

下列情况应进行宫内诊断:曾生育过严重畸形儿的孕妇;多次发生自然流产、死胎、死产的孕妇;妊娠早期服用过致畸药物或有过致畸感染或接触过较多射线的孕妇;长期处于污染环境的孕妇;羊水过多或过少的孕妇。

产前出生缺陷的诊断方法主要有:①通过羊膜囊穿刺吸取羊水,分析胎儿的代谢状况、胎儿的染色体组成、基因是否有缺陷等;②通过绒毛膜活检分析胚体细胞的染色体组成;③在 B 超的引导下将胎儿镜插入羊膜腔中,直接观察胎儿的体表是否发生畸形,并可通过活检钳采集胎儿的皮肤组织和血液等样本做进一步检查;④B 超是一种简便易行且安全可靠的宫内诊断方法,可在荧光屏上清楚地看到胎儿的影像;⑤将水溶性造影剂注入羊膜腔,便可在 X 线荧屏上观察胎儿的大小和外部畸形;⑥脐带穿刺是在 B 超引导下,于妊娠中期、妊娠晚期(17~32 周)经母腹抽取胎儿静脉血,用于染色体或血液学各种检查,亦可作为错过绒毛和羊水取样时机,或羊水细胞培养失败的补充。

三、常见的出生缺陷

(一)神经管缺陷

神经管的头部发育增大形成脑,其余部分仍保持管状,形成脊髓。如果由于某种原因神经管未能关闭,神经组织依然露在外面,通常称为开放性神经管缺陷。如果未关闭局限于脊髓的部分,这种异常称为脊髓裂,脊髓裂必然合并脊柱裂;而头端部分未关闭称为无脑儿。无脑儿和各种类型的脊柱裂是最常见的神经管缺陷畸形,其他还有裸脑、脑膨出、脑积水等。神经管缺陷易导致死胎、死产和瘫痪。

1. 脊柱裂　隐性脊柱裂是脊椎的背部没有互相合并,常位于腰骶部,外面有皮肤覆盖,一般不引起注意。脊髓和脊神经通常是正常的,没有神经症状;如果缺陷涉及 1~2 个脊椎,脊膜就会从缺陷处突出,在表面就能看到一个用皮肤包裹的囊,称为脑脊膜突出;有时囊很大,不但包含脊膜,还包含脊髓及其神经,称为脊髓脊膜突;还有一种脊柱裂是由于神经沟没有关闭而形成,神经组织很广泛地露在表面,称为脊髓突出或脊髓裂。

2. 无脑畸形　是神经管的头端部分未关闭所致,这种缺损几乎总是通连到一个颈部开放的脊髓。出生时脑是一块露在外面的变性组织,没有颅盖,因而使头部具有特别的外观:眼向前突出、没有颈部、脸面和胸部的表面处在一个平面上。用 X 线检查胎儿,这种异常很容易被辨认出来。这种胎儿缺少吞咽的控制机制,故妊娠最后两个月的特点就是羊水过多(hydramnios)。流产病例占 75%，出生的患儿几乎都在生后数小时或数天内死亡。

3. 神经管缺陷的产前诊断　产前诊断适应证：曾有过神经管缺陷生育史的孕妇；夫妇双方或一方有阳性家族史；常规产前检查有阳性发现者。

检查内容：①妊娠 16～18 周，抽取孕妇静脉血检测血清甲胎蛋白（AFP），AFP 值高于标准为阳性；②妊娠 14～18 周，超声波检查一般可明确诊断；③当孕妇血清 AFP 两次检测结果均为阳性，而 B 超不能明确诊断，应做穿刺检查羊水 AFP 和乙酰胆碱酯酶，穿刺最佳时间为妊娠 16～20 周；④妊娠 20 周后进行 X 线检查，可作为补充诊断；⑤可辅助神经管缺陷诊断的其他实验室检查。

（二）先天性心脏病

先天性心脏病（CHD）简称先心病，是由胎儿时期心脏血管发育异常所导致的畸形疾病，是少年儿童最常见的心脏病。先天性心脏病常见类型有房间隔缺损、室间隔缺损和法洛四联症。

四、出生缺陷的发生因素

出生缺陷的发生原因比较复杂，有些与遗传因素有关，有些与环境因素有关，有些则是遗传因素与环境因素共同作用的结果。引发出生缺陷的遗传因素包括染色体畸变和基因突变。能够引起出生缺陷的环境因素统称为致畸剂，包括生物性致畸剂、物理性致畸剂、致畸性化学物质、致畸性药物及其他致畸剂。

生物致畸因子包括各种感染因子，特别是病毒。目前已知风疹病毒、巨细胞病毒、单纯疱疹病毒、水痘病毒、弓形虫、梅毒螺旋体等对人类胚胎有致畸作用。离子电磁辐射（包括 α、β、γ、X 射线）有较强的致畸作用，此外发热、噪声和机械性损伤也是有致畸作用的物理因素。致畸性化学物质：食品添加剂、防腐剂、环己基糖精、有机磷农药等均可导致胎儿多种畸形。金属铅、砷、镉、镍、汞等，工业三废（废水、废气、固体废弃物），一些多环芳香碳氢化合物、烷类和苯类化合物，某些亚硝基化合物也都具有致畸作用。致畸性药物：包括一些抗生素（链霉素、四环素等）、多数抗肿瘤药物、某些抗惊厥药物、抗甲状腺药物、激素、反应停、乙醇、抗凝血药等。另外，吸烟、吸毒、严重营养不良等因素也都具有一定的致畸作用。

五、致畸剂的作用机制

作用机制包括：①诱发基因突变和染色体畸变；②致畸物的细胞毒性作用；③细胞分化过程的某一特定阶段、步骤或环节受到干扰；④母体及胎盘稳态的干扰；⑤非特异性发育毒性作用。

胎儿发育的不同阶段，对致畸剂的敏感性不同，大多数致畸剂有其特定的作用阶段。胚胎分化前期，指卵子受精、三个胚层形成时期，为致畸因子不敏感期；胚胎期，指胚胎发育的第 3～7 周即 15～60 天，为致畸因子高度敏感期；胎儿期，指胚胎 2 个月至出生为止，为致畸因子敏感降低期。

【自测题】

一、选择题

（一）单项选择题

1. 胚胎局部发育畸形涉及范围是

A. 一个器官　　B. 两个器官　　C. 多个器官　　D. 大部分器官　E. 全部器官

2. 组织分化不良性畸形的发生时间较晚且（　　）不易识别

A. 基因诊断　　B. 肉眼　　C. 生化检测　　D. 免疫学检测　E. 超声检查

3. 发育滞留性畸形是指器官发育中途停止，器官呈（　　）状态。

A. 中间　　B. 原始　　C. 幼稚　　D. 高分化　　E. 成熟

4. 多指（趾）畸形是

A. 发育滞留性畸形　B. 重复畸形　C. 器官和器官局部畸形　D. 吸收不全性畸形　E. 发育过度性畸形

5. 巨细胞病毒感染主要损害

A. 生殖系统　　　　B. 消化系统　　　　C. 呼吸系统　　　　D. 中枢神经系统　　E. 内分泌系统

6. 无脑畸胎（ancncephalus）的特点是神经管的头部（　　），并且在出生时脑是一块露在外面的变性组织。这种缺损几乎总是通连到一个颈部开放的脊髓

A. 没有分化　　　　B. 基本愈合　　　　C. 变性　　　　　　D. 没有合拢　　　　E. 退化

7. 孕妇叶酸缺乏最易导致

A. 先天性心脏病　　B. 唇腭裂　　　　　C. 神经管畸形　　　D. 牙釉缺损　　　　E. 畸形足

8. 对曾有过神经管缺损生育史的孕妇、夫妇双方或一方有阳性家族史、常规产前检查有阳性发现者都应该考虑实施产前诊断。在妊娠（　　）时，抽取孕妇静脉血检测其血清甲胎蛋白（AFP），当受试者血清 AFP 值高于标准值时，则可视为阳性

A. 16～18 周　　　　B. 6～8 周　　　　　C. 26～28 周　　　D. 10～18 周　　　　E. 16～32 周

9. 弓形虫感染主要引起（　　）的疾患。

A. 心脏　　　　　　B. 神经管　　　　　C. 眼　　　　　　　D. 四肢　　　　　　E. 肾脏

10. 无脑儿的特点是神经管的头部没有合拢，由于这种胎儿缺少吞咽的控制机制，故妊娠最后两个月的特点是

A. 羊水胎便污染　　B. 胎儿窘迫　　　　C. 羊水过少　　　　D. 羊水过多　　　　E. 羊水栓塞

11. 某些抗生素有致畸作用，大剂量应用链霉素可引起

A. 先天性耳聋　　　B. 脑积水　　　　　C. 智力低下　　　　D. 肢体发育不全　　E. 小眼球

（二）多项选择题

12. 常见的神经管缺陷畸形包括

A. 无脑儿　　　　　B. 小头畸形　　　　C. 脊柱裂　　　　　D. 白内障　　　　　E. 耳聋

13. 对人类胚胎有致畸作用的生物因子有

A. 风疹病毒　　　　B. 巨细胞病毒　　　C. 单纯疱疹病毒　　D. 弓形体　　　　　E. 梅毒螺旋体

14. 风疹病毒诱发的出生缺陷包括

A. 白内障　　　　　B. 耳聋　　　　　　C. 动脉导管未闭　　D. 心房和心室间隔缺损　E. 以上都不是

15. 胎儿酒精综合征的主要表现是

A. 发育迟缓　　　　B. 小头　　　　　　C. 小眼　　　　　　D. 短眼裂　　　　　E. 眼距小

16. 产前出生缺陷的诊断方法主要有

A. 羊膜囊穿刺　　　B. 绒毛膜活检　　　C. 超声波检　　　　D. 脐带穿刺　　　　E. 胎儿镜检查

二、名词解释

1. 出生缺陷　　　　2. 脊髓裂　　　　　3. 无脑畸形　　　　4. 致畸剂　　　　　5. 海豹肢畸形

三、问答题

1. 出生缺陷的类型有哪些？

2. 哪些孕妇应进行出生缺陷的宫内诊断？诊断方法主要有哪些？

3. 神经管缺陷的分类及发生机制？

4. 引发出生缺陷的环境因素有哪些，请举例说明。

5. 简述致畸剂的作用机制。

【参 考 答 案】

一、选择题

（一）单项选择题

1. C　2. B　3. A　4. E　5. D　6. D　7. C　8. A　9. C　10. D　11. A

（二）多项选择题

12. AC　13. ABCDE　14. ABCD　15. ABCDE　16. ABCDE

二、名词解释

1. 出生缺陷：出生缺陷也称为先天畸形，是指患儿在出生时即在外形或体内所形成的（非分娩损失所引起的）可识别的结构和功能缺陷。

2. 脊髓裂：神经管的头部发育增大形成脑，其余部分仍保持管状，形成脊髓。如果由于某种原因神经沟未能关闭，神经组织依然露在外面，通常称为开放性神经管缺陷。如果未关闭局限于脊髓的部分，这种异常称为脊髓裂，脊髓裂必然合并脊柱裂。

3. 无脑畸形：无脑畸形是神经管的头端部分未关闭所致，这种缺损几乎总是通连到一个颈部开放的脊髓。出生时脑是一块露在外面的变性组织，没有颅盖，因而使头部具有特别的外观：眼向前突出、没有颈部、脸面和胸部的表面处在一个平面上。

4. 致畸剂：能够引起出生缺陷的环境因素统称为致畸剂，包括生物性致畸剂、物理性致畸剂、致畸性化学物质、致畸性药物及其他致畸剂。

5. 海豹肢畸形：20 世纪 60 年代"反应停"在欧洲和日本曾广泛用于治疗孕妇呕吐，但结果导致大量婴儿四肢畸形，上肢残缺如海豹的鳍片样前肢，称为海豹肢畸形。

三、问答题

1. 出生缺陷的类型包括：①整胚发育畸形；②胚胎局部发育畸形；③器官或器官局部畸形；④组织分化不良性畸形；⑤发育过度性畸形；⑥吸收不全性畸形；⑦超数和异位发生性畸形；⑧发育滞留性畸形；⑨重复畸形。

2. 下列情况应进行宫内诊断：曾生育过严重畸形儿的孕妇；多次发生自然流产、死胎、死产的孕妇；妊娠早期服用过致畸药物或有过致畸感染或接触过较多射线的孕妇；长期处于污染环境的孕妇；羊水过多或过少的孕妇。

　　产前出生缺陷的诊断方法主要有：①通过羊膜囊穿刺吸取羊水，分析胎儿的代谢状况、胎儿的染色体组成、基因是否有缺陷等；②通过绒毛膜活检分析胚体细胞的染色体组成；③在 B 超的引导下将胎儿镜插入羊膜腔中，直接观察胎儿的体表是否发生畸形，并可通过活检钳采集胎儿的皮肤组织和血液等样本做进一步检查；④B 超是一种简便易行且安全可靠的宫内诊断方法；⑤将水溶性造影剂注入羊膜腔，便可在 X 线荧屏上观察胎儿的大小和外部畸形；⑥脐带穿刺是在 B 超引导下，于妊娠中期、妊娠晚期（17～32 周）经母腹抽取胎儿静脉血，用于染色体或血液学各种检查。

3. 神经管缺陷的发生机制：神经管的头部发育增大形成脑，其余部分仍保持管状，形成脊髓。如果由于某种原因神经沟未能关闭，神经组织依然露在外面，通常称为开放性神经管缺陷。如果未关闭局限于脊髓的部分，这种异常称为脊髓裂，脊髓裂必然合并脊柱裂；而头端部分未关闭称为无脑儿。

　　分类：无脑儿和各种类型的脊柱裂是最常见的神经管缺陷畸形，其他还有裸脑、脑膨出、脑积水等。

4. 能够引起出生缺陷的环境因素统称为致畸剂，包括生物性致畸剂、物理性致畸剂、致畸性化学物质、致畸性药物及其他致畸剂。

　　生物致畸因子包括各种感染因子，特别是病毒。目前已知风疹病毒、巨细胞病毒、单纯疱疹病毒、水痘病毒、弓形虫、梅毒螺旋体等对人类胚胎有致畸作用。离子电磁辐射（包括 α、β、γ、X 射线）有较强的致畸作用，此外发热、噪声和机械性损伤也是有致畸作用的物理因素。致畸性化学物质：食品添加剂、防腐剂、环己基糖精、有机磷农药等均可导致胎儿多种畸形。金属铅、砷、镉、镍、汞等，工业三废（废水、废气、固体废弃物），一些多环芳香碳氢化合物、烷类和苯类化合物，某些亚硝基化合物也都具有致畸作用。致畸性药物：包括一些抗生素（链霉素、四环素等）、多数抗肿瘤药物、某些抗惊厥药物、抗甲状腺药物、激素、反应停、乙醇、抗凝血药等。另外，吸烟、吸毒、严重营养不良等因素也都具有一定的致畸作用。

5. 致畸剂的作用机制包括：①诱发基因突变和染色体畸变；②致畸物的细胞毒性作用；③细胞分化过程的某一特定阶段、步骤或环节受到干扰；④母体及胎盘稳态的干扰；⑤非特异性发育毒性作用。

（陈　萍）

第二十六章 肿瘤遗传

【重点难点提要】

肿瘤是体细胞遗传病,是由一群生长失去正常调控的细胞形成的新生物。肿瘤细胞是一个积累了不同基因突变的体细胞,肿瘤的发生是遗传因素和环境因素共同作用的结果。

一、肿瘤发生的遗传学基础

双生子调查、系谱分析、遗传流行病学和染色体分析都已证实肿瘤的发生具有明显的遗传基础。

(一)单基因遗传的肿瘤

1. 视网膜母细胞瘤 儿童中一种眼内的恶性肿瘤,临床表现在早期为眼底灰白色肿块,多无自觉症状。肿瘤长入玻璃体内,致瞳孔内出现黄色光反射("猫眼")。眼底镜下可见玻璃体内有白色瘤块和大量白色浑浊点。遗传型:20%~25%,为双侧发病,多在1岁半以前发病,可见家族史,AD遗传;非遗传型:75%~80%,为单侧发病,多在2岁以后才发病。视网膜母细胞瘤(RB)基因是肿瘤抑制基因(13q14.1)。

2. 神经母细胞瘤 遗传型:20%,AR遗传,常为多发且发病早;散发型:80%,常为单发且发病晚。

3. 肾母细胞瘤 遗传型:38%,AD,双侧发病且发病早;散发型:62%,单侧发病且发病晚。

4. 遗传性癌前病变 一些单基因遗传的疾病和综合征,有不同程度的恶性肿瘤倾向,称为癌前病变,大部分为常染色体显性遗传。

家族性结肠息肉综合征:发病率1/10 000,结肠、直肠多发性息肉,十几岁时可癌变。常表现为肠梗阻或血性腹泻,易被误诊为肠炎。APC基因为抑癌基因(5q21-q22)。

Ⅰ型神经纤维瘤(NFⅠ):患者沿躯干的外周神经有多发的神经纤维瘤,皮肤上可见多个浅棕色的"牛奶咖啡斑",腋窝有广泛的雀斑,少数有恶变倾向。NFⅠ基因为抑癌基因(17q11.2)。

(二)多基因遗传的肿瘤

多基因遗传的肿瘤大多是一些常见的恶性肿瘤,包括乳腺癌、胃癌、肺癌、前列腺癌、子宫颈癌等。

芳羟化酶(AHH)是氧化酶,又是诱导酶,其诱导活性具有遗传多态性。人群中45%呈低诱导活性,46%呈中等诱导活性,9%呈高诱导活性。AHH活性高者易将香烟中的多环碳氢化合物活化为致癌物,故易患肺癌。

家族性癌是一个家族内多个成员患同一类型的肿瘤。癌家族是指一个家系在几代中有多个成员发生同一器官或不同器官的恶性肿瘤。

(三)染色体不稳定综合征与肿瘤发生

人类一些以体细胞染色体断裂为主要表现的综合征,多具有AR、AD和XR的遗传特性,统称为染色体不稳定综合征,它们具有不同程度的易患肿瘤的倾向。

毛细血管扩张性共济失调(AT):AR遗传,染色体自发断裂率增高,14q12为断裂热点,所形成的淋巴细胞白血病常有$14q^+$的易位。易患白血病、淋巴瘤、免疫缺陷等。

Bloom综合征(BS):染色体不稳定性或基因组不稳定性是BS患者细胞遗传学的显著特征。BLM基因突变有碱基替换、缺失、插入等。患者多在30岁前发生各种恶性肿瘤和白血病。

着色性干皮病（XP）：罕见的、致死性 AR 遗传病，XP 患者 DNA 切除修复系统有缺陷。易患恶性黑色素瘤、肉瘤、腺癌等。

Fanconi 贫血（FA）：AR 遗传病，一种儿童期的骨髓疾病，又称全血细胞减少症。培养的 FA 细胞普遍存在染色体不稳定。儿童期癌症发生的危险性增高，特别是急性白血病。

（四）染色体异常与肿瘤

1. 肿瘤的染色体异常　1941 年 Boveri 提出了肿瘤染色体理论：肿瘤细胞来源于正常细胞，具有某种异常染色体的细胞是一种有缺陷的细胞，染色体畸变是引起正常细胞向恶性转化的主要原因。

肿瘤细胞是由单个突变细胞增殖而成，即肿瘤是突变细胞的单克隆增殖细胞群，称为肿瘤的单克隆起源。但肿瘤生长演进过程中会出现异质性，演变为多克隆性。

在某种肿瘤内，如果某种细胞系生长占优势或细胞百分数占多数，此细胞系就称为该肿瘤的干系。干系的染色体数目称为众数。细胞生长处于劣势的其他核型的细胞系称为旁系。

肿瘤的染色体数目异常：肿瘤细胞多数为非整倍体，有超二倍体、亚二倍体、多倍体。实体瘤的染色体数目多在二倍体左右，或在三、四倍体之间。染色体数目变化较小的癌细胞并不意味着恶性程度低。

肿瘤的染色体结构异常：结构异常是指由于肿瘤细胞的增殖失控等原因，导致细胞有丝分裂异常并产生染色体断裂、重排，形成特殊结构的染色体，也称标记染色体。特异性标记染色体是指经常出现于同一种肿瘤内的标记染色体。非特异性标记染色体是指有些染色体异常不属于某种肿瘤所特有，即同一种肿瘤内可能有不同的染色体异常；或同一类的染色体异常可出现于不同肿瘤中。

Ph 染色体（费城 1 号染色体）：1960 年 Nowell 等在美国费城发现。慢性粒细胞白血病（CML）患者的骨髓和外周血中，有一个小于 G 组的很小的近端着丝粒染色体，称为 Ph 染色体。约有 95% 的 CML 患者可检出 Ph 染色体，所以 Ph 染色体是 CML 的特异性标记染色体。Ph 染色体是 9 号染色体和 22 号染色体发生相互易位而形成，即 t（9；22）（q34；q11）。abl-bcr 融合基因具有增高了的酪氨酸激酶活性，这是 CML 的发病原因。

14q$^+$染色体：90%的 Burkitt 淋巴瘤（BL）患者有 14q$^+$染色体，14q$^+$染色体是 8 号染色体和 14 号染色体发生相互易位而形成，即 t（8；14）（q24；q32）。8q24 处存在癌基因，14q32 处存在启动子，易位后启动癌基因的激活过程，导致肿瘤发生。

实体瘤存在的染色体改变以染色体片段的缺失为主。

2. 染色体异常在肿瘤发生中的作用　大多数肿瘤的染色体改变是复杂的、多样化的。许多肿瘤的染色体改变虽非特异的，但也非随机的。

二、癌基因

与肿瘤相关的基因：癌基因和抑癌基因。

癌基因是指能够使细胞发生癌变的基因，首先发现于病毒的基因组中。反转录病毒基因组中引发肿瘤的序列是高度多样性的，称为病毒癌基因。原癌基因是一类控制细胞增殖与分化的基因。相对于病毒癌基因，细胞中正常的原癌基因又被称为细胞癌基因。

$$原癌基因 \xrightarrow{突变} 癌基因$$
（细胞癌基因）

1. 细胞癌基因的分类　蛋白激酶类、信号转导蛋白类、生长因子类、核内转录因子类。

2. 细胞原癌基因的激活机制

（1）点突变：由于单个碱基突变而改变编码蛋白的功能，或使基因激活并出现功能变异。点突变是癌的早期变化，它具有明显的始动作用。

（2）染色体易位：由于染色体断裂、重排导致细胞癌基因在染色体上的位置发生改变，使原来无活性或低表达的癌基因易位至一个强大的启动子、增强子或转录调节元件附近，或易位改变基因的结构，并与其他高表达基因形成融合基因，使其激活和具有恶性转化的功能。

（3）基因扩增：细胞癌基因通过复制可使其拷贝数大量增加，从而激活并导致细胞恶性转化。扩增的 DNA 片段以双微体和均染区两种方式存在。基因扩增越多预后越差。

（4）病毒诱导与启动子插入：细胞癌基因附近一旦被插入一个强大的启动子即可被激活。

三、肿瘤抑制基因

肿瘤抑制基因（抑癌基因）是人类正常细胞中存在的能够抑制肿瘤发生的一类基因，也称抗癌基因。其作用是抑制细胞生长，促进细胞分化。一对抑癌基因均丧失功能或失活后，形成隐性纯合状态才失去其抑制肿瘤发生的作用，所以也称为隐性癌基因。

Knudson 的二次突变学说：人体每一细胞要发生两次突变才能变成肿瘤细胞。遗传性肿瘤的第一次突变发生在生殖细胞，体细胞只要再有一次突变，即可转变为恶性肿瘤细胞。这种肿瘤可遗传，常有家族史，年轻发病，呈多发性或双侧性。散发性肿瘤，二次突变均需发生在同一个体细胞内，因而发病率低、常单发、发病较晚。二次突变学说解释了视网膜母细胞瘤的遗传性与散发性及遗传性视网膜母细胞瘤的显性遗传（AD）与肿瘤抑制基因（隐性基因）的关系。

p53 基因是最重要的抑癌基因，是一类细胞周期的调控因子。很多人类的实体癌均有 p53 基因的突变，如结肠癌、乳腺癌、肝癌、肺癌等。约 50% 的人类恶性肿瘤有 p53 基因的突变。

四、肿瘤的多步骤损伤学说

细胞癌变往往需要多个癌相关基因的协同作用，要经过多个阶段的演变，其中不同阶段涉及不同的癌相关基因的激活与失活。不同癌相关基因的激活与失活在时间上有先后顺序，在空间位置上也有一定的配合，所以癌细胞表型的最终形成是这些被激活与失活的癌相关基因共同作用的结果。在恶性肿瘤的起始阶段，原癌基因激活的方式主要表现为反转录病毒的插入和原癌基因点突变，而染色体重排、基因重组和基因扩增等激活方式的表现则意味着恶性肿瘤进入演进阶段。正是由于各种原癌基因发生了量变和质变，导致表达异常，造成细胞分裂和分化失控，通过多阶段演变而转化为癌细胞。

【自 测 题】

一、选择题

（一）单项选择题

1. 芳羟化酶（AHH）是

A. 诱导酶　　B. 核酸内切酶　　　　C. 水解酶　　　　D. 还原酶　　　　E. 磷酸化酶

2. 共济失调性毛细血管扩张症是

A. AD 遗传病　B. AR 遗传病　　　　C. XD 遗传病　　　D. XR 遗传病　　　E. Y 连锁遗传病

3. 着色性干皮病患者易患

A. 肝癌　　　　B. 全血细胞减少症　　C. 皮肤癌　　　　D. 白血病　　　　E. 肺癌

4. 肿瘤发生的二次突变学说中，第二次突变发生在

A. 体细胞　　　B. 卵子　　　　　　　C. 原癌细胞　　　D. 癌细胞　　　　E. 精子

5. Burkitt 淋巴瘤的特异性标志染色体是

A. Ph 小体　　B. 13q 缺失　　　　　C. $14q^+$　　　　D. 11p 缺失　　　E. 11q 缺失

6. 慢性粒细胞性白血病的特异性标志染色体是

A. Ph 小体　　　B. 13q 缺失　　　　C. 8、14 易位　　D. 11p 缺失　　　E. 11q 缺失

7. 宿主细胞的 DNA 序列中与病毒癌基因序列具有同源性的基因称为

A. 癌基因　　　　B. 细胞癌基因　　　C. 病毒癌基因　　D. 抑癌基因　　　E. 肿瘤抑制基因

8. 对肺癌的研究提示，吸烟为本病的主要诱因，但也与（　　　）有关

A. 环境污染　　　　B. 微生物感染　　　C. 遗传因素　　　　D. 物理辐射　　　　E. 精神因素

9. 在某种肿瘤中，如果某种肿瘤细胞系生长占优势或细胞百分数占多数，此细胞系就称为该肿瘤的

A. 干系　　　　　B. 旁系　　　　　C. 众系　　　　D. 标志系　　　　E. 非标志系

10. 肺癌属于（　　　）的肿瘤

A. 多基因遗传　　　B. 染色体不稳定综合征　　C. 遗传易感性　D. 染色体畸变引起　E. 单基因遗传

11. 视网膜母细胞瘤为一种眼部恶性肿瘤，遗传方式为

A. AR　　　　　　B. AD　　　　　　C. XD　　　　　　D. XR　　　　　　E. 多基因遗传

12. 患者常见的临床表现包括身材矮小，慢性感染，免疫功能缺陷，日光敏感性面部红斑和轻度颜面部畸形，
且多在 30 岁前发生各种肿瘤和白血病。这种疾病是

A. 21 三体综合征　　B. 肺癌　　　　　C. 肾母细胞瘤　　D. 家族性结肠息肉综合征E. Bloom 综合征

13. Fanconi 贫血症的主要表现为

A. 发育正常　　　　B. 全血细胞减少症　C. 对光敏感　　　　D. 白血病发生率低　　E. 易患皮肤癌

14. 共济失调性毛细血管扩张症为

A. 多基因遗传病　　　　　　B. 遗传性癌前病变　　　　　C. 常染色体隐性遗传病

D. 常染色体显性遗传病　　　E. X 连锁隐性遗传病

15. 能够使细胞发生癌变的基因统称为

A. 癌基因　　　　B. 细胞癌基因　　　C. 病毒癌基因　D. 抑癌基因　　　　E. 原癌基因

16. 在肿瘤细胞内常见到结构异常的染色体，如果一种异常的染色体较多地出现在某种肿瘤的细胞内，就称为

A. 染色体畸变　　B. 染色体变异　C. 染色体脆性　D. 标记染色体　E. 异常染色体

（二）多项选择题

17. 肿瘤细胞中经常可以看到基因扩增现象，扩增的 DNA 片段存在方式有

A. 乳腺癌　　　B. 胃癌　　　　　　C. 肺癌　　　　　　D. 双微体　　　　E. 均染区

18. 多基因遗传的肿瘤包括

A. 乳腺癌　　　B. 胃癌　　　　　　C. 肺癌　　　　　D. 子宫颈癌　　　E. 肾母细胞瘤

19. 染色体不稳定综合征有

A. 共济失调性毛细血管扩张症　B. Bloom 综合征　C. Fanconi 贫血　D. 着色性干皮病　E. 以上都不是

20. 就功能而言，癌基因可分为哪几类

A. 生长因子类　　B. 生长因子受体类　　　C. 蛋白激酶类　D. 信号传递蛋白类　E. 核内转录因子类

21. 下列哪些基因为抑癌基因

A. RB　　　　　B. p53　　　　　C. RAS　　　　　D. p16　　　　　E. MYC

22. 较为多见的单基因遗传的肿瘤有

A. 视网膜母细胞瘤　B. 肾母细胞瘤　　C. 神经母细胞瘤　　D. 白血病　　　E. 家族性结肠息肉综合征

23. 着色性干皮病的特点有

A. 患者对光敏感　B. AR 遗传　C. 易患皮肤癌　D. 培养的细胞中常见四射体结构　E. 核苷酸切除修复途径缺陷

24. 细胞中原癌基因可以通过一些机制而被激活，出现基因表达或过表达，从而使细胞癌变，这些机制包括

A. 点突变　B. 染色体易位　　C. 基因扩增　　D. 病毒诱导与启动子插入　　　E. 以上都是

25. 在恶性肿瘤的起始阶段，原癌基因激活的方式主要表现为

A. 原癌基因的点突变　　B. 染色体重排　　C. 基因扩增　　D. 反转录病毒的插入　　E. 基因重组

二、名词解释

1. 特异性标记染色体　　2. 染色体不稳定综合征　　3. 癌基因　　4. 肿瘤抑制基因　　　5. 原癌基因

三、问答题

1. 视网膜母细胞瘤的分类、特点及发病机制。
2. 试述癌基因在肿瘤发生中的作用？原癌基因与癌基因的关系及激活方式？
3. 如何说明肿瘤的发生与遗传相关？

【参 考 答 案】

一、选择题

（一）单项选择题

1. A　2. B　3. C　4. A　5. C　6. A　7. B　8. C　9. A　10. A　11. B　12. E　13. B　14. C　15. A　16. D

（二）多项选择题

17. DE　18. ABCD　19. ABCD　20. ACDE　21. ABD　22. ABC　23. ABCE　24. ABCDE　25. AD

二、名词解释

1. 特异性标记染色体：由于肿瘤细胞增殖失控等原因导致细胞有丝分裂异常，产生染色体断裂、重排，形成特殊结构的染色体，称标记染色体。经常出现于同一种肿瘤内的标记染色体称为特异性标记染色体。

2. 染色体不稳定综合征：人类一些以体细胞染色体断裂为主要表现的综合征，多具有 AR、AD 和 XR 的遗传特性，统称为染色体不稳定综合征，它们具有不同程度的易患肿瘤的倾向。

3. 癌基因：是指能够使细胞发生癌变的基因，首先发现于病毒的基因组中。

4. 肿瘤抑制基因：是人类正常细胞中存在的能够抑制肿瘤发生的一类基因，也称抗癌基因（抑癌基因）。其作用是抑制细胞生长，促进细胞分化。一对抑癌基因均丧失功能或失活后，形成隐性纯合状态才失去其抑制肿瘤发生的作用，所以也称为隐性癌基因。

5. 原癌基因：是一类控制细胞增殖与分化的基因。相对于病毒癌基因，细胞中正常的原癌基因又被称为细胞癌基因。原癌基因的蛋白产物在信号转导和细胞生长的调控方面起重要作用，当这些调节或转导发生改变时，细胞即可能发生恶性转化。

三、问答题

1. 视网膜母细胞瘤有遗传型和非遗传型。

遗传型：20%～25%，为双侧发病，多在 1 岁半以前发病，可见家族史，AD 遗传；非遗传型：75%～80%，为单侧发病，多在 2 岁以后才发病。

视网膜母细胞瘤（RB）基因是肿瘤抑制基因。人体每一细胞要发生两次突变才能变成肿瘤细胞。遗传性肿瘤的第一次突变发生在生殖细胞，体细胞只要再有一次突变，即可转变为恶性肿瘤细胞。这种肿瘤可遗传，常有家族史，年轻发病，呈多发性或双侧性。散发性肿瘤，二次突变均需发生在同一个体细胞内，因而发病率低，常单发，发病较晚。二次突变学说解释了视网膜母细胞瘤的遗传性与散发性及遗传性视网膜母细胞瘤的显性遗传（AD）与肿瘤抑制基因（隐性基因）的关系。

2. 癌基因是指能够使细胞恶性转化的基因。在正常人体中原癌基因多处于封闭状态，不表达或低表达。一对原癌基因中只要有一个被激活，即可使细胞趋于恶性转化。

原癌基因的激活机制包括点突变、染色体易位、基因扩增、病毒诱导与启动子插入。

关系：　　　原癌基因 $\xrightarrow{突变}$ 癌基因

　　　　　（细胞癌基因）

3. 双生子调查、系谱分析、遗传流行病学和染色体分析都已证实肿瘤的发生具有明显的遗传基础。

单基因遗传的肿瘤：视网膜母细胞瘤、神经母细胞瘤、肾母细胞瘤。

一些单基因遗传的疾病和综合征，有不同程度的恶性肿瘤倾向，称为癌前病变，大部分为常染色体显性遗传。有家族性结肠息肉综合征、Ⅰ型神经纤维瘤。

多基因遗传的肿瘤大多是一些常见的恶性肿瘤，包括乳腺癌、胃癌、肺癌、前列腺癌、子宫颈癌等。

人类一些以体细胞染色体断裂为主要表现的综合征，多具有 AR、AD 和 XR 的遗传特性，统称为染色体不稳定综合征，它们具有不同程度的易患肿瘤的倾向。有毛细血管扩张性共济失调、Bloom 综合征、着色性干皮病、Fanconi 贫血。

肿瘤细胞的染色体数目异常，肿瘤细胞多数为非整倍体。肿瘤细胞的染色体结构异常。特异性标记染色体是指经常出现于同一种肿瘤内的标记染色体，Ph 染色体是慢性粒细胞白血病的特异性标记染色体，90%的 Burkitt 淋巴瘤患者有 14q$^+$染色体。非特异性标记染色体是指有些染色体异常不属于某种肿瘤所特有，即同一种肿瘤内可能有不同的染色体异常；或同一类的染色体异常可出现于不同肿瘤中。

（陈　萍）

第二十七章 遗传病的诊断、治疗与遗传咨询

【重点难点提要】

一、遗传病的诊断

（一）临床诊断

1. 病史、症状和体征

（1）家族史：遗传病大多有家族聚集倾向，病史采集的关键是材料的真实性和完整性。

（2）婚姻史：婚龄、次数、配偶、有无近亲婚配。

（3）生育史：育龄、子女数及健康状况、流产、死产和早产史（如果异常，则了解产伤、窒息、病毒、致畸剂等）。

（4）症状与体征：遗传病除有和其他疾病相同的症状和体征外，有些遗传病又有其本身所特有的症状和体征，从而为诊断提供线索，如智力低下同时伴有霉臭尿味提示为苯丙酮尿症。

2. 系谱分析 系谱分析可以有效地记录遗传病的家族史，确定遗传病的遗传方式，还能用于遗传咨询中个体患病风险的计算和基因定位中的连锁分析。绘制系谱的过程中要注意以下几点：①系统、完整；②去伪存真；③新的基因突变。

在单基因遗传分析中应注意遗传异质性、外显不全、延迟显性。线粒体遗传病主要表现为晚发，并呈进行性加重，母系遗传。多基因病是一大类常见的疾病，有家族聚集倾向，但不遵循孟德尔分离规律。有特殊遗传方式的疾病，包括遗传印迹、动态突变等。

3. 细胞遗传学检查 染色体检查（核型分析）适应证包括：智能发育不全、生长迟缓或伴有其他先天畸形者；夫妇中有染色体异常，如平衡易位、嵌合体等；家族中已发现染色体异常或先天畸形个体；多发性流产的妇女及其丈夫；原发闭经和男女不育症患者；35 岁以上的高龄孕妇；有两性外生殖器畸形者。

X 染色质检查：Turner 综合征（45，X），X 染色质阴性；Klinefelter 综合征（47，XXY），X 染色质阳性。

Y 染色质检查：XYY 男性有 2 个 Y 染色质，正常男性只有 1 个 Y 染色质。

染色体荧光原位杂交（FISH）：应用标记的特异性 DNA 探针与玻片上的细胞中期染色体或间期核的 DNA 进行荧光原位杂交。检测非整倍体，检测染色体微小缺失、插入、易位、倒位或扩增等结构异常。

4. 生物化学检查

（1）代谢产物的检测：酶缺陷导致一系列生化代谢紊乱，从而使代谢中间产物、底物、终产物、旁路代谢产物发生变化。

（2）酶和蛋白质的分析：基因突变引起的单基因病主要是特定的酶和蛋白质的质和量改变的结果。检测酶和蛋白质的材料主要来源于血液和特定的组织、细胞，如肝细胞、皮肤成纤维细胞及肾、肠黏膜细胞等。

（二）出生前诊断

出生前诊断或称产前诊断，是采用羊膜穿刺术或绒毛取样等技术，对羊水、羊水细胞和绒毛进行遗传学检验，对胎儿的染色体、基因进行分析诊断，是预防遗传病患儿出生的有效手段，越来越

广泛地被应用。

出生前诊断对象：①夫妇之一有染色体畸变，特别是平衡易位携带者，或者夫妇染色体正常，但生育过染色体病患儿的孕妇；②35 岁以上的高龄孕妇；③夫妇之一有开放性神经管畸形，或生育过这种畸形患儿的孕妇；④夫妇之一有先天性代谢缺陷，或生育过这种患儿的孕妇；⑤X 连锁遗传病致病基因携带者孕妇；⑥有习惯性流产史的孕妇；⑦羊水过多的孕妇；⑧夫妇之一有致畸因素接触史的孕妇；⑨有遗传病家族史，又系近亲结婚的孕妇。

注意：已出现先兆流产、妊娠时间过长、有出血倾向者的孕妇不宜做产前诊断。

出生前诊断的方法：①B 超；②羊膜穿刺；③绒毛取样法；④脐带穿刺术；⑤胎儿镜检查；⑥分离孕妇外周血中的胎儿细胞；⑦植入前诊断。

（三）基因诊断

利用 DNA 重组技术直接从 DNA 水平上检测人类遗传性疾病的基因缺陷，又称为 DNA 分析法。1978 年，Kan YW（简悦威）等第一次利用重组 DNA 技术成功实现了对镰状细胞贫血症进行产前诊断，开创了遗传病基因诊断的新时期。

用于基因诊断的标本：症状前诊断——外周血细胞；产前诊断——妊娠早期的绒毛细胞、妊娠中期的羊水胎儿脱落细胞、母亲外周血中的胎儿有核红细胞；植入前诊断——受精卵卵裂细胞。

基因诊断的主要技术方法：核酸分子杂交、聚合酶链反应（PCR）、DNA 序列测定。核酸分子杂交包括斑点印迹杂交、原位杂交、PCR-ASO、基因芯片技术。其他常用的技术有 PCR-RFLP、PCR-SSCP、RT-PCR、Western 印迹技术。

二、遗传病的治疗

1. 遗传病治疗的原则　单基因病按禁其所忌、去其所余和补其所缺的原则进行，即主要采用内科疗法。多基因病利用药物治疗或外科手术治疗可以收到较好的效果。染色体病目前无法根治，改善症状也很困难，少数性染色体病如 Klinefelter 综合征早期使用睾丸酮，真两性畸形进行外科手术等，有助于症状改善。

2. 传统遗传病治疗方法

（1）手术矫正治疗：手术修复（唇裂及腭裂）；去脾（球形细胞增多症）；结肠切除术（多发性结肠息肉）；手术切除（多指）；手术矫正（先天性心脏病）。

（2）器官和组织移植：骨髓移植（重型联合免疫缺陷病、地中海贫血、溶酶体贮积症）；肝移植（α_1-抗胰蛋白酶缺乏症）；角膜移植（遗传性角膜萎缩症）；肾移植（家族性多囊肾、遗传性肾炎）。

3. 药物治疗

（1）药物治疗原则：补其所缺、去其所余。

（2）出生前治疗：羊水中 T_3 增高，胎儿可能患甲状腺功能低下，给孕妇服用甲状腺素；甲基丙二酸尿症胎儿的羊水中甲基丙二酸含量增高，会引起新生儿发育迟缓和酸中毒，应在出生前和出生后给母体和患儿注射大量维生素 B_{12}。

（3）症状前治疗：患儿甲状腺功能低下，应给予甲状腺素终身服用，以防患儿智能和体格发育障碍。

（4）临床患者治疗

1）去其所余的遗传病：应用螯合剂（肝豆状核变性）；应用促排泄剂（家族性高胆固醇血症）；利用代谢抑制剂（Lesch-Nyhan 综合征）；血浆置换或血浆过滤（溶酶体贮积症、家族性高胆固醇血症）；平衡清除法（溶酶体贮积症）。

2）补其所缺的遗传病：胰岛素（胰岛素依赖性糖尿病）；生长激素（垂体性侏儒）；第Ⅷ因子（甲型血友病）；腺苷脱氨酶（ADA 缺乏症）；各种酶制剂（溶酶体贮积症）；甲状腺制剂（家

族性甲状腺肿）；输注免疫球蛋白（免疫缺陷）。

酶疗法包括①酶诱导治疗：雄激素能诱导 α_1-抗胰蛋白酶的合成；②酶补充疗法：脑苷脂病患者注射 β-葡萄糖苷酶制剂。

维生素疗法：叶酸（先天性叶酸吸收不良）。

4. 饮食疗法

（1）饮食疗法原则：禁其所忌。

（2）产前治疗：对患有半乳糖血症风险的胎儿，孕妇的饮食中限制乳糖和半乳糖的摄入量，胎儿出生后再禁用人乳和牛乳喂养。

（3）临床患者治疗：低苯丙氨酸饮食疗法治疗（苯丙酮尿症），患儿年龄越大，饮食疗法的效果越差，故应早诊断早治疗。

5. 基因治疗　是运用 DNA 重组技术设法修复患者细胞中有缺陷的基因，使细胞恢复正常功能而达到治疗遗传病的目的。

基因治疗的策略包括基因修正、基因替代、基因增强、基因抑制和（或）基因失活。

基因治疗的种类有①体细胞基因治疗：使患者症状消失或得到缓解，但有害基因仍能传给后代；②生殖细胞基因治疗：可根治遗传病，使有害基因不再在人群中散布。

基因治疗的临床应用：腺苷脱氨酶缺乏症。发病机制：ADA 缺乏→脱氨腺苷酸增多→甲基化能力改变→产生毒性反应→患者 T 淋巴细胞受损→引起反复感染等症状。临床基因治疗方案：体外培养外周血 T 淋巴细胞→IL-2 等刺激生长→T 淋巴细胞分裂→含正常 ADA 基因的反转录病毒载体 LASN 导入细胞→回输患者。

三、遗传咨询

遗传咨询是在一个家庭中预防遗传病患儿出生的最有效的方法。这是由咨询医师和咨询者即遗传病本人或其家属就某种遗传病在一个家庭中的发生、复发风险和防治上所面临的全部问题，进行一系列的交谈和讨论，使患者或其家属对这种遗传病有概要的了解，选择出最恰当的对策，并在咨询医师的帮助下付诸实施，以获得最佳防治效果的过程。

遗传咨询目的：诊断遗传病；检查携带者；进行婚姻生育指导。

发病风险：>10%为高风险；1%～10%为中度风险；<1%为低风险。

遗传咨询的步骤：①准确诊断；②确定遗传方式；③对再发风险的估计；④提出对策和措施；⑤随访和扩大咨询。

提出对策和措施包括：①产前诊断：遗传病较严重且难于治疗、再发风险高、能够进行产前诊断；②冒险再次生育：遗传病不太严重、中度再发风险（4%～6%）；③不再生育：遗传病严重、再发风险高、不能进行产前诊断；④过继或认领；⑤人工授精：生出了严重的常染色体遗传病患儿、丈夫患严重的常染色体遗传病、丈夫为染色体易位的携带者、再发风险高、不能进行产前诊断；⑥借卵怀胎：第 5 项中的情况发生于妻子。

随访和扩大咨询：咨询医生还应主动追溯家属中其他成员是否患有该病，特别是查明家属中的携带者，这样可以扩大预防效果。

【自测题】

一、选择题

（一）单项选择题

1. 利用羊水细胞和绒毛细胞可进行

A. 胎儿镜检查　　B. 染色体核型分析　　C. 超声波检查　D. X 线摄片检查　　E. 筛查苯丙酮尿症

2. 利用孕妇外周血分离胎儿细胞是一项

A. 非创伤性产前诊断技术　　　B. 创伤性产前诊断技术　　　C. 创伤性很大的产前诊断技术

D. 分离母体细胞　　　　　　　E. 和脐带穿刺术同类

3. 羊水甲胎蛋白（AFP）和乙酰胆碱酯酶（AChE）测定可以检出的疾病是

A. PKU　　　　　B. 黑蒙性痴呆　　　C. 神经管缺陷　　　D. DMD　　　E. 血友病

4. Down 综合征的确定必须通过

A. 病史采集　　　B. 染色体检查　　　C. 症状和体征的了解　　　D. 家系调查　　　E. 系谱分析

5. 生化检查是遗传病诊断中的重要辅助手段，主要是对（　　　）进行定量和定性分析

A. 病原体　　　B. DNA　　　C. RNA　　　D. 微量元素　　　E. 蛋白质和酶

6. 绒毛取样可以在妊娠早期第（　　　）周进行

A. 5　　　B. 10　　　C. 16　　　D. 20　　　E. 30

7. 绒毛取样法的缺点是

A. 在妊娠早期进行　　B. 需妊娠期时间长　　C. 流产风险高　　　D. 绒毛不能培养　　　E. 周期长

8. 不能用于染色体检查的材料有

A. 全血　　　B. 血清　　　C. 绒毛　　　D. 羊水细胞　　　E. 单个卵裂球细胞

9. 产前诊断中首选的诊断方法是

A. 胎儿镜检查　　B. 脐穿术　　　C. 绒毛取样法　　　D. 羊膜穿刺法　　　E. B 超

10. 因 X 染色体畸变所引起的女性疾病，可以补充（　　　），使患者的第二性征得到发育

A. 雄激素　　　B. 生长激素　　　C. 类固醇激素　　　D. 雌激素　　　E. 胰岛素

11. 目前，饮食疗法治疗遗传病的基本原则是

A. 少食　　　B. 多食肉类　　　C. 口服维生素　　　D. 禁其所忌　　　E. 补其所缺

12. 能用饮食疗法治疗的遗传病是

A. 血友病　　　B. 色盲　　　C. 唇腭裂　　　D. 苯丙酮尿症　　　E. 地中海贫血

13. 肝豆状核变性（Wilson 病）是一种铜代谢障碍性疾病，可应用（　　　）与铜离子形成螯合物，除去患者体内细胞中堆积的铜离子

A. 青霉素　　　B. 青霉胺　　　C. 维生素 D　　　D. 硫酸镁　　　E. 去铁胺 B

14. ADA 缺乏症的临床基因治疗方案使用的靶细胞是

A. 造血祖细胞　　B. 肝细胞血　　　C. T 淋巴细胞　　　D. 骨髓细胞　　　E. 干细胞

15. 胎儿患有甲基丙二酸尿症，应在出生前和出生后给母体和患儿注射

A. 维生素 E　　B. 维生素 B_{12}　　　C. 维生素 D　　　D. 维生素 A　　　E. 维生素 C

16. 下列哪种药物可抑制黄嘌呤氧化酶，减少体内尿酸的形成，用于治疗原发性痛风和自毁容貌综合征

A. 别嘌呤醇　　B. 阴离子交换树脂　　C. 维生素 C　　　D. 链霉素　　　E. 尿黑酸氧化酶

17. 对于一些溶酶体贮积症，可用下列哪种方法进行治疗

A. 利用代谢抑制剂　　B. 应用螯合剂　　　C. 应用促排泄剂　　　D. 平衡清除法　　　E. 饮食疗法

18. 近亲之间如果在恋爱或有婚约，一旦认识到婚后将面临生出常染色体隐性遗传病患儿的高风险时，应该采取的对策是

A. 人工授精　　　B. 冒险再次生育　　　C. 借卵怀胎　　　D. 不再生育　　　E. 终止恋爱

19. 遗传病再发风险率为 4%～6%，属于

A. 低风险　　　B. 高风险　　　C. 中度再发风险　　　D. 较高风险　　　E. 较低风险

20. 曾生育过 1 个或几个遗传病患儿，再生育该病患儿的概率，称为

A. 再发风险率　　B. 患病率　　　C. 患者　　　D. 遗传病　　　E. 遗传风险

（二）多项选择题

21. 目前，临床对遗传病诊断包括

A. 临症诊断　　　　B. 症状前诊断　　　C. 产前诊断　　　　D. 植入前诊断　　　E. 植入后诊断

22. 遗传病基因诊断采用的技术有

A. 斑点印迹杂交　　B. 原位杂交　　　　C. PCR-ASO　　　　D. PCR-RFLP　　　　E. 基因芯片技术

23. 基因治疗的策略包括

A. 基因修正　　　　B. 基因替代　　　　C. 基因增强　　　　D. 基因失活　　　　E. 基因抑制

24. 基因治疗根据靶细胞的类型可分为

A. 生殖细胞基因治疗　　B. 原核细胞基因治疗　　C. cDNA 基因治疗　　D. 体细胞基因治疗　　E. 胎儿基因治疗

25. 遗传病药物治疗的原则是

A. 补其所缺　　　　B. 禁其所忌　　　　C. 出生前治疗　　　D. 去其所余　　　　E. 症状前治疗

26. 家族性高胆固醇血症的治疗方法有

A. 口服考来烯胺　　B. 应用螯合剂　　　C. 血浆过滤　　　　D. 利用代谢抑制剂　　E. 补其所缺

27. 我国列入新生儿筛查的疾病有

A. PKU　　　　　　B. 家族性甲状腺肿　　C. G-6-PD 缺乏症　　D. 白化病　　　　　E. 短指症

28. 遗传咨询的主要步骤包括

A. 准确诊断　　　　B. 确定遗传方式　　　C. 对再发风险的估计　　D. 提出对策和措施　　E. 随访和扩大咨询

29. 遗传咨询中可提供给患者及其家属的对策和措施包括以下哪些？

A. 产前诊断　　　　B. 冒险再次生育　　　C. 不再生育　　　D. 过继或认领　　　E. 人工授精或借卵怀胎

二、名词解释

1. 产前诊断　　　2. 植入前诊断　　　3. 基因治疗　　　4. 平衡清除法　　　5. 遗传咨询

三、问答题

1. 遗传病产前诊断的对象有哪些？

2. 系谱分析在遗传病诊断中有何意义？绘制系谱的过程中应注意哪些问题？

3. 简述遗传病的治疗原则。

4. 饮食疗法治疗遗传病的原则是什么？如何进行治疗？

5. 试述基因治疗的种类和策略。

6. 一对青年夫妇，女方的姐姐生了两个孩子均智力低下，患儿毛发淡黄，皮肤白皙，虹膜黄色，肌张力高，尿有霉臭味。现这位妇女已妊娠 8 周，担心孩子的健康，请给予咨询。

【参 考 答 案】

一、选择题

（一）单项选择题

1. B　2. A　3. C　4. B　5. E　6. B　7. C　8. B　9. E　10. D　11. D　12. D　13. B　14. C　15. B　16. A
17. D　18. E　19. C　20. A

（二）多项选择题

21. ABCD　22. ABCDE　23. ABCDE　24. AD　25. AD　26. AC　27. ABC　28. ABCDE　29. ABCDE

二、名词解释

1. 产前诊断：或称出生前诊断，是采用羊膜穿刺术或绒毛取样等技术，对羊水、羊水细胞和绒毛进行遗传学检验，对胎儿的染色体、基因进行分析诊断，是预防遗传病患儿出生的有效手段。

2. 植入前诊断：在受精后 6 天胚胎着床前，通过显微操作技术取出一个细胞，应用 PCR、FISH 等技术进行特定基因和染色体畸变的检测。

3. 基因治疗：是运用 DNA 重组技术设法修复患者细胞中有缺陷的基因，使细胞恢复正常功能而达到治疗遗传病的目的。

4. 平衡清除法：一些溶酶体贮积症，其沉积物可弥散入血，并保持血与组织之间的动态平衡。将酶制剂注入血液以清除底物，则平衡被打破，组织中沉积物可不断进入血液而被清除，周而复始，以达到逐渐去除沉积物的目的。

5. 遗传咨询：是在一个家庭中预防遗传患儿出生的最有效的方法。这是由咨询医师和咨询者即遗传病本人或其家属就某种遗传病在一个家庭中的发生、复发风险和防治上所面临的全部问题，进行一系列的交谈和讨论，使患者或其家属对这种遗传病有概要的了解，选择出最恰当的对策，并在咨询医师的帮助下付诸实施，以获得最佳防治效果的过程。

三、问答题

1. 遗传病出生前诊断对象：①夫妇之一有染色体畸变，特别是平衡易位携带者，或者夫妇染色体正常，但生育过染色体病患儿的孕妇；②35 岁以上的高龄孕妇；③夫妇之一有开放性神经管畸形，或生育过这种畸形患儿的孕妇；④夫妇之一有先天性代谢缺陷，或生育过这种患儿的孕妇；⑤X 连锁遗传病致病基因携带者孕妇；⑥有习惯性流产史的孕妇；⑦羊水过多的孕妇；⑧夫妇之一有致畸因素接触史的孕妇；⑨有遗传病家族史，又系近亲结婚的孕妇。

2. 系谱分析可以有效地记录遗传病的家族史，确定遗传的遗传方式，还能用于遗传咨询中个体患病风险的计算和基因定位中的连锁分析。

绘制系谱的过程中要注意以下几点：①系统、完整；②去伪存真；③新的基因突变。

3. 遗传病的治疗原则：单基因病按禁其所忌、去其所余和补其所缺的原则进行，即主要采用内科疗法。多基因病利用药物治疗或外科手术治疗可以收到较好的效果。染色体病目前无法根治，改善症状也很困难，少数性染色体病如 Klinefelter 综合征早期使用睾丸酮，真两性畸形进行外科手术等，有助于症状改善。

4. 饮食疗法原则：禁其所忌。

产前治疗：对患有半乳糖血症风险的胎儿，孕妇的饮食中限制乳糖和半乳糖的摄入量，胎儿出生后再禁用人乳和牛乳喂养。

临床患者治疗：苯丙酮尿症患儿出生后用低苯丙氨酸饮食疗法治疗，患儿就不会出现智力低下等症状。患儿年龄越大，饮食疗法的效果越差，故应早诊断早治疗。

5. 基因治疗的种类有①体细胞基因治疗：使患者症状消失或得到缓解，但有害基因仍能传给后代；②生殖细胞基因治疗：可根治遗传病，使有害基因不再在人群中散布。

基因治疗的策略包括基因修正、基因替代、基因增强、基因抑制和（或）基因失活、自杀基因的应用、免疫基因治疗、耐药基因治疗。

基因修正：是通过特定方法如同源重组对突变的 DNA 进行原位修复，将致病基因的突变碱基序列纠正，而正常部分予以保留。基因替代：指去除整个变异基因，用有功能的正常基因取代，使致病基因得到永久地更正。基因增强：指将目的基因导入病变细胞或其他细胞，目的基因的表达产物可以补偿缺陷细胞的功能或使原有的功能得到加强。基因抑制和（或）基因失活：导入外源基因去干扰、抑制有害的基因表达。

6. 给予如下咨询：①明确诊断：首先用临床症状，基因诊断或生化分析检查代谢产物检查女方姐姐的两个患儿是否为苯丙酮尿症（AR）。确诊为该病患者，据系谱分析得出，女方姐姐为肯定携带者，她有 1/2 可能为携带者。②估计发病风险：若该女与一男性结婚，婚后生育一该病患儿的风险为 1/2×1/65×1/4=1/520。（此病在我国发病率为 1/16 500，携带者频率为 1/65）。③提出指导方案：这种风险并不高。若他们不放心，怀孕后可做产前基因诊断进行确诊，若为患儿进行流产，若正常继续妊娠。若生育一该病患儿，出生后早期进行诊断并用低苯丙氨酸饮食疗法治疗。④扩大的家庭咨询：对女方的家系进行随访检查，看是否还有该病携带者，并对他们进行咨询。

（陈　萍）